高等职业教育“十四五”规划教材

高职高专畜牧兽医专业群“工学结合”系列教材建设

畜 牧 基 础

杨孝列　郭全奎　主编

中国农业大学出版社

· 北京 ·

内 容 简 介

本教材以学生掌握畜禽养殖和疾病防治技术所必需的基础知识为主线，内容涵盖畜禽营养、饲料、环境、遗传、育种、繁殖等方面的基本理论，内容体系分设模块、项目和任务三级结构，每一项目又设“学习目标”“学习内容”“学习要求”三个教学组织单元，并以任务的形式展开叙述，明确学生通过学习应达到的识记、理解和应用等方面的基本要求，为实现课程的教学目标和提高学生学习效果奠定良好的基础。

本教材文字精练，图文并茂，通俗易懂，职教特色明显，既可作为教师和学生开展“产教融合、校企合作”人才培养模式的特色教材，又可作为企业技术人员的培训教材，还可作为广大畜牧兽医工作者短期培训、技术服务和继续学习的参考用书。

图书在版编目(CIP)数据

畜牧基础/杨孝列，郭全奎主编. —北京：中国农业大学出版社，2014. 8(2025. 8 重印)
ISBN 978-7-5655-1005-2

Ⅰ. ①畜…　Ⅱ. ①杨…　②郭…　Ⅲ. ①畜牧学-高等职业教育-教材　Ⅳ. ①S8

中国版本图书馆 CIP 数据核字(2014)第 144009 号

书　　名　畜牧基础
作　　者　杨孝列　郭全奎　主编

策划编辑　康昊婷　　**责任编辑**　洪重光
封面设计　李尘工作室　郑　川　　**责任校对**　陈　莹　王晓凤
出版发行　中国农业大学出版社
社　　址　北京市海淀区圆明园西路 2 号　　**邮政编码**　100193
电　　话　发行部 010-62818525，8625　　读者服务部 010-62732336
　　　　　编辑部 010-62732617，2618　　出　版　部 010-62733440
网　　址　http://www.cau.edu.cn/caup　　**e-mail** cbsszs @ cau.edu.cn
经　　销　新华书店
印　　刷　天津鑫丰华印务有限公司
版　　次　2014 年 10 月第 1 版　　2025 年 8 月第 6 次印刷
规　　格　787×1 092　　16 开本　　16 印张　　390 千字
定　　价　40.00 元

编审人员

主　编　杨孝列（甘肃畜牧工程职业技术学院）
　　　　　郭全奎（甘肃畜牧工程职业技术学院）
副主编　田万强（杨凌职业技术学院）
编　者　田万强（杨凌职业技术学院）
　　　　　刘会娟（辽宁农业职业技术学院）
　　　　　杨孝列（甘肃畜牧工程职业技术学院）
　　　　　贾万臣（甘肃畜牧工程职业技术学院）
　　　　　袁华根（江苏农牧科技职业技术学院）
　　　　　郭全奎（甘肃畜牧工程职业技术学院）
审　稿　史兆国（甘肃农业大学动物科技学院）
　　　　　董　俊（甘肃省农业科学院畜草与绿色农业研究中心）

前　言

为了认真贯彻落实《国家中长期教育改革和发展规划纲要(2010—2020 年)》《职业技能提升行动方案(2019—2021 年)》及《“十四五”职业教育规划建材建设实施方案》等政策文件精神，完善现代职业教育“产教融合、校企合作”的人才培养模式，切实做到专业建设与产业需求对接、课程内容与职业标准对接、教学过程与工作过程对接，中国农业大学出版社根据教育部《高等职业学校专业教学标准》，以“专业教材包”的形式，组织甘肃畜牧工程职业技术学院等 21 所高等职业院校的教学一线教师和宁夏晓鸣农牧股份有限公司等 8 家大型养殖企业的技术专家，编写了高等职业院校畜牧兽医专业群《畜牧基础》《养猪生产技术》《养禽生产技术》《养牛生产技术》《养羊生产技术》“工学结合”系列教材，期望为畜牧兽医专业群开展“产教融合、校企合作”的人才培养模式提供必要的教学支撑。以“专业”为基础，开发系列教材，可以统筹兼顾专业课程体系，有机衔接课程教学内容，有效提高人才培养质量。

党的二十大报告指出：教育、科技、人才是全面建设社会主义现代化国家的基础性、战略性支撑。加强教材建设和管理。本教材是为高等职业院校畜牧兽医专业群编写的一门重要的专业基础课教材，编写力求贯彻理论联系实际和“实用、够用”原则。内容安排以现代畜禽养殖技术和畜禽生产工作过程所必需的基础知识和基本理论为主线，设计畜禽营养、饲料、环境、遗传、育种、繁殖等六大学习模块，每一个模块又设计了不同的项目，每一个项目根据学习目标，又安排了相应的学习任务。本教材对应的是一门概论性的课程，因此，在学习过程中学生应以学习任务为基础，掌握畜禽生产中的基本概念和基本理论，并结合知识链接，进一步了解或掌握畜禽生产实际中的技术要求和各种措施，并在生产实际中多观察、多了解。学完本课程后应达到的学习目标大致分为识记、理解和应用三个层次。各层次含义为：

识记：指学习后应当记住的内容，包括概念、原则、方法等。这是最低层次的要求。

理解：指在识记的基础上，全面把握基本概念、基本原则、基本方法，并能以自己的语言阐述，能够说明与相关问题的区别及联系。这是较高层次的要求。

应用：指能够运用所学的知识分析、解决涉及畜禽生产的一般问题。应用包括简单应用和综合应用。

本教材由甘肃畜牧工程职业技术学院杨孝列和郭全奎任主编。其中绪论部分由杨孝列编写，模块一由田万强和郭全奎编写，模块二由刘会娟编写，模块三由郭全奎编写，模块四、模块五由贾万臣编写，模块六由袁华根编写，全书由杨孝列、郭全奎统稿；甘肃农业大学动物科技学院史兆国教授、甘肃省农业科学院畜草与绿色农业研究中心董俊研究员审稿，他们对书稿提出了许多宝贵意见和建议，提高了本教材的质量，在此一并深表谢意。

由于畜牧业生产理论和技术发展很快，加之编者水平有限，书中错误和不妥之处在所难免。为此，深切盼望在使用本教材的过程中能够提出批评和建议，以备再版时修改。

编写组

2024 年 12 月

目 录

绪 论

【学习目标】

- 了解本课程的性质和任务；认识畜牧业生产的目的和重要性。

【学习内容】

一、畜牧业生产的概念及特点

畜牧业是指从事畜禽养殖为人类提供生产与生活资料的产业。畜牧业生产是人类利用驯养动物的自然再生产能力，以植物性和部分动物性产品为主要食物（饲料），获取人类必需动物性产品的整个过程，是自然再生产和经济再生产的有机整体。在这个整体中，动物既是生产资料，又是生活资料，动物在整个畜牧业生产过程中的这种双重性，也是畜牧业区别于其他行业的主要特点。畜牧业生产是以植物生产为基础的第二性生产。植物生产是经过光合作用将太阳能转化为以碳、氮等物质为媒介体的植物化学能（仅能转化到达地面太阳能的1%）的第一性生产。而动物生产则是利用动物（尤其是草食动物）的生理机能，把绿色植物产品转化成为动物性产品，同时将一部分动物不能吸收利用的物质排出体外，作为肥料归还土地而成为植物生产所需的养分，这就形成了一个植物生产和动物生产相互联系、相互作用的农业生态系统。在这个生态系统中，植物生产是第一性生产，动物生产是第二性生产。动物生产应以植物生产为基础，其功能是将植物化学能转化成动物化学能并以动物产品的形式储存下来的过程。

随着人类社会经济的发展及生活水平的逐步提高，动物性产品在人类膳食结构中所占比重不断增加，畜牧业生产已经成为农业生产体系的重要组成部分。在现代农业生产体系中，要求动物饲养量和个体生产水平不断提高，仅仅依靠植物生产的剩余粮食及其秸秆作为动物饲料已无法满足动物生产的需要。因此，植物生产应适应动物生产的需要而进行结构调整。据资料报道，在现代农业发达国家，畜牧业产值占农业总产值的比重一般在65%以上，饲料作物种植面积至少占农业用地面积的55%。畜牧业是我国国民经济的重要组成部分。畜牧业生产的目的就是以最低的生产成本和环境代价，获取数量最大、品质优良和安全卫生的畜产品，丰富人们的生活，提高人们的健康水平，同时带动经济发展。也就是说在市场经济条件下，畜牧业生产的主要特征应当是“安全卫生”“优质”“高产”“生态”和“高效”。“安全卫生”是畜牧业生产的基本前提；“优质”是现代畜牧业生产不断追求的目标；“高产”是现代畜牧业生产的基本要求；“生态”是畜牧业可持续发展的客观要求；“高效”是现代畜牧业生产的永恒主题。正因为如此，不断提高畜牧业生产经济效益是每一个畜牧业生产者永恒的追求，而如何提高畜牧业生产经济效益就成了一个长期不变的命题。

二、畜牧业在我国国民经济中的地位

农业是我国国民经济的基础，是人类生存之本，而畜牧业是农业和整个国民经济的重要组成部分。世界上许多国家的畜牧业产值均接近或超过农业总产值的50%，如美国占50.1%，英国占59.8%，畜牧业比较发达的国家如新西兰、澳大利亚等占农业比重在70%以上。而我国畜牧业产值只占农业产值的35%左右，发达国家人均摄入肉、蛋、奶的量是我国人均的2～3倍。畜牧业发展水平也是一个国家经济发展阶段和人民生活水准的重要标志，畜牧业在农业和整个国民经济中占有重要地位。

(一)促进农业可持续协调发展

以牧促农是确保种植业高产、稳产的基础。农业要高产，必须培育有机质含量高，具有良好结构和性能的肥沃土壤。将有机肥与无机肥配合使用，既可提高土壤肥力，增强土壤抗旱保墒的能力，改善土壤结构及养分的有效性，又可降低农产品成本，提高农业生产的经济效益。畜多，肥多，粮多，这是被大量事实所证明的一条客观规律。

畜牧业可为农业生产提供大量的有机肥料，这些肥料不仅氮、磷、钾三要素齐全，还能供给农作物生长所需的钙、镁、硫、铁、硼、锌、铜等矿物质及微量元素。在农业生产中，大量使用无机肥料虽然可使生产量提高，但也带来明显的不良后果，如土壤结构严重恶化，致使农作物缺乏必要的营养而生长发育不良等。

发展畜牧业，可使自然资源得到充分的合理利用，有助于生态平衡。从太阳能转化利用来看，人类大约只能利用25%的农作物产品，剩余75%(糠麸、秸秆及加工副产品)需要通过畜禽转化为动物产品才能被人类利用。由此可见，实行农牧结合，以农养牧，以牧促农，反映了全面发展农业的客观规律，这是现代农牧业发展的必然趋势。

(二)为人类提供营养价值高的动物性食品

乳类是经过家畜家禽对饲料营养物质进行转化的动物性食品，其营养价值高、味道好、易消化。动物性蛋白质的组成更适合人类的营养需要。动物性蛋白质在膳食结构中的比例，一定程度上反映了人民的生活水平与健康水平。

猪肉、禽肉、牛肉、羊肉是我国人民的主要肉食来源。猪肉味道鲜美，含热量高，一般含脂肪28%，蛋白质14%。禽肉蛋白质含量为23.67%，超过其他肉类，且富含各种氨基酸。牛肉的营养丰富，是高蛋白低脂肪食物，中等肥度的牛肉从含蛋白质20.6%，脂肪5.5%。羊肉含蛋白质16.4%，脂肪7.9%，胆固醇含量低于牛肉、猪肉。此外，畜牧业还可为人们提供马、驴、兔肉等。特种经济动物养殖业的发展，也给人们提供了特种动物肉食品。

乳及乳制品所含营养物质丰富，易于消化吸收；乳中的矿物质种类也非常丰富，除了我们所熟知的钙以外，磷、铁、锌、铜、锰、钼的含量都很多。

(三)为工业提供原料，促进出口创汇

畜牧业的发展，能促进食品、制革、毛纺、医疗等工业的发展。肉、乳、蛋等为食品工业的重要原料。牛、羊、猪是制革工业的重要原料，可制作皮鞋、皮帽、皮夹克等。羊毛、兔毛可用于毛纺工业制作毛线、毛毯等。羽毛、血、骨、蛋壳可加工成动物饲料。羽绒富含弹性，保温性强，可制作被褥、寒衣等。许多生物药品取材于畜禽的内脏、腺体或血液，与制药工业关系密切。畜产品不仅是轻工业的原料，也是我国重要的出口创汇物资，如猪鬃、肠衣、羔皮、裘皮、兔毛、山羊皮、山羊绒、蜂蜜等产品的出口都居世界前列，换取了大量的外汇，为加快我国经济建设具有重要的意义。

三、我国畜牧业的现状、存在的主要问题与发展对策

(一)我国畜牧业的现状

在我国，畜牧业是农村的一个中间产业，对农村经济发展起着至关重要的作用，它一头连着种植业，实现了粮食及其副产品转化增值，一头连着加工业和城镇市场，使产品变成现金，直接增加农民收入，同时对于提高人民群众生活水平起着不可替代的作用。改革开放以来，我国畜牧业稳步发展，无论是畜禽的饲养量，还是畜牧业产品产量及人均占有量都呈明显的上升趋势。特别是近些年来，随着强农惠农政策的实施，畜牧业呈现出加快发展势头，畜牧业生产方式发生积极转变，规模化、标准化、产业化和区域化步伐加快。2012 年全国肉类产量达 8 221 万 t、禽蛋产量 2 861 万 t，居世界第一位；奶类产量 3 744 万 t，居世界第三位。畜牧业产值 2.6 万亿元。从产量上说，我国是一个畜牧业大国，但是还远不是一个畜牧业强国。2012 年，我国人均肉类占有量为 61.9 kg、禽蛋占有量为 21 kg，奶类占有量为 28.6 kg。肉类的消费达到了中等发达国家的水平，人均奶类的占有量现在是世界平均水平的 1/4。我国畜牧业生产水平与世界发达国家水平相差很大。我国荷斯坦奶牛年平均单产仅为 6 855 kg，大大低于美国 9 682 kg 的平均单产。预计到 2015 年，畜牧业总产值比重将达到 48.6%，超过种植业 47.4%的比重，成为农业中总产值第一大产业。畜牧业发展快的地区，畜牧业收入将达到农民收入的 50%以上。

由此可见，我国畜牧业在保障城乡食品价格稳定、促进农民增收方面发挥着至关重要的作用，许多地方畜牧业已经成为农村经济的支柱产业，成为增加农民收入的主要来源，一大批畜牧业优秀品牌不断涌现，为促进现代畜牧业的发展做出了积极贡献。

(二)存在的主要问题与发展对策

1. 品种

存在问题：种源丰富但良种覆盖率不高。

发展对策：在选择与杂交等常规育种技术基础上，推广先进的育种新技术和良种补贴政策。

2. 饲料

存在问题：人畜争粮，蛋白质资源严重缺口，草原退化等是制约畜牧业进一步发展的主因。

发展对策：调整种植结构，开发利用饲料资源，建立饲料工业体系，发展草食动物。用大量粮食发展畜牧业是极大的浪费，而用一定的种粮地换成种高产、优质饲料作物和牧草，是调整农业种植结构的重要内容。

3. 饲养管理

存在问题：饲养方式和饲养技术落后。

发展对策：全价饲料，科学饲喂。

4. 疫病预防

存在问题：疾病尚未清除，防疫体系不完善。

发展对策：建立健全疫病防治体系。

5. 宏观调控

存在问题：畜牧业价格波动大，宏观调控能力差。

发展对策：完善两大体系（产品供求市场体系及流通体系），加强政府宏观调控。

四、畜牧基础的内容与任务

畜牧基础是一门涉及现代畜禽养殖技术和畜禽生产工作过程所必需的基础知识和基本理论的专业基础课，它包括畜禽营养、畜禽饲料、畜禽环境、畜禽遗传、畜禽育种、畜禽繁殖等六大模块，每一个模块又包含不同的项目，每一个项目根据学习目标，又有相应的学习任务，是一门概论性的课程。

本课程的主要任务是使学生了解或掌握饲料中营养物质的生理功能和各类饲料的主要营养特性及合理利用、畜禽场的总体设计和畜禽舍的环境控制、畜禽遗传的物质基础和遗传的基本规律、畜禽的选种选配和杂交利用、畜禽的生殖生理和繁殖技术等，为学习后续畜禽生产技术课程及兽医专业课程奠定理论基础。

【学习要求】

识记：畜牧业生产的概念及特点。

理解：发展畜牧业的意义。

应用：根据我国畜牧业的现状及存在问题，分析我国畜牧业的发展前景与对策。

模块一
畜禽营养

项目一　营养学基本知识

【学习目标】

● 了解饲料营养物质与动物体物质组成及其差异；掌握各种动物的消化特点及饲料能量在动物体内的转化与利用过程。

【学习内容】

任务1　动植物体的营养物质组成

动物为了维持自身的生命活动和生产，必须从外界环境中摄取所需要的各种营养物质或含有这些营养物质的饲料。植物及其产品是动物饲料的主要来源，因此，了解动植物体的化学组成是学习畜禽营养的基础。

一、饲料中的营养物质

维持生命与健康，除了阳光与空气外，必须摄取食物。动物的食物称为饲料。饲料是动物营养物质的载体。通常把饲料中能被动物用以维持生命、生产产品的化学成分称为营养物质，简称养分或营养素。饲料中的养分可以是简单的化学元素，如 Ca、P、Mg、Na、Cl、K、S、Fe、Cu、Mn、Zn、Se、I、Co 等，也可以是复杂的化合物，如蛋白质、脂肪、碳水化合物及各种维生素。它们和通过呼吸进入机体的氧气一起，经过新陈代谢过程，转化为构成动物体的物质和维持生命活动的能量。由此可见，空气中的氧气和饲料中的营养物质是维持动物体的物质组成和生理机能不可缺少的要素，是生命活动的物质基础，空气中的氧气也是动物的营养物质，只因为正常情况下它不影响动物的健康和生产，营养学中一般不进行讨论。

饲料中有哪些营养物质呢？不同种类的饲料含有不同的营养物质，但无论哪种植物性饲料，一般都含有水分、粗灰分、粗蛋白质、粗脂肪、碳水化合物和维生素等六大类营养物质。

(一)水分

各种饲料均含有水分,其含量差异很大,最高可达95%以上,最低可低于5%。水分含量越多的饲料,干物质含量越少,营养浓度越低,相对而言,营养价值也越低。同一种饲料植物,收割期不同,部位不同,水分含量也不一样。幼嫩时含水较多,成熟后水分含量减少;枝叶中水分较多,茎秆中水分较少。青绿多汁类饲料和各类鲜糟渣饲料中水分含量较多,谷物籽实和糠麸类饲料中水分含量较少。水分含量多不利于饲料的贮存和运输,一般保存饲料的水分含量以不高于14%为宜。

饲料中的水分常以两种状态存在。一种是含于动植物体细胞间、与细胞结合不紧密、容易挥发的水,称为游离水或自由水;另一种是与细胞内胶体物质紧密结合在一起、形成胶体水膜、难以挥发的水,称为结合水或束缚水。构成动植物体的这两种水分之和,称为总水分。

(二)粗灰分

粗灰分是饲料、动物组织和动物排泄物有机物质完全氧化后剩余的残渣。主要为矿物质氧化物或盐类等无机物质,有时还含有少量二氧化硅及燃烧不全的炭粒,故称粗灰分或矿物质。

饲料中主要有K、Na、Ca 、P、Mn等元素,随植物生长,灰分含量逐渐减少,但其中Na、Si含量逐渐上升。部位不同,灰分含量不同,茎叶灰分含量较多。

(三)粗蛋白质

粗蛋白质是常规饲料分析中用以估计饲料中一切含氮物质的指标,是饲料中一切含氮物质的总称。它包括真蛋白质和氨化物两部分。氨化物即非蛋白质含氮物(NPN),如氨、酰胺、游离氨基酸和某些肽、氯化铵、硫酸铵、硝酸盐、尿素等。

几乎所有饲料均含有蛋白质,但其含量和品质各有不同,如豆科植物及油饼类饲料含蛋白质较多,品质也较好,而禾本科植物含蛋白质较少,秸秆饲料则最少,品质也最差。同一种饲料植物由于生长阶段的不同,蛋白质含量也不同,幼嫩时含量多,开花后含量迅速下降。部位不同蛋白质含量也有差异,籽实>叶茎>茎秆。

(四)粗脂肪

粗脂肪是饲料、动物组织和动物排泄物中油脂类物质的总称。常规饲料分析是用乙醚浸提饲料样品所得的乙醚浸出物。粗脂肪中除真脂肪外还含有其他溶于乙醚的有机物质,如叶绿素、胡萝卜素、有机酸、树脂、脂溶性维生素等,故称粗脂肪或醚浸出物。粗脂肪包括真脂肪(中性脂肪)和类脂肪两大类。真脂肪由脂肪酸和甘油结合而成。类脂肪是指含磷或其他含氮物的脂肪,它虽不属真脂肪,但它在结构上或性质上却与真脂肪相似,主要有磷脂、糖脂、固醇及蜡质。

饲料中脂肪含量差异较大,高者在10%以上,低的不及1%,部位不同含脂量也不同,籽实>茎叶>根。

(五)碳水化合物

碳水化合物也称为糖,最早出现时主要是由碳、氢、氧三种元素遵循1∶2∶1的结构规律构成的，其分子式是 $C_n(H_2O)_n$，其中氢和氧的比例与水的组成比例相同，故称碳水化合物。饲料中主要包括粗纤维和无氮浸出物。

1. 粗纤维

粗纤维(CF)是植物细胞壁的主要组成成分，包括纤维素、半纤维素、木质素及果胶等，也是饲料中最难消化的营养物质。

粗纤维含量随植物生长而有差异，幼嫩时，含量低，成熟时，含量高。部位不同，粗纤维的含量不同，茎部＞叶部＞果实、块根。粗饲料中粗纤维含量较高，粗纤维中的木质素对动物没有营养价值。反刍动物能较好地利用粗纤维中的纤维素和半纤维素，非反刍动物借助盲肠和大肠微生物的发酵作用，也可利用部分纤维素和半纤维素。

2. 无氮浸出物

饲料有机物质中无氮物质除去脂肪及粗纤维外，总称为无氮浸出物(NFE)。无氮浸出物主要由易被动物利用的淀粉、多糖、双糖、单糖等可溶性碳水化合物组成。

常用饲料中无氮浸出物含量一般在 50％以上，植物性饲料中均含有较多的无氮浸出物，特别是植物籽实和块根、块茎饲料中含量高达 70％～85％。植物性饲料中无氮浸出物含量高，适口性好，消化率高，是动物能量的主要来源。动物性饲料中无氮浸出物含量很少。

(六)维生素

维生素是一类机体维持正常代谢和生理机能所必需的，且需要量很少的低分子有机化合物。在饲料中含量不多，对动物来说既不提供能量，也不构成组织和器官，但它是动物体内物质代谢过程中必不可少的活化剂和加速剂，不能用其他任何物质来代替。

维生素在饲料中的含量因饲料种类不同而异，如黄色玉米中含类胡萝卜素多，而白色玉米中则很少。

二、饲料中各种营养物质的基本功能

(一)作为动物体的结构物质

营养物质是动物机体每一个细胞和组织的构成物质，如骨骼、肌肉、皮肤、结缔组织、牙齿、羽毛、角、爪等组织器官。所以，营养物质是动物维持生命和正常生产过程中不可缺少的物质。

(二)作为动物生存和生产的能量来源

在动物生命和生产过程中，维持体温、随意活动和生产产品，所需能量皆来源于营养物质。碳水化合物、脂肪和蛋白质都可以为动物提供能量，但以碳水化合物供能最经济。脂肪除供能外还是动物体贮存能量的最好形式。

(三)作为动物机体正常机能活动的调节物质

营养物质中的维生素、矿物质以及某些氨基酸、脂肪酸等，在动物机体内起着不可缺少的调节作用。如果营养物质缺乏，动物机体正常生理活动将出现紊乱，甚至死亡。

除以上功能外，营养物质在动物机体内，经一系列代谢过程后，还可以形成各式各样的体外产品。

三、动植物体的营养物质组成

动物与植物虽然营养方式不同，但在化学组成上却十分相近。目前已知的109种化学元素中，动植物体内已发现60多种。这些元素中，以C、H、O、N含量最多，占总量95%以上。矿物质元素的含量较少，约占5%。动植物体的绝大部分化学元素，并不是以游离状态存在的，而是相互结合成复杂的有机或无机化合物，构成各种组织器官及其产品的。动植物体所含化学元素种类基本相同，数量略有差异。植物因种类不同，化学元素含量差异很大。不同种类动物体化学元素含量差异不显著。无论植物或动物所含化学元素，皆以氧为最多，碳和氢次之，钙和磷较少。动物体内的钙、磷、钠含量，大大超过植物，钾含量则低于植物。其他微量元素的含量，相对较稳定。植物则受土壤、肥料、气候条件和收、贮时间等因素影响而变化。

动物从饲料中摄取由各种化学元素组成的化合物后，在体内代谢过程中，经一系列化学变化合成特定的无机和有机化合物。这些化合物大致可分为三类：第一类是构成机体组织的成分，如蛋白质、脂肪、碳水化合物、水和矿物质；第二类是合成或分解的中间产物，如氨基酸、脂肪酸、甘油、氨、尿素、肌酸等；第三类是生物活性物质，如酶、激素、维生素和抗体等。动植物体虽含有水分、粗灰分、粗蛋白、粗脂肪、碳水化合物和维生素等六种同名营养物质，但是，二者某些同名营养物质在组成成分上又有以下几方面的差异。

(一)碳水化合物

碳水化合物是植物体的结构物质和贮备物质。植物体中可溶性碳水化合物分布比较集中，如芸薹属植物根的液泡中葡萄糖含量较高。甘蔗、甜菜等茎中蔗糖含量特别高。豆科籽实中棉籽糖、水苏糖含量高。块根块茎和禾谷类籽实干物质中淀粉等营养性多糖含量高达80%以上。一些木质化程度很高的茎叶、秕壳中，可溶性碳水化合物含量很低。动物体内的碳水化合物含量却少于1%，主要为糖原和葡萄糖。

结构性多糖主要分布于根茎叶和种皮中，主要包括纤维素、半纤维素、木质素和果胶等，是植物细胞壁的主要组成物质。不同种类、不同生长阶段的植物，细胞壁组成物质的种类和含量不同。纤维素含量占20%～40%，也可高达60%；半纤维素含量10%～20%；果胶1%～10%；木质素是植物生长成熟后才出现在细胞壁中的物质，占5%～10%。动物体内完全不含这一类物质。

(二)蛋白质

蛋白质是动物体的结构物质。构成动植物体蛋白质的氨基酸种类相同，但植物体能自身合成全部的氨基酸，动物体则不能全部合成，一部分氨基酸必须从饲料中获得。植物除含真蛋白外，还含有较多的氨化物；动物主要是真蛋白和少量游离氨基酸、激素和酶，无其他氨化物；动物蛋白质含量高，变异小，品质也优于植物。

(三)脂类

脂类是动物体的贮备物质。植物除含真脂肪外，还有其他脂溶性物质，如脂肪酸、色素、树脂、蜡质;油料植物中脂类含量较多,一般植物中脂类含量较少。脂类是动物体的贮备物质,动物主要是真脂肪、脂肪酸及脂溶性维生素,不含树脂和蜡质;动物因种类、品种、肥育程度等不同,脂肪含量差异大,动物脂肪含量高于除油料作物外的其他植物。

此外,植物体内水分含量变异范围很大,成年动物体内水分含量相对稳定。动物体内灰分含量比植物体内多(以干物质计)。特别是钙、磷、镁、钾、钠、氯、硫等常量矿物元素的含量远高于植物体。植物干物质中主要为碳水化合物,而动物则主要为蛋白质。

综上所述,动植物体组成成分既有相同的地方,也有很多差别,这就初步揭示了二者之间的相互关系:动物从饲料中摄取六种营养物质后,必须经过动物的消化代谢过程,才能将饲料中的营养物质转变为机体成分、动物产品或提供能量。

任务2 动物对饲料的消化

动物采食饲料是为了从饲料中获得所需要的营养物质,但饲料中的营养物质一般不能直接进入体内,必须经过消化道内一系列消化过程,将大分子有机物质分解为简单的,在生理条件下可溶解的小分子物质,才能被吸收。不同动物对不同饲料的消化利用程度不同,饲料中各种营养物质消化吸收的程度直接影响其利用效率,了解动物消化饲料的基本规律和特点,有利于合理向动物供给饲料,科学认识动物的营养过程,提高饲料利用效率,降低动物生产成本,节约利用饲料。

一、消化方式

动物的种类不同,消化道结构和功能也不同,但是,从生理学的角度看,不同种类的动物之间消化的原理是非常相似的,消化方式许多是相同的,人也不例外。

(一)物理性消化

物理性消化主要靠动物的咀嚼器官——牙齿和消化道管壁的肌肉运动把饲料撕碎、磨烂、压扁,以增加食物的表面积,易于消化液充分混合,并把食糜从消化道的一个部位运送到另一个部位。所有物理性消化过程,都有利于在消化道内形成多水的食糜,为胃肠的化学性消化(主要是酶的消化)和微生物消化做好准备。动物胃肠内的物理性消化,主要靠消化道管壁肌肉的收缩,对食糜进行研磨和搅拌。

猪、牛、羊等哺乳动物,口腔是主要的物理消化器官,对改变饲料粒度起着十分重要的作用。鸡、鸭、鹅等禽类,对饲料的物理消化,主要是通过肌胃收缩的压力和饲料中的硬质物料的切磋,达到改变饲料粒度的目的,这也是禽类在笼养条件下,配合饲料中适量添加沙砾的依据。

(二)化学性消化

动物对饲料的化学性消化,主要是酶的消化。酶的消化是高等动物主要的消化方式,是饲料变成动物能吸收的营养物质的一个过程。反刍与非反刍动物都存在着酶的消化,但是酶的消化对非反刍动物的营养具有特别重要的作用。不同种类动物酶消化的特点明显不同。

原生动物酶的消化主要是细胞内消化。变形虫和草履虫吞噬食物后形成食物泡，再由溶酶体分泌的酶对食物进行化学性消化。随着动物的进化，细胞内消化逐渐分化为细胞外消化。细胞外消化的动物，消化管各部位已发生分化，有的部位以物理性消化为主（如口腔、肌胃），有的部位用来贮存食物（如嗉囊、瘤胃），有的部位（如真胃、小肠）主要分泌消化液，有的部位（如小肠、大肠）主要用来吸收和形成粪便。

高等动物消化系统分化更完全，消化液分泌较多，主要是消化酶的消化，仅少量二糖、低聚肽在吸收细胞内消化。各种动物口腔分泌唾液通常用来润湿食物，便于吞咽。人的唾液中含有淀粉酶较多。猪和家禽唾液中含有少量淀粉酶。牛、羊、马唾液中不含淀粉酶或含量极少，但存在其他酶类，如麦芽糖酶、过氧化物酶、脂肪酶和磷酸酶等。唾液淀粉酶在动物口腔内消化活性很弱，在胃内还可以进一步发挥消化作用。反刍动物唾液中所含 $NaHCO_3$ 和磷酸盐对维持瘤胃适宜酸度具有较强的缓冲作用。唾液分泌量对维持瘤胃稳定的流质容积也起重要作用。

动物对饲料中的蛋白质、脂肪和糖主要靠消化器官分泌相应的消化酶进行消化。植物细胞壁所含的纤维素、半纤维素和木质素等能抗化学侵蚀，在脊椎动物的消化性分泌物中不含相应的酶。动物对饲料中纤维性物质的消化，主要靠消化道内微生物发酵。

不同生长阶段的动物，分泌消化酶的种类、数量、酶的活性不同，这是在动物生产上合理组织饲料供应的科学依据。

（三）微生物消化

消化道微生物在动物消化过程中起着积极的不可忽视的作用。这种作用对反刍动物和草食单胃动物的消化十分重要，是其能大量利用粗饲料的根本原因。

反刍动物的微生物消化场所主要在瘤胃，其次在盲肠和大肠。瘤胃微生物种类繁多，主要分为两大类群：一类是原生动物，如纤毛虫和鞭毛虫；另一类是细菌。

瘤胃微生物消化具有五大优点：一是借助于微生物产生的纤维素酶和半纤维素酶等，消化宿主不能消化的纤维素、半纤维素等物质；二是微生物能直接利用饲料蛋白质分解的氨基酸合成菌体蛋白；三是微生物能直接利用饲料氨化物（NPN）分解的 NH_3 合成菌体蛋白；四是微生物产生的某些酶能使部分不饱和脂肪酸发生氢化作用而转变成饱和脂肪酸，增加脂肪的硬度；五是微生物还能合成必需氨基酸、必需脂肪酸、B 族维生素和维生素 K 等供宿主利用。

瘤胃微生物消化的不足之处是微生物发酵使饲料中能量的损失较多，优质蛋白质被降解，一部分碳水化合物经发酵生成 CH_4、CO_2、H_2 及 O_2 等气体，排出体外而流失。

瘤胃微生物不仅与宿主存在共生关系，而且微生物之间彼此存在相互制约、相互共生的关系。纤毛虫能吞食和消化细菌，除了菌体能提供营养来源外，还可利用菌体酶类来消化营养物质。当瘤胃纤毛虫完全消失时，细菌数目就大量增加，维持瘤胃内一定的消化水平。

草食单胃动物的微生物消化主要在盲肠和大肠，其微生物消化与反刍动物瘤胃的微生物消化类似。猪的大肠，家禽的嗉囊也能进行少量的微生物消化。

显然，微生物消化的最大特点是，可将大量不能被宿主动物直接利用的物质转化成能被宿主动物利用的高质量的营养素。但在微生物消化过程中，也有一定量能被宿主动物直接利用的营养物质首先被微生物利用或发酵损失，这种营养物质二次利用明显降低利用效率，特别是能量利用效率。

二、各类动物的消化特点

(一)非反刍动物

非反刍动物分为单胃杂食类、草食类和肉食类，主要有猪、马、兔和犬等。除单胃草食类动物外，单胃杂食类动物的消化特点主要是酶的消化，微生物的消化较弱。

猪是单胃杂食动物，其牙齿对饲料的咀嚼比较细致，咀嚼时间长短与饲料的柔软程度和动物年龄有关。一般粗硬的饲料咀嚼时间长，随年龄的增加咀嚼时间相应缩短。但盲肠不发达，消化管的容量也有限，其食物消化主要依靠化学性的消化作用，而微生物的消化作用较小。在生产上猪饲料宜适当粉碎以减少咀嚼的能量消耗，因此用适当的精饲料喂猪比用大量青粗饲料更为适宜。同时又有助于胃、肠中酶的消化。猪饲粮中的粗纤维主要靠大肠和盲肠中微生物发酵消化，消化能力较弱。

马和兔主要靠上唇和门齿采食饲料，靠臼齿磨碎饲料，咀嚼比猪更细致。咀嚼时间越长，唾液分泌越多；饲料的湿润、膨胀、松软就越好，越有利于胃内酶的消化。该类动物的饲料喂前适当切短，有助于采食和磨碎。

马胃的容积较小，盲肠和结肠却十分发达。盲肠容积可达 32～37 L，约占消化道容积的16%，而猪和牛仅占 7%。盲肠中的微生物种类与反刍动物瘤胃类似。食糜在马盲肠和结肠中滞留时间长达 72 h，饲草中粗纤维 40%～50%被微生物发酵分解为挥发性脂肪酸、氨和二氧化碳。消化能力与瘤胃类似。兔的盲肠和结肠有明显的蠕动与逆蠕动，从而保证了盲肠和结肠内微生物对食物残渣中粗纤维进行充分消化。

(二)反刍动物

反刍动物牛羊的消化特点是前胃(瘤胃、网胃、瓣胃)以微生物消化为主，主要在瘤胃内进行。皱胃和小肠的消化与非反刍动物类似，主要是酶的消化。

反刍动物采食饲料不经充分咀嚼就匆匆咽入瘤胃，被唾液和瘤胃水分浸润软化后，在休息时又返回到口腔仔细咀嚼，再吞咽入瘤胃。这是反刍动物消化过程中特有的反刍现象。饲料在瘤胃经微生物充分发酵，其中 70%～85%干物质和 50%的粗纤维在瘤胃内消化，其过程也体现瘤胃微生物消化的五大优点。

食糜由瘤胃、网胃、瓣胃进入真胃和小肠，进行酶的消化。当食糜进入盲肠和大肠时又进行第二次微生物发酵消化。饲料中粗纤维经两次发酵，消化率显著提高，这也是反刍动物能大量利用粗饲料的营养基础。

(三)禽类

禽类对饲料中养分的消化类似于非反刍动物猪的消化。不同的是禽类口腔中没有牙齿，靠喙采食饲料，喙也能撕碎大块食物。鸭和鹅呈扁平状的喙，边缘粗糙面具有很多小型的角质齿，也有切断饲料的功能。饲料与口腔内的唾液混合，吞入食管膨大部——嗉囊中贮存并将饲料湿润和软化，再进入腺胃。食物在腺胃停留时间很短，消化作用不强。禽类的肌胃壁肌肉坚厚,可对饲料进行机械性磨碎,肌胃内的砂粒更有助于饲料的磨碎和消化。禽类的肠道较短,饲料在肠道中停留时间不长,所以酶的消化和微生物的发酵消化都比猪的弱。未消化的食物残渣和尿液,通过泄殖腔排出。

三、消化后营养物质的吸收

动物营养研究中,把消化吸收了的营养物质视为可消化营养物质。在评定饲料营养价值时,食入饲料中养分减去粪中养分称为可消化养分。由此可见,"可消化"意指养分被吸收(从胃肠道中消失)。"可利用"则表明一种物质既可被吸收,又可供作细胞合成物质的原料。

高等动物可消化营养物质的吸收机制有三种方式。

(一)胞饮吸收

胞饮吸收是细胞通过伸出伪足或与物质接触处的膜内陷,从而将这些物质包入细胞内。以这种方式吸收的物质,可以是分子形式,也可以是团块或聚集物形式。初生哺乳动物(24～36 h)对初乳中免疫球蛋白的吸收是胞饮吸收,这对初生动物获取抗体具有十分重要的意义。

(二)被动吸收

被动吸收是通过动物消化道上皮的滤过、扩散和渗透作用,将消化了的营养物质吸收进入血液和淋巴系统。这种吸收形式不需要消耗机体能量。一些分子量低的物质,如简单多肽、各种离子、电解质和水等的吸收即为被动吸收。

(三)主动吸收

主动吸收与被动吸收相反,必须通过机体消耗能量,是依靠细胞壁"泵蛋白"来完成的一种逆电化学梯度的物质转运形式,这种吸收形式是高等动物吸收营养物质的主要方式。

各种动物口腔和食道内均不吸收营养物质。非反刍动物,胃可以吸收少量葡萄糖、小肽和水。各种动物营养物质的主要吸收场所在小肠。反刍动物不同于非反刍动物的是瘤胃可吸收氨和挥发性脂肪酸,其余三个胃主要是吸收水和无机盐。可消化营养物质吸收进入血液和淋巴后,即可进一步参与机体代谢。

四、三大有机物质的消化与利用

(一)三大有机物质的消化与吸收

饲料中三大有机物质被动物采食后,首先要经过胃肠消化,见图 1-1。其中一部分被消化了,另一部分未被消化。被消化的蛋白质最终被分解为氨基酸和寡肽,被消化的脂肪最终被分解为甘油和脂肪酸,被消化的碳水化合物最终被分解为糖或酵解为低级羧酸(VFA)。消化最终产物大部分被小肠吸收,少部分未被吸收,未被吸收的部分随同未被消化的部分一起由粪便排出体外。饲料中被动物消化吸收的营养物质称为可消化营养物质。可消化营养物质占食入营养物质的百分比称为消化率。则:

$$消化率=\frac{可消化营养物质}{食入营养物质}\times100\%=\frac{食入营养物质-粪中营养物质}{食入营养物质}\times100\%$$

但因粪中排出的物质，除饲料中未消化吸收的营养物质外，还有消化道脱落细胞及分泌物，肠道微生物及其产物。另外，在计算可消化营养物质时，也未扣除饲料在消化道发酵所产生气体的损失部分，故此消化率又称为表观消化率。而真消化率如下式计算：

$$真消化率=\frac{食入营养物质-(粪中排出物质-粪中代谢产物)}{食入营养物质}\times100\%$$

表观消化率比真消化率低，但真消化率的测定比较复杂困难，因此，一般测定和应用的饲料营养物质消化率多是表观消化率。饲料的消化率可通过消化实验测得。

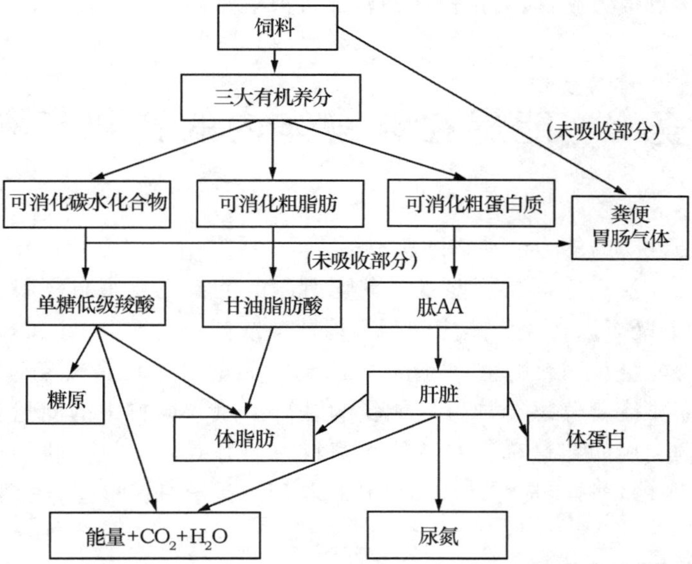

图 1-1 三大有机物质在机体内消化与利用简图

(二)三大有机物质的利用

吸收后的氨基酸和小肽，进入肝脏，大部分经体循环到动物各组织中合成体蛋白，而一部分氨基酸在肝脏中脱氨形成尿素，由血液输送到肾脏，溶于水形成尿排出体外；吸收后的甘油和脂肪酸，主要是形成体脂肪或氧化供给动物体能量；吸收后的单糖或 VFA，主要是氧化供给动物体能量，如有多余，可在肝脏和肌肉中形成糖原贮存起来，再有多余时，也可形成体脂肪，将能量贮备，以供不时之需。

可见，吸收后的营养物质，被利用于两个方面：一是形成动物体成分(体蛋白、体脂肪及少量糖原)和体外产品(奶、蛋及皮毛等)；二是氧化供给动物体能量。将饲料中用于形成动物体成分、体外产品和氧化供给动物体能量的营养物质称为可利用营养物质。可利用营养物质占可消化营养物质的百分比称为利用率。则：

$$利用率=\frac{可利用营养物质}{可消化营养物质}\times100\%$$

$$=\frac{\text{食入物质}-\text{粪中物质}-\text{尿中物质}-\text{胃肠气体损失}}{\text{食入物质}-\text{粪中物质}}\times 100\%$$

正常情况下，尿中没有碳水化合物和脂肪的代谢产物，只有蛋白质的尾产物尿素(或尿酸)等。胃肠气体损失物质主要是消化道中微生物酵解碳水化合物时产生的甲烷等，以气体形式排出体外。

动物对饲料蛋白质的利用率又称为蛋白质生物学价值(BV)。蛋白质生物学价值即动物体内被利用氮占由肠道吸收氮的百分比。其计算公式如下：

$$\text{蛋白质生物学价值}=\frac{\text{利用氮}}{\text{吸收氮}}\times 100\%=\frac{\text{食入氮}-(\text{粪中氮}+\text{尿中氮})}{\text{食入氮}-\text{粪中氮}}\times 100\%$$

蛋白质生物学价值愈高，表明蛋白质的营养价值就越高。

任务3 能量在动物体内的转化与利用

能量可定义为做功的能力。动物的所有活动，如呼吸、心跳、血液循环、肌肉活动、神经活动、生长、生产产品和使役等都需要能量。动物所需的能量主要来自饲料三大养分中的化学能。在体内，化学能既可以转化为热能(脂肪、葡萄糖或氨基酸氧化)或机械能(肌肉活动)，也可以蓄积在体内。能量是饲料的重要组成部分，饲料能量浓度起着决定动物采食量的重要作用。动物的营养需要或营养供给均可以能量为基础表示。饲料中的能量不能完全被动物利用，其中，可被动物利用的能量称为有效能。饲料中的有效能含量反映了饲料能量的营养价值，简称为能值。了解饲料能量在动物体内转化与利用是学习畜禽营养的重要内容。

一、能量来源

饲料能量主要来源于碳水化合物、脂肪和蛋白质。在三大养分的化学键中贮存着动物所需要的化学能。动物采食饲料后，三大养分经消化吸收进入体内，在糖酵解、三羧酸循环或氧化磷酸化过程中可释放出能量，最终以 ATP 的形式满足机体需要。在动物体内，能量转换和物质代谢密不可分。动物只有在氧气充足的情况下，通过降解三大养分才能获得能量，并且只有利用这些能量才能实现物质合成。

动物饲料中能量的最主要来源是碳水化合物。因为，碳水化合物在常用植物性饲料中含量最高，来源丰富。脂肪的有效能值约为碳水化合物的 2.25 倍，但在饲料中含量较少，不是主要的能量来源。蛋白质用作能源的利用效率比较低，并且蛋白质在动物体内不能完全氧化，氨基酸脱氨产生的氨过多，对动物机体有害，因而，蛋白质不宜作能源物质使用。鱼类对碳水化合物的利用率较低，其有效供能物质尚属蛋白质，其次是脂肪。此外，当畜禽处于绝食、饥饿、产奶、产蛋等状态时，饲料来源的能量难以满足需要，也可依次动用体内贮存的糖原、脂肪和蛋白质来供能，以应一时之需。但是，这种由体组织先合成后降解的供能方式，其效率低于直接用饲料供能。

二、饲料能量在动物体内的转化与利用

饲料能量在动物体内的转化与利用如图 1-2 所示。

(一)总能

总能(GE)是指饲料中有机物质完全氧化燃烧生成二氧化碳、水和其他氧化物时释放的全部能量,主要为碳水化合物、粗蛋白质和粗脂肪能量的总和。饲料的总能量取决于其碳水化合物、脂肪和蛋白质含量。三大养分能量的平均含量为:碳水化合物 17.5 kJ/g ;蛋白质 23.64 kJ/g;脂肪 39.54 kJ/g,其能值以碳水化合物最低,脂肪最高,约为碳水化合物 2.25 倍,蛋白质居中。

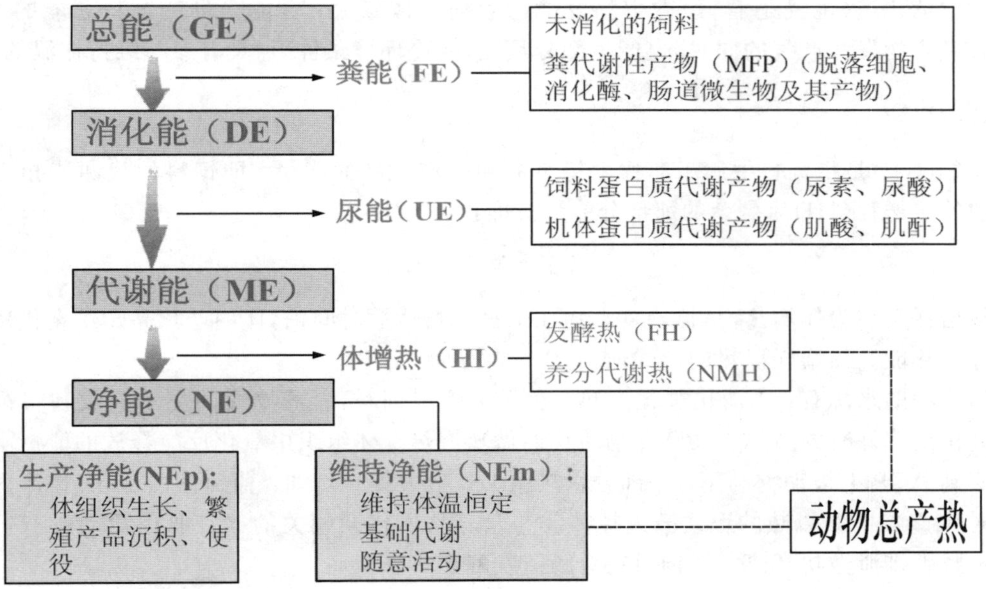

图 1-2 饲料能量在动物体内的转化与利用

(二)消化能

消化能(DE)是指饲料可消化养分所含的能量,即动物摄入饲料的总能与粪能之差。即:

$$DE = GE - FE$$

式中:FE 为粪中养分所含的总能,称为粪能。正常情况下,动物粪便主要包括以下能够产生能量的物质:

(1)未被消化吸收的饲料养分;

(2)消化道微生物及其代谢产物;

(3)消化道分泌物和经消化道排泄的代谢产物;

(4)消化道黏膜脱落细胞。
后三者称为粪代谢性产物。

(三)代谢能

代谢能(ME)是指饲料可消化代谢养分所含的能量,即饲料消化能减去尿能(UE)及消化道甲烷气体所含的能量(AE)后剩余的能量。即:

$$ME = DE-(UE + AE)= GE-FE-UE-AE$$

尿能是指尿中有机物所含的总能,主要来自蛋白质的代谢产物,如尿素、尿酸、肌酐等。哺乳动物尿中含氮物主要是尿素,禽类主要是尿酸。

消化道气体能来自动物消化道微生物发酵产生的气体,主要是甲烷。这些气体经肛门、口腔和鼻孔排出。非反刍动物的大肠中虽然也有发酵,但产生的气体较少,通常可以忽略不计。反刍动物消化道(主要是瘤胃)微生物发酵产生的气体量大,含能量可达饲料总能的3%~10%。微生物发酵产气的同时,也产生部分热能,在冷环境条件下,具有参与维持体温的作用。

(四)净能

净能(NE)是指饲料中用于动物维持生命和生产产品的能量,即饲料的代谢能扣去饲料在体内的热增耗(HI)后剩余的那部分能量。即:

$$NE=ME-HI$$

热增耗又称为体增热,是指绝食动物在采食饲料后短时间内,体内产热高于绝食代谢产热的那部分热能。热增耗以热的形式散失。

热增耗的来源有:①消化过程产热。例如:咀嚼饲料,营养物质的主动吸收和将饲料残余部分排出体外时的产热。②营养物质代谢做功产热。体组织中氧化反应释放的能量不能全部转移到ATP上被动物利用,一部分以热的形式散失掉。例如:葡萄糖(1 mol)在体内充分氧化时31%的能量以热的形式散失掉。③与营养物质代谢相关的器官肌肉活动所产生的热量。④肾脏排泄做功产热。⑤饲料在胃肠道发酵产热(FH)。

事实上,在冷应激环境中,热增耗是有益的,可用于维持体温。但在炎热条件下,热增耗将成为动物的额外负担,必须将其散失,以防止体温升高;而散失热增耗,又需消耗能量。

按照净能在体内的作用,净能分为维持净能(NEm)和生产净能(NEp)两部分。NEm指饲料能量用于维持生命活动、适度随意运动和维持体温恒定部分。这部分能量最终以热的形式散失掉。NEp指饲料能量用于沉积到产品中的部分,也包括用于劳役做功的能量。因动物种类和饲养目的不同,生产净能的表现形式也不同,包括增重净能、产奶净能、产毛净能、产蛋净能和使役净能等。

总之,饲料三大养分都是能量的载体,当饲料被动物采食后,在体内消化、吸收、代谢的同时,就伴随着能量的转化与利用。事实上,两者是动物体新陈代谢同一过程的两种不同表现形式,这一过程始终遵循物质不灭定律和能量守恒定律。在营养学上通称为物质平衡和能量平衡。

三、动物能量需要的表示体系

动物的能量需要和饲料的能量营养价值常用有效能来表示。从消化代谢来看，不同层次的有效能包括消化能、代谢能、净能、维持净能、生产净能。在不同的国家、不同的年代，对不同的动物采用的有效能体系不同。动物体物质平衡和能量平衡见图 1-3。

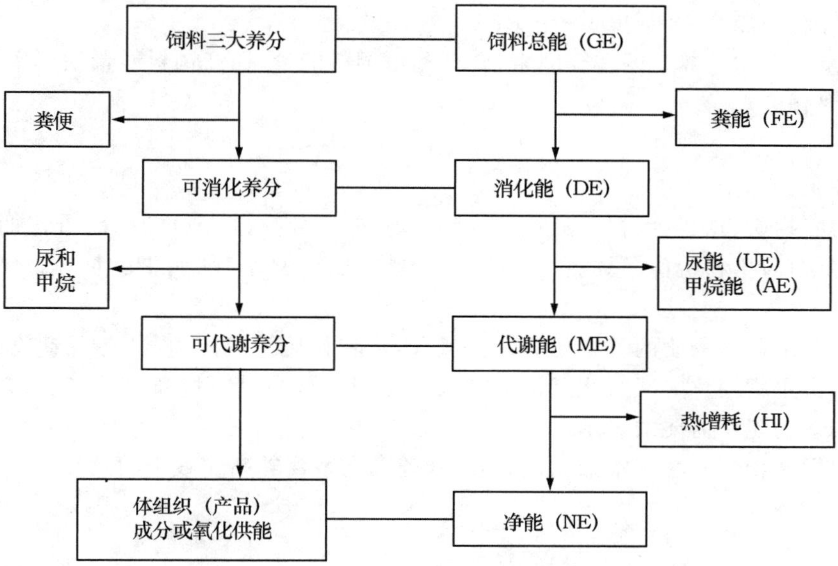

图 1-3 动物体物质平衡和能量平衡简图

(一)消化能体系

消化是养分利用的第一步，粪能常是饲料能损失的最大部分，尿能通常较低，故消化能可用来表示大多数动物的能量需要，且相对于代谢能和净能，消化能测定较容易。目前，世界各国的猪营养需要多采用消化能体系。

(二)代谢能体系

在消化能的基础上，代谢能考虑了尿能和气体能的损失，比消化能体系更准确，但测定较难。目前，代谢能体系主要用于家禽。

(三)净能体系

净能体系不但考虑了粪能、尿能与气体能损失，还考虑了体增热的损失，比消化能和代谢能准确。特别重要的是净能与产品能紧密联系，可根据动物生产需要直接估计饲料用量，或根据饲料用量直接估计产品量，因而，净能体系是动物营养学界评定动物能量需要和饲料能量价值的趋势。但净能体系比较复杂，因为任何一种饲料用于动物生产的目的不同，其净能值不同。为使用方便，常将不同的生产净能换算为相同的净能，如将用于维持、生长的净能换算为产奶净能，换算过程中存在较大误差；此外，净能的测定难度大，费工费时。生产上常采用消化能和代谢能来推算净能。

目前，反刍动物的能量需要主要用净能体系来表示。

在我国，奶牛采用 NND 或 DCEU(dairy cattle energy unit)，即采用相当于 1 kg 含乳脂 4%的标准乳能量(3 138 kJ 产奶净能)作为一个“奶牛能量单位”，即：NND＝产奶净能(kJ)/3 138(kJ)。

肉牛采用肉牛能量单位，缩写为 RND 或 BCEU(beef cattle energy unit)，即 1 kg 中等品质玉米所含综合净能 8.08 MJ 为一个 RND。

饲料能量是动物营养中的重要因素，合理利用饲料能量，提高饲料能量利用率是动物饲养中的一项重要任务。

【学习要求】

识记：营养物质、粗灰分、粗蛋白质、粗脂肪、碳水化合物、可消化养分、可代谢养分、消化率、利用率、蛋白质生物价值、总能、消化能、代谢能、净能、热增耗、奶牛能量单位、肉牛能量单位等。

理解：饲料中营养物质的基本功能；动植物体营养物质组成的差异；各种动物的消化方式及特点；瘤胃微生物消化的五大优点；三大有机物的利用；饲料能量来源及在动物体内的转化与利用；不同动物能量需要的表示体系。

应用：根据动物营养学基本知识，阐述动物营养在畜禽养殖实践中的意义。

项目二　饲料营养物质与畜禽营养

【学习目标】

● 了解饲料营养物质；了解各类动植物体的营养关系；掌握动物营养不足或缺乏对健康和生产的影响。

【学习内容】

任务 1　蛋白质与畜禽营养

蛋白质是一切生物生命活动的物质基础，是细胞的重要组成部分，它是动物体内除水分外含量最多的物质。蛋白质不仅是生命体的组成成分，而且极具重要的生物学性质，在体内执行着各种各样的生物学功能。所以，蛋白质在畜禽营养中占有十分特殊的地位。

一、蛋白质的化学组成

蛋白质是由许多氨基酸按照一定的序列通过肽键缩合而成的生物大分子物质的总称。大多数蛋白质含有碳、氢、氧、氮、硫五种元素，少数还含有磷、铁、铜和碘等。各种蛋白质的含氮量虽不完全相等，但差异不大（15.5%～18.0%）。一般蛋白质的含氮量平均为 16%，即 1 g 蛋白氮相当于 6.25 g 蛋白质。动物组织和饲料中真蛋白质含氮量的测定比较困难，通常只测定其中的总含氮量，并以粗蛋白表示。

氨基酸是组成蛋白质的基本单位，它的组成也就决定着蛋白质营养价值的高低。由于组成蛋白质的氨基酸数量、种类和排列顺序不同形成了各种各样的蛋白质。因此，蛋白质的营养实际上是氨基酸的营养。已知组成动植物蛋白质的氨基酸有 20 余种，不论哪种氨基酸都有一个氨基连接在与羧基相邻近的碳原子上。可用 $R\text{-}CH(NH_2)\cdot COOH$ 来表示。植物能合成自己全部的氨基酸，动物蛋白虽然含有与植物蛋白同样的氨基酸，但动物不能全部自己合成。

氨基酸有L型和D型两种构型。除蛋氨酸外，L型的氨基酸生物学效价比D型高，而且大多数D型氨基酸不能被动物利用或利用率很低。天然饲料中仅含易被利用的L型氨基酸。微生物能合成L型和D型两种氨基酸。化学合成的氨基酸多为D、L型混合物。

二、各类动物蛋白质的营养特点

(一)非反刍动物

1. 消化

饲料蛋白质进入胃，在胃酸和胃蛋白酶的作用下，部分蛋白质(20%左右)被分解为分子较小的胨与朊，然后随同未被消化的蛋白质一同进入小肠继续进行消化，蛋白质和大分子肽在小肠中经胰蛋白酶和糜蛋白酶的作用下消化，分解生成大量游离氨基酸和小分子肽(寡肽)，在胃和小肠未被消化的饲料蛋白质经由大肠以粪的形式排出体外，其中部分蛋白质和氨化物在腐败细菌作用下可降解为吲哚、粪臭素、酚、NH_3 等有毒物质，一部分经肝脏解毒后随尿排出。在大肠中，部分蛋白质和氨化物还可以在细菌利用下，不同程度地降解为氨基酸和氨，其中部分可被细菌利用合成菌体蛋白，但合成的菌体蛋白绝大部分随粪排出，只有少部分被再度降解为氨基酸后，能由大肠吸收的也为数甚少。

由于马、驴、骡等草食动物的盲肠结构较为发达，利用氨化物的能力比猪强，主要方式是微生物发酵。

2. 吸收

单胃动物主要以氨基酸的形式吸收利用蛋白质，其吸收部位在小肠，而且主要在十二指肠，亦可吸收少量寡肽。新生的幼猪、幼驹、幼犬、犊牛及羔羊的血液内几乎不含 γ-球蛋白。但在出生后 24～36 h 内可依赖肠黏膜上皮的胞饮作用，直接吸收初乳中的免疫球蛋白，以获取抗体得到免疫力。

3. 特点

(1)猪蛋白质消化吸收的主要场所是小肠，并在酶的作用下，最终以大量氨基酸和少量寡肽的形式被机体吸收、利用，而大肠的细菌虽然可利用少量氨化物合成菌体蛋白质，但最终绝大部分还是随粪便排出，因此，猪能大量利用饲料中蛋白质，而不能大量利用氨化物。

(2)禽腺胃容积小，饲料停留时间短，消化作用不大，而肌胃又是磨碎饲料的器官，因此，家禽蛋白质消化吸收的主要场所是小肠，其特点大致与猪相同。

(3)马属动物和兔等单胃草食动物，盲肠与结肠相当发达，它们在蛋白质消化过程起着重要作用，这一部位消化蛋白质过程类似反刍动物，而胃和小肠蛋白质的消化过程与猪类似，因此，草食动物不仅能利用饲料中蛋白质，还能利用饲料中氨化物。

(二)反刍动物

1. 消化

饲料蛋白质进入瘤胃，在瘤胃微生物蛋白质水解酶的作用下，首先分解为肽，进一步分解为游离氨基酸，蛋白质消化分解产物——肽和氨基酸，部分被微生物用于合成菌体蛋白质，部分氨基酸亦可在细菌脱氨酶的作用下经脱氨基进一步降解为 NH_3、CO_2 和挥发性脂肪酸，饲料中 NPN 化合物亦可在细菌尿素酶的作用下分解为 NH_3 和 CO_2。NH_3 可被细菌用于合成微生物蛋白质(MCP),亦称菌体蛋白质。在瘤胃中被发酵而分解的蛋白质称为瘤胃降解蛋白质(RDP)。在瘤胃中,只有细菌能利用氨化物,纤毛虫只能利用现成的,由细菌分解而来的肽和氨基酸,合成纤毛虫体蛋白,具有改善饲料蛋白质品质的作用。

未经瘤胃微生物降解的饲料蛋白质直接进入后部胃肠道,通常称这部分饲料蛋白质为过瘤胃蛋白质(RBPP),亦称未降解蛋白质(UDP)。过瘤胃蛋白质与瘤胃微生物蛋白质一同由瘤胃转移至皱胃,随后进入小肠,其蛋白质的消化过程和单胃动物相近,靠胃肠道分泌的蛋白质酶水解。

2. 吸收

瘤胃壁对 NH_3 的吸收能力极强,饲料中的蛋白质和氨化物在瘤胃被细菌降解生成的氨,除被用以合成蛋白质外,部分经瘤胃、真胃和小肠吸收后转运到肝脏合成尿素。尿素大部分进肾脏随尿排出,小部分被运送到唾液腺随唾液返回瘤胃,再次被细菌利用。氨如此循环被反复利用的过程称为瘤胃氮素循环(或尿素循环)。这对反刍动物的蛋白质营养具有重要意义,既可提高饲料中劣质粗蛋白质的利用率,又可将食入的植物性粗蛋白质反复转化为菌体蛋白质,供畜体利用,从而提高了饲料蛋白质的品质。但过多的蛋白质,特别是优质蛋白质,被细菌降解,反而降低蛋白质的吸收率,且不利于氨化物的利用。

小肠对蛋白质的吸收形式同单胃动物一样。

3. 特点

蛋白质消化吸收的主要场所是瘤胃,靠微生物的降解,其次是在小肠,在酶的作用下进行;反刍动物不仅能大量利用饲料中的真蛋白质,而且也能很好地利用氨化物;饲料蛋白质在瘤胃进行较大改组,通过微生物合成饲粮中不含有的氨基酸;反刍动物的小肠可消化蛋白质中,来源于瘤胃合成的微生物蛋白质和饲料过瘤胃蛋白质;瘤胃微生物蛋白质品质好,仅次于优质动物蛋白质,与豆饼、苜蓿叶蛋白质相当,而优于大多数谷物蛋白质。

三、蛋白质、氨基酸的质量与利用

蛋白质的质量是指饲料蛋白质被动物消化吸收后满足动物新陈代谢和生产对氮和氨基酸需要的程度。饲料蛋白质愈能满足动物的需要,其质量就愈高。其实质是指氨基酸的组成比例(模式)和数量,特别是必需氨基酸的比例和数量,愈与动物所需一致,其质量愈高。因此,准确评定、了解饲料蛋白质的质量具有重要的意义。

(一)必需、非必需及限制性氨基酸

1. 必需氨基酸

组成蛋白质的氨基酸有 20 多种,对动物来说都是必不可少的,但并非都需由饲料直接提供。某些种类氨基酸在动物体内不能合成,或者合成速度慢,数量少,不能满足机体需要,必须由饲料供给,这类氨基酸称为必需氨基酸,对成年动物必需氨基酸有 8 种,赖氨酸、蛋氨酸、色氨酸、缬氨酸、亮氨酸、苯丙氨酸、苏氨酸、异亮氨酸;对生长动物有 10 种,上述 8 种加上精氨酸、组氨酸;对雏鸡有 13 种,上述 10 种加上甘氨酸、胱氨酸、酪氨酸。

各种动物所需必需氨基酸的种类大致相同,但因各自遗传特性的不同,也存在一定的

差异。

2. 非必需氨基酸

某些种类氨基酸在动物体内可以合成，或者可由其他种类氨基酸转化而来，不是必须通过饲料直接提供的氨基酸称非必需氨基酸。如丙氨酸、谷氨酸、丝氨酸等。

从饲料供应角度分，氨基酸有必需与非必需之分，但从营养角度考虑，二者都是动物合成体蛋白和合成产品所必需，且它们之间的关系密切，某些必需氨基酸是合成某些特定非必需氨基酸的前体，如果饲粮中某些非必需氨基酸不足时则会动用必需氨基酸来转化代替。这点在饲养实践中不可忽视，必须要供给充足的非必需氨基酸，防止必需氨基酸转化为非必需氨基酸。研究表明蛋氨酸脱甲基后可转变为胱氨酸和半胱氨酸。猪和鸡对胱氨酸需要量的30%可由蛋氨酸来满足。若给猪和鸡充分提供胱氨酸，即可节省蛋氨酸；提供充足的酪氨酸可节省苯丙氨酸；丝氨酸和甘氨酸在吡哆醇的参与下，可相互转化。丝氨酸可完全代替甘氨酸参与体内的合成反应，而对雏鸡生长速度及饲料转化率均无影响。

反刍动物自身同样不能合成必需氨基酸，但瘤胃微生物能合成宿主所需的几乎全部的必需和非必需氨基酸。对于产奶量高或生长快速的反刍动物，瘤胃合成氨基酸的数量和质量则不能完全满足需要，必须以过瘤胃蛋白的形式由饲粮补充。

3. 限制性氨基酸

动物对各种必需氨基酸的需要量有一定的比例，但不同种类、不同生理状态等情况下所需要的比例不同，饲料或日粮缺乏一种或几种必需氨基酸时，就会限制其他氨基酸的利用，致使整个日粮中蛋白质的利用率下降，故称它们为该日粮的限制性氨基酸。必需氨基酸的供给量与需要量相差越多，则缺乏程度越大，限制作用越强。根据饲料或日粮中各种必需氨基酸缺乏程度的大小，分别称为第一、第二、第三……限制性氨基酸。

非反刍动物饲料限制性氨基酸的顺序容易确定。反刍动物由于瘤胃微生物的作用，只有讨论过瘤胃饲料蛋白和微生物蛋白混合物的限制性氨基酸才有意义。瘤胃微生物提供的蛋氨酸相对较少，此氨基酸可能是反刍动物的主要限制性氨基酸。不同的饲料，对不同的动物，限制性氨基酸的顺序不完全相同。对于猪，赖氨酸常为第一限制性氨基酸；对于家禽，蛋氨酸一般为第一限制性氨基酸。在生产实践中，饲料或饲粮限制性氨基酸的顺序可指导饲粮氨基酸的平衡和合成氨基酸的添加。

(二)氨基酸平衡与理想蛋白质

1. 氨基酸平衡

是指日粮中各种必需氨基酸在数量和比例上同动物特定需要量相符合，即供给与需要之间是平衡的，一般是指与最佳生产水平的需要量相平衡。蛋白质的质量问题实质上是必需氨基酸的数量和比例是否恰当的问题。而在实际生产中，常用饲料的蛋白质及必需氨基酸含量和比例与动物需要相比，大多不够理想，有的还相差甚远。因此，如何平衡饲粮氨基酸是一个重要的问题，它直接涉及饲粮蛋白质的质量和利用率。

(1)氨基酸的缺乏　一般在低蛋白质饲粮情况下，可能有一种或几种必需氨基酸含量不能满足动物的需要。氨基酸缺乏不完全等于蛋白质缺乏。某些情况下，如我国南方常使用机榨菜籽饼作为猪的主要蛋白质饲料，有可能饲粮蛋白质水平超过标准，而个别氨基酸(如赖氨酸)含量仍不能满足需要；或者蛋白质不足，但个别氨基酸并不缺乏。

(2)氨基酸的失衡　饲料氨基酸的相互比例与动物的需求比例不一致。一种或几种氨基酸数量过多或过少则会出现氨基酸平衡失调。失衡主要是比例问题，缺乏主要是量不足。在实际生产中，饲粮氨基酸失衡一般都同时存在氨基酸的缺乏。

(3)氨基酸的互补　氨基酸的互补是指在饲粮配合中，利用各种饲料氨基酸含量和比例的不同，通过两种或两种以上饲料蛋白质配合，相互取长补短，弥补氨基酸的缺陷，使饲粮氨基酸比例达到较理想状态。在生产实践中，这是提高饲粮蛋白质品质和利用率的经济有效方法。

(4)氨基酸的拮抗　某些氨基酸在过量的情况下，有可能在肠道和肾小管吸收时与另一种或几种氨基酸产生竞争，增加机体对这种(些)氨基酸的需要，这种现象称为氨基酸的拮抗。例如，赖氨酸可干扰精氨酸在肾小管的重吸收而增加精氨酸的需要；缬氨酸与亮氨酸、异亮氨酸之间存在拮抗作用；苯丙氨酸与缬氨酸、苏氨酸，亮氨酸与甘氨酸，苏氨酸与色氨酸之间也存在拮抗作用。存在拮抗作用的氨基酸之间，比例相差愈大拮抗作用愈明显。拮抗往往伴随着氨基酸的不平衡。

(5)氨基酸中毒　过量添加某种氨基酸而引起动物生产性能下降，且不能用补加其他氨基酸的办法加以消除的现象。添加其他氨基酸可部分缓解中毒症，但不能完全消除，尤以蛋氨酸具毒性，过量摄食可引起动物生长抑制，降低蛋白质的利用率。在必需氨基酸中，蛋氨酸最容易发生。

2. 理想蛋白质

所谓理想蛋白质是指各种必需氨基酸以及供给合成非必需氨基酸的氮源之间具有最佳平衡的蛋白质。必需氨基酸总量与非必需氨基酸总量之间的比例约为 1∶1。即日粮蛋白中的氨基酸供应量与动物的实际需要量相一致。

从理论上讲(如木桶原理)各种氨基酸成比例的参与某一蛋白质代谢过程，是以某种氨基酸的最低值为基准，循此比例参与代谢，超过此比例要求的所有过量的氨基酸，都不能参与代谢，而是经过转氨基作用，脱氨基作用等含氮部分形成尿素或尿酸排出体外，不含氮部分或形成体脂肪，或最终分解为二氧化碳和水，并释放出能量，结果蛋白质浪费，生产性能降低。

四、反刍动物对非蛋白含氮物的利用

反刍动物营养中所说的含氮物(NPN)化合物，一般是指简单的含 N 化合物如尿素、二缩脲、铵盐等，可代替植物或动物来源的蛋白质饲料，饲喂反刍动物以提供合成菌体蛋白所需要的氮源，节省动植物性蛋白质饲料。

反刍动物对 NPN 的利用主要靠瘤胃中的细菌，利用 NPN 作为氮源，以可溶性碳水化合物作为碳架和能量的来源，合成菌体蛋白，进而和饲料蛋白质一样在动物体消化酶的作用下，被动物体消化利用，其利用机制(以尿素为例)如下：

$$\text{尿素}\xrightarrow{\text{细菌脲酶}}\text{氨}+\text{二氧化碳}$$

$$\text{碳水化合物}\xrightarrow{\text{细菌酶}}\text{酮酸}+\text{挥发性脂肪酸}+\text{能量}$$

$$\text{氨}+\text{酮酸}\xrightarrow{\text{细菌酶}}\text{氨基酸}\xrightarrow{\text{细菌酶}}\text{细菌体蛋白}$$

$$\text{细菌体蛋白}\xrightarrow{\text{真胃和小肠消化酶}}\text{氨基酸}$$

尿素含有碳、氢、氧、氮，动物本身无法直接利用。尿素溶解度很高，在瘤胃中能迅速转化成氨，若大剂量饲喂，在瘤胃中可能积聚大量的氨而引起致命性的氨中毒；若饲喂恰当，则是反刍动物很好的氮源。

因此，反刍动物饲粮中使用尿素应注意以下几点：①瘤胃微生物对尿素的利用有一个逐渐适应的过程，一般需 2～4 周适应期。②用尿素提供氮源时，应补充硫、磷、铁、锰、钴等的不足，因尿素不含这些元素，且氮与硫之比以(10～14)∶1 为宜。③当日粮已满足瘤胃微生物正常生长对氮的需要时，添加尿素等 NPN 效果不佳。至于多高的日粮蛋白水平可满足微生物的正常生长并非定值，常随着日粮能量水平、采食量和日粮蛋白本身的降解率而变，一般高能量或高采食量情况下，微生物生长旺盛，对 NPN 的利用能力较强。④反刍动物饲粮中添加尿素还需注意氨的中毒，当瘤胃氨水平上升到 800 mg/L，血氨浓度超过 50 mg/L 就可能出现中毒。氨中毒一般多表现为神经症状及强直性痉挛，0.5～2.5 h 可发生死亡。灌服冰醋酸中和氨或用冷水使瘤胃降温可以防止死亡。一般奶牛饲粮中尿素的用量不能超过饲粮干物质的 1%，才能保证既安全，又有良好的效果。如果饲粮本身含 NPN 较高，如青贮料，尿素用量则应酌减。

任务 2　碳水化合物与畜禽营养

碳水化合物是自然界分布极广的一类有机化合物。它主要存在于植物体组织中，而在动物体内含量甚少。因其来源丰富、成本低而成为动物生产中的主要能源，在动物营养中具有重要意义。

一、碳水化合物的组成与性质

碳水化合物主要由碳、氢、氧三种元素遵循 1∶2∶1 的结构规律构成的基本糖单位，其中氢和氧的比例与水的组成比例相同，故称碳水化合物。在生物化学中常用糖类这个词作为碳水化合物的同义语。但是，习惯上糖是指水溶性的单糖和寡聚糖，不包括多糖。寡聚糖又称为低聚糖或寡糖，含 2～10 个糖单位；含 10 个糖单位以上的称为多聚糖，包括淀粉、纤维素、半纤维素、果胶、半乳聚糖、甘露聚糖、黏多糖等；纤维素、半纤维素、果胶则统称为非淀粉多糖(NSP)。根据非淀粉多糖的水溶性，将溶于水的称为可溶性非淀粉多糖，如 β-葡聚糖、阿拉伯木聚糖等；不溶于水的则称为不溶性非淀粉多糖，如纤维素、半纤维素。可溶性 NSP 的抗营养作用日益受到关注。大麦中可溶性 NSP 主要是 β-葡聚糖，同时含部分阿拉伯木聚糖，猪、鸡消化道缺乏相应的内源酶而难以将其降解。它们与水分子直接作用增加溶液的黏度，且随多糖浓度的增加而增加；多糖分子本身互相作用，缠绕成网状结构，这种作用过程能引起溶液黏度大大增加，甚至形成凝胶。因此，可溶性 NSP 在动物消化道内能使食糜变黏，进而阻止养分接近肠黏膜表面，最终降低养分消化率。

在常规饲料分析中，碳水化合物包括无氮浸出物和粗纤维两大类。

(一)无氮浸出物

无氮浸出物是饲料有机物除去含氮物质、脂肪和纤维性物质以外的物质的总称，包括单糖、双糖和多糖类(淀粉类)等，又称为可溶性碳水化合物。无氮浸出物很容易被动物消化吸收和利用，是动物所需能源的主要来源，多余的部分能转化为体脂被储存起来。

(二)粗纤维

粗纤维通常是指植物性饲料中那些不溶于水或稀酸、稀碱难溶，动物难于消化的一系列物质的化合物，它包括纤维素、半纤维素、果胶、木质素等。

1. 纤维素

纤维素是构成植物细胞壁的主要成分，在粗饲料中，占粗纤维含量的70%～80%，是天然有机物中存在数量最多的化合物。动物消化液中没有分解纤维素的酶，但是瘤胃和大肠内的一些细菌、原虫以及霉菌等都能分泌纤维分解酶，这些微生物对反刍动物的营养有着极其重要的作用。

2. 半纤维素

半纤维素是植物细胞壁的构成成分之一。在植物体内一般和纤维素一起存在，并与木质素紧密联系，大量存在于植物的木质化部分，是已糖和戊糖的混合聚合物。它不受动物消化酶的作用，但受瘤胃微生物的作用，所以在研究粗饲料利用方面，不能忽视它的存在。

3. 果胶

果胶作为一种细胞间的胶体物质存在于细胞之间，还有一部分充满细胞壁内的纤维物质的间隔，在植物细胞壁中占1%～10%。果胶中有一部分可溶解于草酸溶液内，这种可溶性的果胶是瘤胃细菌的良好营养液，几乎全部都被发酵利用。但非反刍动物的肠道细菌对其利用却有限。另外，一部分果胶是和木质素以及其他纤维物质紧密地结合在一起的，它不溶于草酸溶液，这部分果胶消化率低，在禾本科牧草内的含量比豆科高。天然的纤维素很难被纤维酶作用，这可能与细胞壁的胶体物质(主要是果胶覆盖)有关。

4. 木质素

木质素实质上并不是碳水化合物，不过，因为它是细胞壁的重要组成成分之一，对其他纤维物质的利用影响很大，所以，往往把它和碳水化合物放在一起讨论。木质素是植物生长成熟后才出现在细胞壁中的物质，含量为5%～10%，它是苯丙烷衍生物的聚合物，动物及其体内微生物所分泌的酶均不能使其降解，它通常与细胞壁中的多糖形成动物体内的酶难降解的复合物，从而限制动物对植物细胞壁物质的利用。但特殊的霉菌和土壤细菌，则可破坏木质素的结构；用碱处理秸秆时，可破坏半纤维素与木质素的联系，有利于动物对半纤维素的消化。

二、各类动物碳水化合物的营养特点

(一)非反刍动物

1. 消化

饲料碳水化合物进入口腔同唾液混合后便开始化学消化。但这种作用不是所有非反刍动物都有的。猪、兔、灵长目动物等的唾液中含有 α-淀粉酶，在微碱性条件下能将淀粉分解成麦芽糖和糊精。但因时间短，消化很不彻底。其他非反刍动物的唾液只起物理消化作用。下面以猪为例，介绍其对碳水化合物的消化代谢过程。

饲料碳水化合物中的淀粉，在猪的口腔可以分解一部分，把淀粉变为麦芽糖，这部分麦芽糖和未被分解的淀粉一起进入胃中，在胃内酸性条件下，仅有部分淀粉和部分半纤维素被酸解，消化甚微。淀粉和麦芽糖又向后移，到达十二指肠后受肠、胰淀粉酶和麦芽糖酶的作用，把淀粉水解为麦芽糖，麦芽糖再水解为葡萄糖。其他的糖类，则由相应的酶作用水解成单糖。小肠内未被消化的淀粉及葡萄糖，转移到盲肠及结肠，受细菌作用产生挥发性脂肪酸和气体（二氧化碳、甲烷等）。气体随粪便排出体外，挥发性脂肪酸则被肠壁吸收，参与体内代谢。

饲料中的纤维性物质进入猪胃和小肠后不发生变化，转移至盲、结肠后，经细菌发酵，纤维素被分解为挥发性脂肪酸（VFA）和二氧化碳（CO_2），除部分 VFA 可被肠壁吸收外，其余的 VFA 和 CO_2 随粪便排出体外。

2. 吸收

十二指肠是碳水化合物消化吸收的主要部位。小肠吸收的单糖主要是葡萄糖和少量的果糖和半乳糖；大肠可吸收少量的 VFA。

不同单糖的吸收速度不同，半乳糖吸收最快，然后依次是葡萄糖、果糖、戊糖。果糖在肠黏膜细胞内可转化为葡萄糖。葡萄糖可被肠壁吸收进入血液，其中大部分经体循环输送至身体各组织，参加三羧酸循环，氧化供能。一部分葡萄糖在肝脏中合成肝糖原，一部分葡萄糖通过血液输送至肌肉中形成肌糖原。再有过多的葡萄糖时，则被输送至脂肪组织及细胞中合成体脂肪作为储备。

3. 特点

猪碳水化合物的营养是以葡萄糖代谢为主，其消化吸收的主要部位在十二指肠，在酶的作用下进行。以挥发性脂肪酸代谢为辅在大肠中靠细菌发酵进行。因此，猪能很好地利用无氮浸出物，而不能大量利用粗纤维。所以，在实践中，猪饲粮粗纤维水平不宜过高，对生长育肥猪应控制在 8%以下，对母猪可在 10%～12%。

马属动物碳水化合物的营养是以粗纤维形成 VFA 为主，以淀粉形成葡萄糖为辅。所以，在马属动物使役时，需要较多能量，日粮中应增加含淀粉多的精料；休闲时，可供给一些富含粗纤维的秸秆类饲料。

禽碳水化合物的营养与猪相似，但鸡的唾液分泌量少，加上饲料粒度限制，口腔内对淀粉的消化不具明显的营养意义。另外，鸡利用粗纤维的能力比猪还低，饲粮粗纤维含量应以 3%～5%为宜。

马属动物因有比较发达的盲肠和结肠，故对粗纤维的消化能力比猪强，但不如反刍家畜。

（二）反刍动物

1. 消化

饲料碳水化合物被牛羊采食后，淀粉在口腔中消化极微，虽然牛羊每昼夜内产生的唾液量大，但是唾液中淀粉酶的含量少，活性弱，因此，饲料淀粉在口腔中几乎不被消化。但进入瘤胃后，淀粉和糖受细菌作用，发酵分解为挥发性脂肪酸（VFA）和二氧化碳。粗纤维在口腔内不发生消化作用，在进入瘤胃后，被瘤胃微生物酵解产生乙酸、丙酸和丁酸等 VFA，同时产生甲烷、氢气和二氧化碳等气体以嗳气方式排出体外。

在瘤胃中未被降解的淀粉、糖和粗纤维，转入小肠后端的消化吸收与非反刍动物相同或相似。

2. 吸收

瘤胃中形成的 VFA 约 75%通过瘤胃壁扩散进入血液，约 20%经皱胃和瓣胃壁吸收，约 5%经小肠吸收参与体内代谢。其中，乙酸在牛羊体内可参与三羧酸循环(TCA)，产生能量，每 1 mol 乙酸通过 TCA，能储存约 10 个三磷酸腺苷(ATP)的能量；乙酸被输送至乳腺组织中，可以用来合成乳脂肪。丙酸被吸收后进入肝脏，经糖异生作用转变为葡萄糖，并通过 TCA 可以在动物体内形成相当于 18 个 ATP 的能量。丁酸是乳脂中的一种短链脂肪酸，它可与乙酰 COA 缩合成较高级的脂肪酸，也可以参与生物氧化，1 mol 丁酸完全氧化后能产生约 26 个 ATP 的能量。

由此可知，幼年反刍动物以及成年反刍动物除前胃外，消化道各部分的消化吸收均与单胃动物类似。

3. 特点

反刍动物碳水化合物的营养是以形成 VFA 为主，形成葡萄糖为辅，消化的部位以瘤胃为主，小肠、盲肠、结肠为辅；它不仅能大量利用无氮浸出物，也能大量利用粗纤维。瘤胃发酵形成的各种挥发性脂肪酸的数量，因日粮组成、微生物区系等因素而异。对于肉牛，提高饲粮中精料比例或将粗饲料磨成粉状饲喂，瘤胃中产生的乙酸减少，丙酸增多，这有利于合成体脂肪，提高增重和改善肉质；对于奶牛，增加饲粮中优质粗饲料的含量，则形成的乙酸多，有利于形成乳脂肪，提高乳脂率。但同时还要考虑产奶量的提高，故奶牛日粮中粗饲料给量一般为体重的 1.5%～2%。

三、粗纤维在动物饲养中的作用

各种动物利用纤维很大程度上是利用微生物酶的分解产物或微生物的代谢产物。植物细胞壁越成熟，木质化程度越高，越不易被微生物消化。

粗纤维的负面作用是众所周知的，比如饲粮粗纤维水平增高，会加快食糜在消化道中的流通速度，从而降低动物对淀粉、蛋白质、脂肪和矿物质的消化率；粗纤维不仅本身消化率低，而且影响其他营养物质的消化吸收，降低饲粮可利用能值；饲粮粗纤维水平增高，将增加动物消化道内源蛋白质、脂肪和矿物质的损失等。因此，设计动物(尤其是单胃动物)饲料配方时，往往把粗纤维作为限制因素，即规定动物饲料中的粗纤维含量不得超过最高量。对于粗纤维，也要看到它对动物有利的一面，以便在动物饲养中合理利用。

(一)营养作用

粗纤维是草食动物的主要能源物质；可刺激消化道黏膜、促进胃肠蠕动和粪便排出，保证消化机能正常；日粮中完全没有粗纤维反倒有害，特别是草食动物会导致机能紊乱，出现消化疾病。

(二)填充作用

由于粗纤维吸水量大，进入胃肠后，其体积膨胀增大，可起到填充胃肠道的作用，使动物食后有饱腹感。

(三)阻碍消化作用

粗纤维中的木质素,是难于消化吸收且没有营养价值的物质。它与纤维素、半纤维素一同存在,不易分开。由于木质素的存在,妨碍细菌分解纤维素,并阻碍其他营养物质与酶的接触,使消化率降低。此外,木质素具有便秘性,动物食用过多则产生便秘。

任务3 脂肪与畜禽营养

脂肪是动物营养中的又一类重要的营养素,是不溶于水,但溶于乙醚、苯、氯仿等有机溶剂的化合物。它能量价值高,其种类繁多,化学组成各异。常规饲料分析中将这类物质统称为粗脂肪。

一、脂肪的组成与性质

(一)脂肪的组成

动植物体组织中均含有脂肪,除少数复杂的脂肪外,均由碳、氢、氧三种元素组成。根据其结构的不同,一般分为真脂肪与类脂肪两大类。

真脂肪是由1分子甘油和3分子脂肪酸构成的酯类化合物,故又称为甘油三酯。其中三分子脂肪酸有的是相同的,有的是不同的。前者称为同酸甘油酯,后者称为异酸甘油酯。动植物体组织所含脂肪大都是异酸甘油酯。

构成脂肪的脂肪酸种类很多,自然界已发现有100多种,其中绝大多数都是偶数碳原子的直链脂肪酸,包括饱和脂肪酸和不饱和脂肪酸。

脂肪酸分子结构除两端的两个碳原子外,其余的碳原子如果都与两个氢原子结合,即“—C—C—”间以单键相接,不能再与其他原子相结合者,就是饱和脂肪酸;脂肪酸分子结构中,有两个以上的碳原子互以双键(—C=C—)结合者,就是不饱和脂肪酸。脂肪酸结构通式可用$Cx:y$来表示,x代表碳原子数目,y代表不饱和双键的数目。例如,幼龄动物的三种必需脂肪酸,亚油酸为C18:2、亚麻酸为C18:3、花生油酸为C20:4等。各种不同类型生物脂肪中脂肪酸组成有不同的特点,一般来说,陆地动植物脂肪中大多为软脂酸(C16:0)和硬脂酸(C18:0),尤其以C18:0最多,水生动物脂肪中则以C20及C22脂肪酸居多。

类脂肪由甘油、脂肪酸、磷酸、糖或其他含氮物质结合而成。它虽然不是真脂肪,但它在结构上或性质上却与真脂肪相接近,主要包括磷脂、糖脂、固醇及蜡。

磷脂是一种复合脂肪,在结构上除含有磷酸根、甘油和脂肪酸外,还有含氮的有机碱。它是动植物细胞的重要组成成分,在动物的各种组织器官如脑、心和肝内均含有大量磷脂,在植物种子中含量较多。磷脂以卵磷脂、脑磷脂和神经磷脂最为重要。

糖脂是一类含糖的脂肪,其分子不含磷酸,但含有脂肪酸、半乳糖及神经氨基醇各一分子。

主要存在于动物外周和中枢神经中，也是禾本科青草和三叶草中脂肪的主要组成成分。

固醇是一类高分子量的一元醇，在动植物界中分布很广，在化学结构上属环戊烷多氢菲的衍生物。其最重要的有胆固醇和麦角固醇。

蜡是由高级脂肪酸与高级一元醇所生成的酯，一般为固体，不易水解，故无营养价值。动物的毛、羽中因蜡的存在而具有一定的防水性。

(二)脂肪的性质

脂肪，特别是简单脂肪由于所含脂肪酸种类不同而具有不同性质。脂肪中脂肪酸含双键越多，不饱和程度越大；含不饱和脂肪酸越多，其硬度越低，熔点也越低，植物脂肪多属于此类。如豆类、棉籽油和玉米油等在常温下为液态，而动物脂肪呈固态，其脂肪酸多为饱和脂肪酸，熔点比植物油的高。不饱和脂肪酸易氧化，高温、阳光、潮湿环境及氧化剂易使其酸败，在饲料储存及动物产品加工中应注意此特点。不饱和脂肪酸氢化为饱和脂肪酸后，熔点提高，硬度增加。

一般情况下，脂肪的下列性质与动物营养密切相关。

1. 脂肪的水解特性

脂肪可在酸或碱的作用下水解为甘油和脂肪酸。动植物体内脂肪的水解在脂肪酶的催化下进行，微生物产生的脂肪酶也可催化脂肪水解，这类水解所产生的游离脂肪酸大多数无臭无味，对脂肪营养价值没有影响，但水解产生的某些低级脂肪酸，特别是4～6个碳原子的脂肪酸，如丁酸和乙酸具有特殊异味或酸败味，可能影响动物适口性。脂肪酸碳链越短，异味越浓。动物营养中把这种水解看成是影响脂肪利用的因素。

多种细菌和霉菌均可产生脂肪酶，当饲料保管不善时，其所含脂肪易于发生水解而使饲料品质下降。

2. 脂肪氧化酸败

脂肪暴露在空气中，经光、热、湿和空气的作用，或经微生物的作用氧化生成过氧化物，再继续分解产生低级的醛、酮、酸等化合物，同时放出令人不快的气味和味道，这种现象就是氧化酸败。这种变化分为自动氧化和微生物氧化。

脂肪自动氧化是一种由自由基激发的氧化。先形成脂过氧化物，这种中间产物并无异味。中间产物再与脂肪分子反应形成氢过氧化物。当氢过氧化物达到一定浓度时则分解形成短链的醛、酮和酸等化合物，使脂肪出现不适宜的酸败味，最后经过聚合作用使脂肪变成黏稠、胶状甚至固态物质。

微生物氧化是一个由酶催化的氧化。存在于植物饲料中的脂氧化酶或微生物产生的脂氧化酶，最容易使不饱和脂肪酸氧化。催化的反应与自动氧化一样，但反应形成的过氧化物，在同样温湿度条件下比自动氧化多。

脂肪氧化酸败的结果既产生不良气味，影响动物适口性，而且在氧化过程中所生成的过氧化物还会破坏一些脂溶性维生素，降低脂肪和饲料的营养价值。

3. 脂肪氢化作用

在催化剂或酶的作用下，不饱和脂肪酸的双键可与氢发生加成反应变为单键，不饱和脂肪酸变成饱和脂肪酸。脂肪的这种性质称为氢化作用。脂肪发生氢化作用后，其硬度增加，不易氧化酸败，有利于贮存，但也损失必需脂肪酸。

不饱和脂肪酸与碘原子加成反应,1 mol 不饱和的双键能结合 2 mol 的碘原子,脂肪的不饱和程度可由它所能结合的碘的多少测定,100 g 脂肪所能吸收碘的克数为碘价。碘价越高,脂肪的不饱和程度越高。

反刍动物可利用进食的饲料脂肪在瘤胃微生物的作用下发生某种程度的氢化作用,从而使其体脂肪饱和脂肪酸含量较高。

二、各类动物脂肪的营养特点

脂类物质由于是非极性的,不能与水混溶,所以必须先使其形成一种能溶于水的乳糜微粒,才能通过小肠微绒毛将其吸收。上述过程可概括为:脂类水解→水解产物形成可溶的微粒→小肠黏膜摄取这些微粒→在小肠黏膜细胞中重新合成甘油三酯→甘油三酯进入血液循环。

非反刍动物和反刍动物机体内都有上述过程,但具体的机制却存在差异。

(一)非反刍动物

1. 消化

胃脂肪酶和幼小动物口腔的脂肪酶对正常饲粮脂类的消化作用甚小。猪胃脂肪酶仅对短、中链脂肪酸组成的脂类有一定消化作用。幼小动物在胰液和胆汁分泌机能尚未发育健全以前,口腔内的脂肪酶对奶脂具有较好的消化作用,但随年龄增加,此酶分泌减少。正常情况下,十二指肠逆流进胃中的胰脂酶有一定程度消化作用。

饲粮脂类进入十二指肠后与大量胰液和胆汁混合,胆汁在激活胰脂酶和乳化脂类方面发挥着重要作用。在肠蠕动影响下,脂类乳化便于与胰脂酶在油—水交界面上充分接触。在胰脂酶作用下甘油三酯水解产生甘油一酯和游离脂肪酸。磷脂由磷脂酶水解成溶血性磷脂。胆固醇酯由胆固醇酯水解酶水解成胆固醇和脂肪酸。甘油一酯、脂肪酸和胆酸均具有极性和非极性基团,三者可聚合在一起形成水溶性的适于吸收的混合乳糜微粒。混合微粒既有极性基团又有非极性基团,极性基团向外排列与水紧密接触,非极性基团向内。混合微粒的一个重要特性是其内部的非极性的脂质部分可携带大量的非极性化合物如固醇、脂溶性维生素、类胡萝卜素等,否则这些物质不能被吸收。

饲粮脂类在消化道后段的消化与瘤胃类似。不饱和脂肪酸在微生物产生的酶作用下可变成饱和脂肪酸,胆固醇变成胆酸。

2. 吸收

当形成的这种混合乳糜微粒到达十二指肠和空肠等主要吸收部位,并与肠绒毛膜接触时即可破裂,胆盐滞留于肠道中,而游离脂肪酸、甘油一酯、溶血性卵磷脂、胆酸等透过细胞膜被吸收,并在黏膜上皮细胞内重新合成甘油三酯、磷脂和固醇等。合成后的甘油三酯、磷脂和固醇可与特定蛋白质结合,形成直径 0.1～0.6 μm 的乳糜微粒和极低密度脂蛋白,并通过淋巴系统进入血液循环,沉积于脂肪组织中。

胆盐吸收的情况各异。猪等哺乳动物主要在回肠以主动方式吸收,能溶于细胞膜中脂肪的未分解胆酸在空肠以被动方式吸收,禽整个小肠都能主动吸收胆盐,但回肠吸收相对较少。各种动物吸收的胆汁,经门脉血到肝脏再分泌重新进入十二指肠,形成胆汁肠肝循环。

饲料脂肪在盲肠、结肠的消化与瘤胃类似。

3. 特点

猪、禽消化吸收脂类的主要部位是空肠，是在胆汁、胰脂肪酶和肠脂肪酶的作用下，水解为游离脂肪酸、甘油一酯、溶血性卵磷脂、胆酸等吸收的。家禽主要在肝脏，家畜主要在脂肪组织（皮下和腹腔）中或肌纤维间再合成体脂肪。同时，来自饲料的不饱和脂肪酸在猪、禽体内不经氢化可直接沉积在体脂肪中，猪采食的饲料中脂肪性质直接影响体脂肪品质。在猪的催肥期，如饲喂植物脂肪含量高的饲料，可使其体内的不饱和脂肪酸亦显著升高，导致猪的体脂变软，容易酸败，肉的品质下降，不适宜做腌肉和火腿等肉制品。因此，在猪的肥育期间应少喂脂肪含量高的饲料，多喂麦类、薯类等富含淀粉的饲料，这样既可保证猪肉的优良品质，又可降低饲养成本。试验证明，鸡采食饲料中的脂肪也直接影响产蛋率、孵化率及蛋黄脂肪的品质。据分析，蛋黄中脂肪酸的组成与日粮中脂肪酸的组成相似。

马、兔消化道后段具有与瘤胃相似的细菌，虽同样可将来自饲料的不饱和脂肪酸大量氢化为饱和脂肪酸，但由于饲料脂肪在进入消化道后段之前，大部分已在小肠被消化吸收，故马、兔体脂肪的饱和程度仍受饲料脂肪较大的影响。

（二）反刍动物

一般认为，幼龄（断奶前）对乳脂的消化吸收与单胃动物相似，然而随着断奶后食物的改变和瘤胃微生物的逐渐成熟，脂类的消化与非反刍动物不同。

1. 消化

反刍动物日粮中含有比例较高的不饱和脂肪酸，其主要是粗饲料和谷物中的甘油三酯、半乳糖甘油酯和磷脂。这些饲料进入瘤胃后，在微生物作用下发生水解。甘油三酯和半乳糖甘油酯水解生成游离脂肪酸、甘油和半乳糖。它们可进一步经微生物发酵生成挥发性脂肪酸。由于瘤胃是一个高度还原的环境，饲料脂肪在瘤胃可发生氢化作用。大部分不饱和脂肪酸经微生物作用氢化为饱和脂肪酸，其中主要是硬脂酸（C18：0），必需脂肪酸减少。此外，瘤胃细菌和纤毛虫还能将丙酸、戊酸等合成奇数碳链脂肪酸（如 C15：0），也可利用异丁酸、异戊酸以及支链氨基酸（缬氨酸、亮氨酸和异亮氨酸）等的碳骨架合成支链脂肪酸。

饲料脂肪经过瓣胃和网胃时，基本上不发生变化；在皱胃，饲料脂肪、微生物与胃液混合，其消化与非反刍动物类似。

进入十二指肠后，小肠胰脂酶主要将甘油三酯水解为游离脂肪酸和甘油一酯；半乳糖甘油酯先被水解为半乳糖、脂肪酸和甘油，后者再转化为挥发性脂肪酸。由于脂肪中的甘油在瘤胃中被大量转化为挥发性脂肪酸，所以反刍动物十二指肠中缺乏甘油一酯，消化过程形成的混合乳糜微粒构成与单胃动物不同。成年反刍动物小肠中混合微粒由溶血性卵磷脂、脂肪酸及胆酸构成；链长小于或等于 14 个碳原子的脂肪酸可不形成混合乳糜微粒而直接被吸收。混合乳糜微粒中的溶血性卵磷脂由来自胆汁和饲料磷脂在胰脂酶作用下形成。此外，由于成年反刍动物小肠中不吸收甘油一酯，其黏膜细胞中甘油三酯通过磷酸甘油途径重新合成。

2. 吸收

瘤胃中产生的短链脂肪酸主要通过瘤胃壁吸收；混合微粒中的长链脂肪酸主要在呈酸性环境的空肠前段吸收，混合微粒中的其他脂肪酸主要在中后段空肠吸收；溶血磷脂酰胆碱也在中、后段空肠被吸收，胰液分泌不足时，磷脂酰胆碱可能在回肠积累。

反刍动物对各种脂肪酸的吸收不同于非反刍动物。非反刍动物对长链脂肪酸和饱和脂肪酸的吸收率较差，而反刍动物对长链脂肪酸和饱和脂肪酸，尤其是对硬脂酸却能较好地吸收。饲料脂肪在盲肠、结肠的消化与瘤胃类似。

3. 特点

反刍动物所采食的不饱和脂肪酸在瘤胃内大量氢化形成饱和脂肪酸，下移到小肠经消化吸收以饱和脂肪酸的形态沉积为体脂，另外，瘤胃微生物合成的高级脂肪酸也多为饱和性质。因此，无论反刍动物所采食的饲料脂肪饱和程度高还是低，它们的体脂肪依然可保持硬度大，熔点高，饱和脂肪酸含量多的特点。可见，反刍动物体脂肪品质受饲草脂肪性质影响极小。但是饲料脂肪对乳脂的合成有重要影响。饲料脂肪在一定程度上可直接进入乳腺，饲料脂肪的某些成分，也可不经变化用以形成乳脂肪。因此，饲料脂肪性质与乳脂品质密切相关。以奶牛的乳脂为例，饲喂大豆时，黄油质地较软，饲喂大豆饼时，黄油较为坚实，而饲喂大麦粉、豌豆粉和黑麦粉时黄油坚实。

任务 4 矿物质与畜禽营养

矿物质是动物营养中的一大类无机营养素。现已确认动物体组织中含有约 45 种矿物元素。但并非动物体内的所有矿物元素都在体内有营养作用。随着科学技术的发展，发现越来越多的矿物元素对动物的正常生长和生产有重要作用，同时又不断地发现矿物元素新的营养生理功能。

一、动物体内矿物元素及其营养特点

动物体内存在的矿物元素，有一些是其生理过程和体内代谢必不可少的，这一部分就是营养学上常说的必需矿物元素，即在动物体内具有确切营养生理功能的矿物元素。它在动物体内的分布和数量是由其生理功能决定的。这些矿物元素在体内具有重要的营养生理功能：有的参与体组织的结构组成，如钙、磷、镁以其相应盐的形式存在，是骨和牙齿的主要组成成分；有的作为酶(参与辅酶或辅基的组成)的组成成分(如锌、锰、铜、硒等)和激活剂(如镁、氯等)参与体内物质代谢；有的作为激素组成(如碘)参与体内的代谢调节等；还有的元素以离子的形式维持体内电解质平衡和酸碱平衡，如 Na^+、K^+、Cl^- 等。

它们的主要营养特点是：必须由外界供给，当外界供给不足或缺乏时，会导致动物体物质代谢严重障碍，生产力降低，甚至死亡。补饲后相应的缺乏症会减轻或消失。某些元素的过量又能引起机体代谢紊乱，出现中毒现象。

必需矿物元素在动物体内的营养功能，法国科学家伯特兰德提出了一个规律，即伯特兰德最适营养浓度定律：生物缺少某种必需的元素时就不能生存；当这种元素适量时，生物就正常生长；但过量时又是有毒的(图 1-4)。

现已证明动物一般都需要钙、磷、钠、钾、氯、镁、硫、铁、铜、锰、锌、碘、硒、钼、钴、铬、氟、硅、硼等 19 种矿物元素。饲料中还存在一些矿物元素，在生产上并不表现缺乏症，但可能在体内有一定的营养生理功能。已发现铝、镉、砷、铅、锂、镍、钒、锡、溴等矿物元素，在实验条件下可

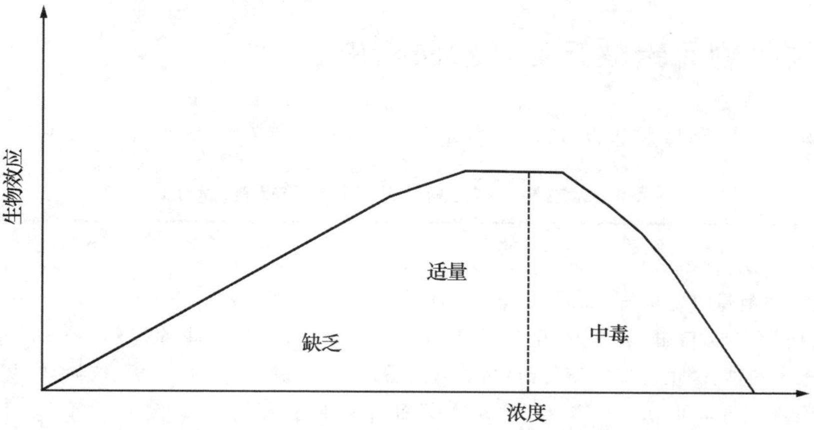

图 1-4 一种必需微量元素最适营养浓度规律示意图

出现实验性缺乏症或具有某些生理功能，这些元素也可能是动物必需的矿物元素。

必需矿物元素和有毒有害元素对动物而言是相对的。一些矿物元素，在饲粮中含量较低时是必需矿物元素，在含量过高情况下则可能是有毒有害元素。有些矿物元素如砷、铅、氟等，一般情况下都称为有毒有害元素，但现在已发现这些元素具有一定营养生理功能，动物对这些元素的需要量都非常低，一般不出现缺乏或不足，生产上最容易出现的是中毒问题，其必需性因而被忽视。几乎所有的必需矿物元素摄入过量后都会出现中毒，但中毒剂量存在很大差异。

按动物体内含量或需要不同，必需矿物元素分为常量元素和微量元素两大类。常量元素一般指在动物体内含量高于 0.01%(或≥70 mg/kg 活重)的元素，主要包括钙、磷、钠、钾、氯、镁、硫等 7 种。微量元素一般指在动物体内含量低于 0.01%(或<70 mg/kg 活重)的元素，目前查明必需的微量元素有铁、锌、铜、锰、碘、硒、钴、钼、氟、铬、硼等 11 种。铝、钒、镍、锡、砷、铅、锂、溴等 8 种元素在动物体内的含量非常低，在实际生产中几乎不出现缺乏症，但实验证明可能是动物必需的微量元素。

自然界存在的矿物元素有 100 种以上，但在动物体内含有的矿物元素约 45 种。动物体内的矿物元素主要从饮水和饲料中来。天然饲料和饮水中的矿物元素对动物的生产和健康有重要影响。

对一般天然饲料而言，由于动物对矿物元素的需要量和在饲料中的含量不同，动物缺乏程度也不同。非反刍动物钙、磷、钠、氯不足，铁、锌、铜、锰、碘处于临界缺乏或缺乏，硒、氟、钼缺乏或不缺具有地区性；反刍动物通常是钙、磷、钠、钾、镁和硫不足，铁、铜、碘、钴、锰处于临界缺乏或不缺，硒、氟、钼缺乏或不缺具有地区性。在现代生产条件下，缺乏的矿物元素一般用矿物质添加剂补足。

水中的矿物元素含量对动物的健康和生产影响很大，最容易导致动物矿物元素摄入过量，出现中毒，严重者导致死亡，影响生产。水中最容易出现中毒的矿物元素是动物需要量极低或不需要的元素，这些元素主要是硒、砷、铅、汞、氟。因此，保证水质非常重要。

二、主要矿物元素缺乏症及预防措施

主要矿物元素缺乏症及预防措施见表1-1。

表1-1 主要矿物元素缺乏症及预防措施(简介)

元素	缺乏与过量的危害	预防措施
钙磷	草食动物最易出现磷缺乏,猪、禽最易出现钙缺乏。一般常见缺乏症表现是:食欲降低,异食癖;生长减慢,生产力下降;骨生长异常,已骨化的钙、磷也可能大量外流,造成骨灰分降低、骨软,严重的不能维持骨正常形态。动物典型钙、磷缺乏症有佝偻病、骨质疏松症和产后瘫痪。 动物对钙、磷有一定的耐受力,在一般情况下,由于过量直接造成中毒很少见,但超过一定限度可降低生产成绩。反刍动物食入过量钙时,可抑制瘤胃微生物活动而降低日粮的消化率。单胃动物食入过量钙时,脂肪消化率下降,磷、铁、锰和碘等代谢紊乱。高钙低锌促使猪缺锌,产生皮肤不完全角化症就是一个例症	①饲喂富含钙、磷的天然饲料:如鱼粉、肉骨粉等钙、磷含量较高。豆科植物,如大豆、苜蓿草、花生秧等含钙丰富。②补饲矿物质饲料:如含钙的蛋壳粉、贝壳粉、石灰石粉等及含钙、磷的骨粉、磷酸氢钙等。③舍外运动、多晒太阳,或在饲粮中添加维生素 D_3,也可注射维生素D和钙制剂,喂鱼肝油等
氯钠钾	各种动物饲料钠都较缺乏,其次是氯,钾一般不缺。三种元素中任缺一种就能使动物表现出生长缓慢或失重,食欲差,生产力下降。奶牛缺钠表现厌食,被毛粗糙,体重减轻,产奶量下降,乳脂率和乳钠含量下降。猪缺钠可导致相互咬尾或同类相残。产蛋鸡缺钠,易形成啄癖,同时也伴随着产蛋率下降和蛋重减轻。猪和羔羊缺钾,食欲明显变差。 猪和鸡食盐过量易中毒,表现食欲减退或废绝,强烈口渴,大量饮水。病猪多出现神经症状,运动失调,严重时死亡	在动物饲料中除鱼粉、酱油渣之外,多数天然饲料均缺乏钠和氯,而食盐是供给动物钠和氯的最便利原料,在畜禽饲料中适量补盐,即可有效避免发生钠和氯的缺乏症
镁	动物缺镁可致生长受阻,过度兴奋,痉挛厌食,肌肉抽搐,甚至死亡。生产中,可能出现产奶牛的"草痉挛",主要表现神经过敏,肌肉发抖,呼吸减弱,心跳过速,抽搐,甚至死亡。 镁过量可致动物中毒,主要表现昏睡,运动失调,拉稀,采食量下降,生产力降低,甚至死亡。反刍家畜因排出过量镁的能力高于单胃家畜,一般不会发生过量的危害。鸡日粮镁高于1%能使生长受阻,蛋鸡的产蛋率下降,蛋壳变薄	一些镁的拮抗物如钾、钙、氨等影响镁的吸收。单胃家畜依赖饲料中的镁(如青饲料、糠麸、油饼粕类饲料等),即可满足需要,不易发生缺乏症,但要防止食入过量问题。反刍家畜要防止日粮中钾、钙等拮抗物质过多而影响镁的吸收,同时,可补加硫酸镁、氧化镁和碳酸镁等
硫	动物缺硫表现为消瘦,角、蹄、爪、毛、羽生长缓慢,反刍动物利用纤维素的能力降低,采食量下降。 自然条件下硫过量的情况少见。用无机硫作添加剂,用量超过0.3%～0.5%时,可能使动物产生厌食、失重、便秘、腹泻、抑郁等毒性反应,严重时可导致死亡	硫缺乏可通过添加无机硫制剂或增加日粮中油菜籽饼、鱼粉等成分予以补充;硫过量应从日粮配比中减少硫的供给,把无机硫含量降到正常水平

续表 1-1

元素	缺乏与过量的危害	预防措施
铁	缺铁的典型症状是贫血。其临床症状表现为:生长慢、昏睡、可视黏膜变白、呼吸频率增加、抗病力弱,严重时死亡率高。不同的动物表现不同形式的贫血:猪、禽缺铁常表现低色素小红细胞性贫血;小牛表现正常色素小红细胞性贫血。 铁摄入过量一般不表现病理反应,因为动物对过量铁的耐受力很强。在不同动物中,猪比禽、牛、羊强	供给动物富含铁的草料,如幼嫩青绿饲料、鱼粉、血粉等,也可补饲易溶于酸的铁盐,如硫酸铁、氯化铁、酒石酸铁等
铜	各种动物长时间缺铜可表现贫血,猪和禽骨折或骨畸形,幼龄生长动物或胎儿表现成骨细胞形成减慢或停止,羔羊表现共济失调。猪、禽、牛缺铜,使心血管弹性蛋白质弹性下降,甚至引起血管破裂而死亡。动物缺铜(猪除外)还表现毛、羽,脱色。绵羊缺铜,毛弯曲度消失。牛缺铜可引起腹泻。牛、羊均可因缺铜而降低繁殖性能。 绵羊、牛、兔、猪、鸡、马和大鼠耐受量分别为:25 mg/kg、100 mg/kg、200 mg/kg、250 mg/kg、300 mg/kg、800 mg/kg 和 1 000 mg/kg,超过此水平,各种动物均可产生毒性反应	对缺铜土壤可施硫酸铜肥,对缺铜畜禽可直接补饲硫酸铜。 对铜过量和中毒的家畜,应将饲料中铜的浓度降到正常水平
钴	动物缺钴并无特殊症状,主要为食欲不振、生长停滞,成年动物消瘦,伴有贫血现象。 各种动物对钴的耐受力都比较强,达 10 mg/kg。饲粮钴超过需要 300 倍可产生中毒反应。非反刍动物的主要表现是红细胞增多。反刍动物主要表现是肝钴含量增高,采食量和体重下降,消瘦和贫血	患缺乏症动物喂钴盐或注射维生素 B_{12} 均能治愈康复,但注射钴盐制剂则无效。钴缺乏的预防,主要从钴的来源和供给上去解决。大多数饲料都含有微量的钴。植物种类不同,含钴量也不同,豆科牧草高于禾本科
锌	动物缺锌,生长慢、采食量下降,皮肤和被毛受损,雄性生殖器官发育不良,母畜繁殖性能下降,骨骼异常等。 皮肤不完全角质化症是很多动物缺锌的典型表现。 锌的摄入过量,一般不会形成危害,因为各种动物对锌的耐受力较强	锌缺乏的预防,根据饲料种类和土壤条件的不同,进行合理给饲是预防锌缺乏症的根本。一般幼嫩植物含锌量高,块根茎饲料含锌量少,在酵母、糠麸、油菜籽饼及动物性饲料中均含有大量锌。常用饲料的含锌量常超过畜禽的实际需要量,很少发生锌缺乏症

续表 1-1

元素	缺乏与过量的危害	预防措施
锰	动物缺锰可导致采食量下降、生长减慢、饲料利用率降低、骨异常、共济失调和繁殖功能异常等。骨异常是缺锰典型的表现。禽类缺锰产生滑腱症(或叫骨短粗症)和软骨营养障碍。猪缺锰产生骨异常的表现是脚跛、后踝关节肿大和腿弯曲缩短。绵羊和小牛表现站立和行走困难、关节疼痛和不能保持平衡。山羊出现跗骨小瘤,腿变形。 锰过量可引起动物生长受阻、贫血和胃肠道损害,有时出现神经症状。禽对锰的耐受力最强,可高达 2 000 mg/kg,牛、羊可耐受 1 000 mg/kg,猪对锰敏感,只能耐受 400 mg/kg	植物性饲料中含锰较多,尤其糠麸类、青绿饲料。生产中采用硫酸锰、氧化锰等补饲。据报道,补饲蛋氨酸锰效果更好
硒	猪缺硒主要表现肝坏死,3～15 周龄动物易发生,死亡率高。在临床上有单独出现肝坏死的,也有肌肉营养不良、桑葚心或白肌病同时出现的。 鸡缺硒主要表现渗出性素质病和胰腺纤维变性。前者是一种缺硒引起的水肿,病鸡生长慢、死亡率高。后者是严重缺硒引起胰腺萎缩的病理表现,病鸡胰腺分泌的消化液明显减少。 牛、羊缺硒主要表现肌肉营养不良,白肌病。它是一种横纹肌变性的营养缺乏症,肌肉表面可见明显的白色条纹。羔羊和犊牛易发生。缺硒明显影响动物的繁殖性能。母猪产仔数减少,蛋鸡产蛋率下降,母羊不育,母牛产仔胎衣不下等。 慢性硒中毒病畜表现消瘦和贫血,关节僵硬变形,蹄壳变形并脱落,心脏和肝脏机能损害,病畜行走不便,采食量减少,常因饥渴而死。急性硒中毒的病畜主要症状是眼睛失明,感觉迟钝,肺部充血,痉挛或瘫痪,常因窒息而死。呼出的气体带有蒜味	预防或治疗缺硒症可用亚硒酸钠(Na_2SeO_3)溶液皮下或肌肉注射,家禽可将亚硒酸钠溶于水中饮用。也可将亚硒酸钠和其他矿物质及盐制成混合矿物质添加剂或营养舔砖
碘	动物缺碘,因甲状腺细胞代偿性实质增生而表现甲状腺肿,生长受阻,繁殖力下降。妊娠动物缺碘可导致胎儿死亡和重吸收,产死胎(如猪、羊)或新生胎儿无毛(猪、牛、羊)、体弱、重量轻、生长慢和成活率低。犊牛、羔羊缺碘,甲状腺明显肿大。母牛缺碘发情无规律,甚至不育。猪缺碘表现无毛、皮厚、颈粗。禽缺碘也明显影响生长和繁殖。 碘过量,不同动物耐受力不同。超过耐受量,猪血红蛋白下降,奶牛产奶量减少,鸡产蛋量降低	预防碘缺乏应喂给家畜粗盐和碘化食盐(含碘 0.01%～0.02%)或补饲碘化钾、碘酸钙等。为预防碘过量,饲料中干物质含碘量以不超过 4.8 mg/kg 为宜

任务 5　维生素与畜禽营养

维生素(vitamin)是维持动物正常生理功能所必需的需要量很少的一类低分子有机物质。它既不是动物的能源物质,也不是结构物质,但却是机体物质代谢中的必须参加者,属活化剂,起调节和控制作用。

与其他养分相比，动物对维生素的需要量极微（通常以 mg 计），并可直接被动物完整吸收。作为养分利用的调节剂，可促进能量、蛋白质及矿物质等养分的高效利用。每种维生素都有其特殊的作用，不能被其他养分替代，而且也不能相互代替。它们与矿物元素一样，不论缺乏哪一种，都会导致代谢紊乱、生产力下降、抗病力减弱，严重时死亡。通常称为它们的不足症或缺乏症。因此，在养殖业中维生素起着维持正常生理机能、保障健康、提高产品数量和质量的重要作用，是不可缺少和代替的一类重要营养物质。它们的营养原理就是：正确的维生素（包括矿物元素）营养水平，不仅要防止不足症或缺乏症的出现，而且要能保证动物经常处于最佳的健康和生产水平上。

一、维生素的分类及特点

目前已确定的维生素有 14 种，按其溶解性可分为脂溶性维生素和水溶性维生素两大类。

（一）脂溶性维生素

脂溶性维生素包括维生素 A、维生素 D、维生素 E 和维生素 K。其特点主要有：

（1）分子中仅含有碳、氢、氧三种元素。

（2）不溶于水，而溶于脂肪和大部分有机溶剂。

（3）脂溶性维生素的存在与吸收均与脂肪有关。它与日粮中的脂肪一同被动物吸收，任何增加脂肪吸收的措施，均可增加溶性维生素的吸收。日粮中缺乏脂肪，脂溶性维生素的吸收率下降。

（4）脂溶性维生素有相当数量贮存在动物机体的脂肪组织中，若动物吸收得多，体内贮存的也多。

（5）动物缺乏时，有特异的缺乏症。但短期缺乏不易表现出临床症状。

（6）未被动消化吸收的脂溶性维生素，通过胆汁随粪便排出体外，但排泄较慢。过多会产生中毒症或者妨碍与其有关养分的代谢，尤其是维生素 A 和维生素 D_3。维生素 E 和维生素 K 的中毒现象在生产中很少见。

（7）易受光、热、湿、酸、碱、氧化剂等破坏而失效。

（8）维生素 K 可在肠道内经微生物合成。动物皮肤中的 7-脱氢胆固醇可经紫外线照射转变为维生素 D_3。动物体内不能合成维生素 A 和维生素 E，故均需由饲料提供。

（二）水溶性维生素

水溶性维生素包括 B 族维生素和维生素 C。其特点主要有：

（1）分子中除含有碳、氢、氧三种元素外，多数含有氮，有的还含硫或钴。

（2）溶于水，并可随水分很快地由肠道吸收。

（3）体内不贮存。未被动物利用的水溶性维生素主要由尿液很快排出体外。因此，即使一次较大剂量服用也不易中毒。短期缺乏即对代谢有影响，但表现临床症状尚需一段时间。

（4）多数情况下，缺乏症无特异性。采食量降低，生长和生产受阻时产生共同的缺乏症状。

（5）反刍动物经瘤胃微生物可合成 B 族维生素，成年反刍动物不需由日粮提供。

(6)动物体内可合成维生素C。但在高温、运输、疾病、断喙、防疫、转群等应激条件下，维生素C需要量增加，应额外补充。

二、主要维生素缺乏症及预防措施

主要维生素缺乏症及预防措施见表1-2和表1-3。

表1-2 脂溶性维生素缺乏症及预防措施(简介)

维生素	主要缺乏症	预防措施
维生素A(抗干眼症维生素、视黄醇)	在弱光下，视力减退或完全丧失，患“夜盲症”；上皮组织干燥和过度角质化，易受细菌侵袭而感染多种疾病，泪腺上皮组织角质化，发生“干眼症”，严重时角膜、结膜化浓溃疡，甚至失明；呼吸道或消化道上皮组织角质化，生长动物易引起肺炎或下痢；泌尿系统上皮组织角质化，易产生尿道结石	饲喂富含维生素A或胡萝卜素的饲料，也可补饲维生素A添加剂。如鱼肝油、肝、乳、蛋黄、鱼粉中均含有丰富的维生素A。青绿饲料和胡萝卜中胡萝卜素最多，红、黄心甘薯、南瓜与黄色玉米中也较多。冬季，优质干草和青贮饲料是胡萝卜素的良好来源
维生素D(抗佝偻症维生素、钙化醇)	钙磷代谢失调，幼年动物患“佝偻症”，常见行动困难，不能站立，生长缓慢。成年动物，尤其妊娠母畜和泌乳母畜患“软骨症”，骨质疏松，骨骼脆弱，易折，弓形腿。家禽除骨骼变化外，喙变软，蛋壳薄而脆，或产软壳蛋，产蛋量及孵化率下降	饲喂富含维生素D的饲料。动物性饲料如鱼粉、血粉、酵母，干草、秸秆等。加强舍外运动，多晒太阳或紫外线灯照射。在饲料中添加维生素D_3
维生素E(抗不育症维生素、生育酚)	与Se缺乏症相似。反刍动物表现肌肉营养不良“白肌病”。猪睾丸退化、“肝坏死”、营养性肌肉障碍及免疫力降低。鸡表现为繁殖紊乱、胚胎死亡、“渗出性素质病”，肉鸡在高能高蛋白条件下，易患“脑软化症”	各种籽实胚中富含维生素E，植物油中丰富。幼嫩饲料中也不少，长老后大为减少，加工时易氧化损失。可采用添加维生素E制剂或补加富含维生素E的青绿饲料、豆油、花生油等
维生素K(抗出血症维生素)	雏鸡缺乏时皮下和肌肉间隙呈现出血现象，断喙或受伤时流血不止；患缺乏症的禽类，可在躯体任何部位发生出血，有的在颈、胸、腿、翅膀及腹膜等部位出现小血斑；母鸡缺少维生素K，所产的蛋蛋壳有血斑，孵化时，鸡胚也常因出血而死亡。 猪缺乏维生素K，皮下出血，内耳血肿，尿血，呼吸异常。初生仔猪脐孔出血，或仔猪去势后出血，甚至流血不止而致死。有的关节肿大，充满瘀血造成跛行	动物中除家禽外，一般不需补充维生素K。因反刍家畜的瘤胃能合成足够需要的维生素K，其他单胃家畜还能通过食粪获取一些维生素K。只有家禽因肠道短，微生物合成有限，加上笼养方式失去了食粪的条件，必须在日粮中供给足够的维生素K，才能有效预防维生素K缺乏症的发生。在生产实践中，常采取补充维生素K_3的办法解决维生素K的缺乏问题

表 1-3 水溶性维生素缺乏症及预防措施(简介)

维生素	主 要 缺 乏 症	预防措施
维生素 B_1（硫胺素）	心脏和神经组织机能紊乱，心肌坏死，雏鸡患“多发性神经炎”，头部后仰，神经变性和麻痹；猪运动失调，胃肠功能紊乱，厌食呕吐，浮肿，生长缓慢，体重下降，母猪所生仔猪体弱，畸胎增加	酵母是硫胺素最丰富的来源，谷物含量也较多，胚和种皮含硫胺素较多，动物瘦肉、肝肾和蛋也含有大量硫胺素。优质青绿饲料含量丰富。成熟的干草含量低
维生素 B_2（核黄素）	幼龄动物食欲减退，生长停滞，被毛粗乱，眼角分泌物增多，伴有腹泻；猪患皮肤炎，皮毛粗糙，脱毛、皮肤发疹等；猪患“白内障”眼变形；妊娠母猪早产或畸胎；鸡患卷爪麻痹症，足爪向内弯曲，用跗关节行走，腿麻痹，母鸡产蛋率、孵化率下降，鸡胚死亡率增高	核黄素在青绿植物、酵母菌、真菌及许多细菌体内都能合成，苜蓿草粉每千克平均含 13.5 mg，酵母每千克约含 27.3 mg。谷物及其副产品含核黄素低。玉米—豆饼型日粮易产生核黄素缺乏症
维生素 B_6（吡哆醇）	幼龄动物食欲下降，生长发育受阻，皮肤发炎，脱毛，心肌变性；猪贫血、运动失调，阵发性抽搐或痉挛，昏迷，肝脏发生脂肪浸润，腹泻，被毛粗糙；鸡异常兴奋，惊跑，胸腹贴地两翼拍打，羽毛粗糙，脱落，下痢，种蛋孵化率下降	维生素 B_6 广泛分布于饲料中，酵母、动物肝脏、肌肉、乳清及谷物、蔬菜都是维生素 B_6 的丰富来源。一般不易产生明显的缺乏症
维生素 PP（烟酸）	生长猪患“癞皮症”，皮肤发炎，结“黑痂 ”，皮毛粗、生长缓慢，消化机能紊乱，肠炎、呕吐、腹泻、鸡患口腔炎，黑舌症，皮炎，羽毛蓬乱，生长缓慢，下痢，骨骼异常；母鸡产蛋率、孵化率下降	烟酸广泛存在于饲料中。动物性产品、酒糟、发酵液以及油饼类含量丰富，谷物副产品、青草含量较多。成年反刍家畜瘤胃微生物能合成烟酸，其他动物均需日粮提供烟酸
泛酸（遍多酸）	猪生长缓慢，胃肠功能紊乱，腹泻和便血，运动失调，腿内弯，出现“鹅行步伐”，鳞片状皮炎，脱毛，肾上腺皮质萎缩，鸡生长受阻，皮炎，羽毛生长不良，雏鸡眼分泌物增多，眼睑周围结痂；母鸡产蛋率、孵化率下降，鸡胚死亡，胚胎皮下出血及水肿等	泛酸广泛分布于动植物体中，苜蓿草、花生饼、糖蜜、酵母、米糠、小麦麸含量丰富。谷物籽实含量也较多。所以一般不会发生缺乏。反刍动物瘤胃微生物能合成泛酸，在猪、禽日粮中可配一些含泛酸丰富的饲料
维生素 B_{12}（氰钴素）	动物食欲减退，营养不良，贫血，神经系统损伤，行动不协调，皮炎，皮肤粗糙，抵抗力和繁殖性能降低，仔猪生长缓慢；四肢共济失调，雏鸡生长缓慢，羽毛不丰满，肾脏损伤，孵化率下降，出壳雏鸡骨骼异常，胚胎往往在最后一周死亡	在植物性饲料中基本不含维生素 B_{12}，反刍动物瘤胃及所有动物肠道微生物的合成是维生素 B_{12} 的重要来源。但在日粮中需提供合成维生素 B_{12} 所需的钴。如日粮中含钴不足，单胃动物易患缺乏症

续表 1-3

维生素	主要缺乏症	预防措施
叶酸	动物营养性贫血，生长缓慢，慢性下痢，被毛粗乱，繁殖性能和免疫机能下降，猪患皮炎，脱毛，消化呼吸及泌尿器官黏膜损伤，鸡羽毛脱色，脊柱麻痹，鸡孵化率降低，死胚骨骼畸形	叶酸广泛分布于动植物体中，如青绿饲料、豆科籽实、酵母，动物肝脏都是叶酸的主要来源。反刍动物瘤胃微生物能合成足够其需要的叶酸。需要由日粮供给叶酸的动物主要是家禽及长期饲喂抗生素、磺胺类药物或长期患有消化道慢性疾病的动物个体
生物素	动物营养性贫血，生长缓慢，皮炎，繁殖机能和饲料利用率下降，猪后腿痉挛，蹄开裂，皮肤干燥，鳞片和以棕色渗出物为特征的皮炎，鸡脚趾肿胀，开裂，脚及喙眼周围发生皮炎，胫骨粗短症，生长缓慢，种蛋孵化率降低，鸡胚骨骼畸形	生物素在动物体广泛存在，蛋白质饲料、青绿饲料、苜蓿、干酵母和乳制品是生物素的主要来源。一般不会缺乏
维生素 C	维生素 C 缺乏，毛细血管的细胞间质减少，通透性增强而引起皮下、肌肉、肠道黏膜出血。骨质疏松易折，牙龈出血，牙齿松脱，创口溃疡不易愈合，患"坏血症"；动物食欲下降，生长阻滞，体重减轻，活动力丧失，皮下及关节弥漫性出血，被毛无光，贫血，抵抗力和抗应激力下降；母鸡产蛋量减少，蛋壳质量降低	(1)作为早期断奶幼畜人工奶中的添加物。(2)高温、寒冷、运输等逆境和应激状态下，不仅降低机体内维生素 C 的合成，同时机体对维生素 C 的需要量增加，日粮中补加维生素 C 有利于减轻逆境对机体的不良影响，同时还能提高饲料利用率

任务 6　水与畜禽营养

动物生存过程中，水一般容易获得，因而容易被忽视。事实上水也是一种重要的营养成分。无论动物或植物，没有水都不能生产或存活。大多数动物对水的摄入量远比三大营养素大，成年动物体成分中 1/2～2/3 由水组成，初生动物体成分中水分高达 80%。因此，充分认识水的营养生理作用，保证动物水的供给和饮水卫生，对动物的健康和生产具有十分重要的意义。

一、动物体内水的平衡及调节

(一)水的来源

动物体获取水的来源有三条途径：

1. 饮水

饮水是动物获得水的重要来源。动物饮水的多少与动物种类、生理状态、生产水平、饲料或饲粮构成成分、环境温度等有关。一般动物随采食量增加饮水量成直线上升，在热应激时，饮水量大幅度增加。相比较而言，牛的饮水量最大，羊和猪次之，家禽饮水量少，犬和沙漠里的羚羊、骆驼、啮齿类动物一般情况下可不饮水。

多数动物在采食过程或稍后都要饮水，天气炎热时，饮水频率和量增加，放牧条件下，如动物不能随时饮水则影响动物的生产力。

2. 饲料水

饲料水是动物获取水的另一个重要来源。成熟的牧草或干草，水分可低到 5%～7%；幼嫩青绿多汁饲料水分可高到 90%以上；配合饲料水分含量一般在 10%～14%以内。动物采食饲料中水分含量多，饮水越少。

饮水及饲料水均为外源水，需经消化道黏膜吸收进入血液，然后输送到机体各组织器官。

3. 代谢水

代谢水是动物体细胞中有机物质氧化分解或合成过程中所产生的水，又称内源水，其量大多数动物占总摄水量的 5%～10%。不同营养物质产生代谢水的程度不同，表 1-4 列出了淀粉、脂肪和蛋白质氧化所产生的代谢水。

表 1-4　三大养分的代谢水

养分	氧化后代谢水/g	每 100 g 含热量/kJ	代谢水/(g/100 kJ)
100 g 淀粉	60	1 673.6	3.6
100 g 蛋白质	42	1 673.6	2.5
100 g 脂肪	100	3 765.6	2.7

动物种类不同，代谢水的重要性不同。有汗腺的动物和蛋白质代谢尾产物主要以尿素形式排泄的动物，随着三大营养物质的摄入和代谢，产热量增加，水的需要量更大，体内营养物质氧化产生的代谢水明显不能满足失水的需要。猪、牛、羊等动物采食蛋白质越多，需水量越大，否则可能因尿素在体内积蓄而引起中毒。代谢水对于冬眠动物和沙漠里的小啮齿动物的水平衡十分重要，它们有的永远靠采食干燥饲料为生而不饮水，冬眠过程中不摄食、不饮水仍能生存。

(二)水的流失

动物体内的水经复杂的代谢过程后，通过粪、尿的排泄，肺和皮肤的蒸发，以及离体产品等途径排出体外，保持动物体内水的平衡。

1. 粪和尿的排泄

一般动物随尿排出的水占总排出水量的 50%左右。动物的排尿量因饮水量、饲料性质、动物活动量以及环境温度等多种因素的不同而异。饮水量越多，排泄量越多。活动量越大，环境温度越高，尿量相对减少。以粪便形式排出的水量，因动物种类不同而异，牛、马等动物排粪量大，粪中含水量越高，从粪中排出的水量越多。绵羊、犬、猫等动物的粪较干，由粪便排出的水较少。

2. 肺脏和皮肤的蒸发

由皮肤表面失水的方式有两种，一是由血管和皮肤的体液中简单地扩散到皮肤表面而蒸发，二是通过排汗失水，皮肤出汗和散发体热与调节体温密切相关。具有汗腺的动物处在高温时，一般的体热散失方式已不能满足需要，则汗腺活动经出汗排出大量水分，如马的汗液中含水量约为94%，排汗量随气温上升及肌肉活动量的增强而增加。

不少动物汗腺不发达或缺乏汗腺，则体内水的蒸发，多以水蒸气的形式经肺脏呼气排出。经肺呼出的水量，随环境温度提高和动物活动量的增加而增加，无汗腺的母鸡，通过皮肤的扩散作用失水和肺呼出水蒸气的排水量占总排水量的17%～35%。

3. 经动物产品排出

泌乳动物除以上几种方式失水外，泌乳也是水排出的重要途径。牛乳平均含水高达87%。每产1 kg牛乳，可排出0.87 kg水。实验证明，奶牛每形成1 kg乳，需供水4～5 kg。充分满足奶牛饮水，可保证产乳量。产蛋家禽每产1 g蛋，排出水0.7 g左右，一枚60 g重的蛋，含水42 g以上，产蛋家禽缺水，产蛋率明显下降。

(三)水的平衡及调节

动物体内的水分布于全身各组织器官及体液中，细胞内液约占2/3，细胞外液约占1/3。细胞内液和细胞外液的水不断地进行交换，保持体液的动态平衡；动物摄入的水与排出的水也保持一定的动态平衡。

动物对水的摄入是靠渴觉调节。渴觉主要由于动物失水而引起细胞外液渗透压的升高，刺激下丘脑前区的渗透压感受区而产生。进而增加饮水，动物体内水足够，渗透压正常时，动物没有渴感而不饮水。除此之外，也可以由传入神经直接传入中枢而引起渴感。

动物对水的排出，主要靠肾脏通过排尿量调节。肾脏排尿量又受脑垂体后叶分泌的抗利尿素(加压素)控制，动物失水过多，血浆渗透压上升，刺激下丘脑渗透压感受器，反射性增强加压素的分泌。加压素促使水分在肾小管与收集管内的重吸收，使尿液浓缩，尿量减少，从而减少水由尿损失。相反，动物大量饮水后，血浆渗透压下降，加压素分泌减少，水分重吸收减弱，尿量增加。此外，肾上腺皮质分泌的醛固酮激素在促进肾小管对钠离子重吸收的同时，也增加对水的重吸收。动物体内水的调节是一个综合生理过程，由调节水代谢的上述机制，共同维持体内水量，使其保持正常水平。

二、动物需水量及饮水品质

(一)动物需水量

动物对水的需要比对其他营养物质的需要更重要。一个饥饿动物，可以失掉几乎全部脂肪，半数以上的蛋白质和体重的40%仍能生存，但失掉体重1%～2%的水，即出现干渴感，食欲减退。继续失水达体重的8%～10%，则引起代谢紊乱。失水达体重的20%，可使动物致死。实验证明：缺乏有机养分的动物，可维持生命100 d，如同时缺乏水，仅能维持5～10 d。所以水是动物十分重要的营养物质，动物生产上必须注意满足水的需要。

动物需水量受很多因素的影响，很难估计出动物确切的需水量，生产实践中，动物需水量

(不包括代谢水),常以采食饲料干物质量来估计。每采食1 kg饲料干物质,牛和绵羊需水3～4 kg,猪、马和家禽需2～3 kg,猪在高温环境里需水量可增至4～4.5 kg。

(二)影响动物需水量的因素

动物需水量受很多因素的影响,变动范围较大,主要因素有以下几点:

1. 动物种类

不同种类的动物,由于生理和营养物质,特别是蛋白质代谢终产物不同,机体水分流失和对水的需要也明显不同。猪、牛、马等哺乳动物,蛋白质代谢终产物主要为尿素,这些物质大量停留在体内对动物有一定的有毒有害作用,需要大量水分稀释,并使其适时排出体外。牛、羊等反刍动物需要大量水分维持瘤胃微生物的正常代谢,这类动物需水量明显比猪大。禽类体蛋白质代谢终产物主要是尿酸,经尿中排出的水较少,因此,禽类需水量相对较小。

长期在干旱环境中生活的动物,如骆驼、卡拉库尔羊和阿拉伯马对缺水的耐受力比其他动物强,需水量相应较少。

2. 饲粮因素

在适宜环境条件下,饲料干物质采食量与饮水量高度相关,食入水分十分丰富的牧草时饲料中水分含量可能大于其需要量,动物可不饮水。食入含粗蛋白质水平高的饲粮,尿素的生成和排泄需一定量的水,动物需水量增加。天气炎热时,尽管动物奶中含水80%～88%,初生哺乳动物以奶为食,仍要额外饮水,原因在于奶中蛋白质含量高,使得尿中排水量增加。饲粮中粗纤维含量增加,因纤维的膨胀、酵解及未消化残渣的排泄,也同样要提高需水量。

大量证据还表明,饲粮中食盐或其他盐类的增加,需水量和排水量增加。有的盐类还会引起动物腹泻,如果这些盐类被动物吸收,水又不能有效地被利用,则造成组织脱水。

3. 环境因素

高温是造成需水量增加的主要因素,当一般气温高于30℃,动物饮水量明显增加,低于10℃时,需水量明显减少。气温在10℃以上,采食1 kg干物质需供给2.1 kg水;当气温升高到30℃以上时,采食1 kg干物质需供给2.8～5.1 kg水。乳牛在气温30℃以上时,泌乳的需水量较气温10℃以下提高75%以上。产蛋母鸡当气温从10℃以下升高到30℃以上时,饮水量几乎增加两倍。高湿同样会增加饮水,原因在于动物体表或肺蒸发散热也因高温而减少。

舍饲动物饮水器的设计和安装以及水源的卫生皆会影响饮水频率及饮水量。放牧动物,牧草离水源的距离也影响饮水频率及饮水量。动物饲养上必须考虑这些因素。

(三)水的缺乏

动物失水是连续的,饮水则是间断的。动物缺水比缺其他养分要早死亡。动物得不到水分比得不到饲料更难维持生命,尤其是在高温季节。因此,为了维持正常生理功能动物不得不通过饮水来弥补。适度的限制饮水,会明显影响采食量和生产成绩,粪、尿水分也显著下降,甚至造成动物脱水,体重下降,肾脏对氮和电解质(Na^+、Cl^-)排泄量增加,脉搏加快,血液浓稠,最后衰竭而死。

世界上许多地区缺乏表面水或井水,或者水中盐分含量过高不能饮用,造成动物饮水困难。所以,保护水源,保证水质,节约用水对动物生产也十分重要。

(四)水的品质

水的品质直接影响动物的饮水量、饲料消耗、健康和生产水平。天然水中可能含有各种微生物,包括细菌或病毒。细菌中以沙门菌属、钩端螺旋体属及埃希杆菌属最为常见。水中主要阴离子是 CO_3^{2-}、SO_4^{2-}、Cl^-、NO_3^-;主要阳离子是 Ca^{2+}、Mg^{2+}、Na^+ 及重金属中 Hg^{2+}、Cd^{2+}、Pb^{2+} 等。一般以水中总可溶性固形物(TDS),即各种溶解盐类含量指标来评价水的品质。当然,动物饮水品质仅用 TDS 为指标是不确切的,还应考虑各种金属离子的具体含量,特别是水中硝酸盐和亚硝酸盐的含量对动物毒害很大。

硝酸盐及亚硝酸盐在饮水中广泛分布。尽管 NO_3^- 一般不会对动物健康构成威胁,但是其中还原性产物 NO_2^- 可被胃肠吸收,很快达中毒水平。动物对硝酸盐的耐受力 1 320 mg/L(CAST,1974),但亚硝酸盐浓度在 33 mg/L 以上就具有毒性。亚硝酸盐可氧化血红蛋白中的铁,使血红蛋白失去携氧能力。同时高浓度的硝酸盐为细菌污染水源提供了有利条件,因为细菌能够把 NO_3^- 转化为 NO_2^-,从而对动物或人的健康造成危害。

总之,水是动物十分重要的必需营养物质。水主要通过饮水来提供,饮水品质是动物生产上不能忽视的问题。

【学习要求】

识记:蛋白质的质量、瘤胃内氮素循环、必需氨基酸、非必需氨基酸、限制性氨基酸、氨基酸平衡、理想蛋白质、寡聚糖、无氮浸出物、粗纤维、脂肪水解作用、脂肪氧化酸败、脂肪氢化作用、必需脂肪酸、必需矿物元素、主要矿物元素和维生素的典型缺乏症等。

理解:各类畜禽营养物质的营养特点;粗纤维在畜禽饲养中的作用。

应用:根据畜禽营养原理说明:反刍动物对 NPN 的利用机制及实践意义;牛、羊为什么较猪、禽能利用更多的粗纤维;猪饲料脂肪性质直接影响体脂肪品质的原因;主要矿物元素缺乏与过量危害的预防措施;合理供水在畜禽养殖生产中的重要性。

通过幻灯片或畜禽活体识别主要矿物元素和维生素的典型缺乏症。

【知识链接】

1. GB/T 6432—1994 饲料中粗蛋白测定方法。
2. GB/T 6433—2006 饲料中粗脂肪测定方法。
3. GB/T 6438—2007 饲料中粗灰分测定方法。

项目三　畜禽营养需要与饲养标准

【学习目标】

- 了解营养需要及饲养标准的内容和意义；掌握维持需要和生产需要之间的关系。

【学习内容】

任务1　营养需要

畜禽在生存和生产过程中，必须不断地从饲料中获得各种养分或营养物质。所以，弄清各种畜禽都需要哪些营养物质，不同种类的动物在不同生理状态、不同生产水平及不同环境条件下各种营养物质的需要量，以及各营养物质之间存在什么关系等问题，是最大限度地发挥动物生产潜力的一个重要前提。

一、概述

畜禽因种类、品种、年龄、性别、生长发育阶段、生理状态及生产目的不同，对营养物质的需要亦不相同。畜禽从饲料摄取的营养物质，一部分用来维持正常体温、血液循环、组织更新等必要的生命活动，另一部分则用于妊娠、泌乳、生长、产肉、产蛋、产毛和劳役等生产活动。因此，营养需要是指每天每头（只）畜禽对能量、蛋白质、矿物质和维生素等营养物质的总需要量。可概括为：

总营养需要＝维持营养需要＋生产营养需要

详细剖析，则应如以下公式所示：

$$R = aW^{0.75} + cX + dY + eZ$$

式中：R 为某一营养物质的总需要量；W 为自然体重（kg）；$W^{0.75}$ 为代谢体重（kg，自然体重的

0.75 次方称为代谢体重)；a 为常数，即每千克代谢体重该营养物质需要量；X、Y、Z 为不同产品(如胚胎、体组织、奶、蛋、毛等)里该营养物质的数量；c、d、e 为利用系数。

随着营养科学的发展，对畜禽所需营养物质的种类和数量的研究也由简到繁，由粗略到精确。在实际生产中，根据不同畜禽对营养物质消化代谢的特点，成年反刍家畜与非反刍家畜所需营养物质的种类(或指标)是不同的。各种畜禽除都需要能量和蛋白质外，对成年反刍家畜不必强调 B 族维生素、维生素 C、维生素 K 及有效磷的供应，而对非反刍家畜及家禽则一定要考虑必需氨基酸、各种维生素及有效磷等的供应。

研究畜禽的营养需要，就是要探讨各种畜禽对营养物质需要的特点、变化规律及影响因素，作为制定饲养标准和合理配合日粮的依据。

(一)维持需要

1. 概念

维持是指动物体重不增不减，不进行生产，体内各种养分处于收支平衡的状态。动物处于维持状态下对能量、蛋白质、矿物质和维生素等的需要，称为维持需要。维持需要用于：

(1)维持体温；

(2)维持各种器官的正常生理机能；

(3)一定量的自由活动。

2. 意义

维持需要是全部非生产性活动所消耗的养分总和，在经济上没有收益，属于无效需要，但是动物只有在维持需要得到满足之后，多余的营养物质才会用于生产，可见维持需要是动物进行生产的前提条件，是必需的。

维持需要的量不是固定不变的，生理状态，生产性能及生活环境等许多因素对维持需要量都有影响，例如:在低温环境中动物就要消耗较多的能量来保持体温，所以用于维持支出的能量就要多。又如高产的动物维持的营养消耗相对较少，1 头体重 500 kg 日产奶 20 kg 的母牛，其维持能量需要占总能量需要的 1/3，而日产奶 10 kg 时其维持能量需要增至 1/2。由此看来，用于维持消耗的营养物质的比例越大，饲料转化率就越低，反之，用于生产的营养物质的比例越大，畜禽产品、产量及饲料转化率也就越高。因此，我们研究畜禽维持需要的主要目的在于，尽可能减少维持营养要量的份额，增大生产需要量的比例，最有效地利用饲料能量和各种营养物质，以提高生产的经济效益。例如:在畜禽生产潜力允许范围内，增加饲料投入，可相对降低维持需要从而增加生产效益，另外，减少不必要的自由活动，加强饲养管理和注意保温等措施，也是减少维持营养需要提高经济效益的有效方法。

3. 维持需要的估计

(1)维持的能量需要:维持状态下对能量的需要是用于基础代谢、自由活动及体温调节的能量消耗。基础代谢是指体况良好的动物在适宜温度条件和休息(但非睡眠状态)状态下，禁食 24 h 的能量代谢。此时的能量消耗仅用于维持生命的最基本活动。动物的基础代谢量与其体重有关，大量实验证明，它是体重 0.75 次方的函数，每千克代谢体重每天需要 293 kJ 能量，即：

$$\text{基础代谢能量} = 293W^{0.75}$$

畜禽的维持能量需要，除了包括基础代谢能量消耗外，还包括非生产性自由活动及环境条件变化所引起的能量消耗。此外，还应充分考虑妊娠或高产状态下畜禽基础代谢加强所引起的营养消耗增加的部分。所以，根据基础代谢估测畜禽维持能量需要，可用公式表示为：

$$维持能量需要(kJ) = 293W^{0.75} \times (1 + a)$$

式中：a 为畜禽自由活动的能量消耗率。

在生产条件下，在基础代谢基础上，母猪增加 20%，公猪增加 45%，笼养鸡增加 37%，平养鸡增加 50%，母牛增加 15%，公牛增加 25%。

(2)维持蛋白质的需要：动物维持时氮的消耗包括内源尿氮(EUN)、代谢粪氮(MFN)和体表氮损失。EUN 是指动物在维持生存过程中，必要的最低限度体蛋白质净分解代谢经尿中排出的氮；MFN 是指动物采食无氮饲粮时经粪中排出的氮，它主要是唾液，消化酶及消化道脱落的细胞所含的氮；体表氮损失是指动物在基础代谢条件下，经皮肤表面损失的氮，它主要是皮肤、羽毛、蹄爪等表皮细胞衰老脱落损失的氮。在维持状态时，皮肤、羽毛、蹄爪等表皮组织的更新需要蛋白质极少，一般略去不计。所以，

$$维持\ N\ 需要 = EUN + MFN + 体表\ N \approx EUN + MFN$$

$$维持蛋白需要 \approx (EUN + MFN) \times 6.25$$

①内源尿氮(EUN)＝150 mg/kg$W^{0.75}$

②代谢粪氮(MFN)

按排粪量估计：11 g/kg 粪 DM(反刍动物)

按采食量估计：非反刍动物：1～2 g/kg DM

反刍动物：4～6 g/kg DM

按 EUN 估计：猪、禽 40%；马、兔 60%；牛、羊 80%。

③体表氮损失：按代谢体重估计(N)：0.018 g/$W^{0.75}$

(3)维持的矿物质需要：在动物维持生命的各种过程中，矿物质的代谢十分活跃，即使在绝食状态，也进行着矿物质代谢，但与其他营养物质不同，矿物质经过代谢后，并没有完全消耗，大部分能够被重复吸收和利用。有一部分物质如 Ca、Na、Mg、K、P 等经粪、尿和汗中排出。这部分损失须由饲料予以补充。一般维持时每 4 184 kJ 净能，需钙 1.25～1.26 g。需磷 1.25 g。

(4)维持的维生素需要：目前一般认为，脂溶性维生素的需要量与体重呈正相关。维生素 A 的需要量为每 100 kg 体重需要 6 600～8 800 IU，或胡萝卜素 6～10 mg，维生素 D 90～100 IU。

(二)生产需要

生产需要同维持需要一起，构成了畜禽总的营养需要。生产需要是指生长、肥育、繁殖、泌乳、产蛋、产毛和使役等所需的养分与能量，不同畜禽可能在同一时期进行一项或多项生产。如奶牛产犊后受孕，其生产包括泌乳与妊娠。此外，应充分认识到，生产与维持是一个复杂的整体过程中相互联系制约的两大方面。简单的分割式数学计算有时与畜禽的实际需要有差距。这在日粮配合时是应牢记的。

各类动物生产需要的测定方法和特点这里不再叙述。各类动物的营养需要可见我国畜禽饲养标准。

任务2　饲养标准

一、概述

营养需要实际上是指动物在适宜的环境条件下，正常、健康生长或达到理想生产成绩对各种营养物质种类和数量的最低要求，它是一个群体平均值，不包括一切可能增加需要量而设定的保险系数，它是指动物从饲料中获得养分的种类和数量。

饲养标准是根据大量饲养实验结果和动物生产实践的经验总结，对各种特定动物所需要的各种营养物质的定额做出的规定，这种系统的营养定额及有关资料统称为饲养标准。简言之，即特定动物系统成套的营养定额就是饲养标准，简称“标准”。饲养标准是指饲料供给动物养分种类和数量的科学化、标准化、具体化，二者具有一致性。

早期的“饲养标准”基本上是直接反应动物在实际生产条件下摄入营养物质的数量，“标准”的适用范围较窄。现行饲养标准更为准确和系统地表述了实验研究确定的特定动物能量和营养物质的定额数值，即动物所需的一种或多种养分在数量上的叙述或说明。

饲养标准的主要内容包括以下几个方面：

1. 说明

介绍标准的研究方法，研究条件，标准特点，使用方法及建议等。

2. 需要量

标准的主要内容。

3. 饲料营养价值表

标准的主要内容之一。一般分畜种列出常用饲料的各种概略养分含量、能值、一些纯养分的含量及某些养分的消化率或利用率等。

4. 典型配方

供实践使用参考。

在实际应用中，饲养标准是设计饲料配方、制作配合饲料和使用营养性添加剂及规定动物采食量等的依据，而营养需要又是制订饲养标准的依据。

二、饲养标准的指标

饲养标准中所涉及的养分种类因动物而异。猪、禽的饲养标准中所涉及的养分种类比牛、羊要多一些。这是因为对猪、禽来说，必须由饲料提供的养分如氨基酸、水溶性维生素等，牛、羊可借助瘤胃微生物的合成使其变为非必需养分。

(一)干物质或风干物质

干物质或风干物质的采食量(DMI)是一个综合性指标,用千克(kg)表示。干物质或风干物质的采食量一般占体重的3%~5%。动物年龄越小,生产性能越高,DMI占体重的百分比越高。DMI越高,一般来说要求日粮的养分浓度也越高。若日粮养分浓度过高,可能因为能量等主要指标的需要量已经满足,而造成DMI不足。若饲料条件太差,养分浓度低,可能因受DMI的限制(吃不进去),而造成主要养分摄入不足。因此,配制动物日粮时应正确协调DMI与养分浓度的关系。

(二)能量

能量是动物的第一需要,净能可与产品直接挂钩,我们可以净能的摄入量准确预测畜产品的产量。因此,用净能衡量动物的能量需要是营养学发展的必然趋势。目前,对奶牛用净能、鸡用代谢能、猪用消化能表示其能量需要,单位是兆焦(MJ)。我国在奶牛饲养标准中为了突出实用性,用奶牛能量单位(NND)表示奶牛的能量需要,对肉牛用肉牛能量单位(RND)表示肉牛的能量需要。

(三)蛋白质及氨基酸

猪、禽用粗蛋白来表示其蛋白质的需要,单位是百分数;牛用可消化粗蛋白来表示其蛋白质的需要,单位是克(g)。

非反刍动物(尤其是禽)对日粮中的氨基酸有着特殊的需要,平衡供给氨基酸,可在降低日粮粗蛋白浓度的情况下(减少蛋白质的浪费),提高动物的生产性能和经济效益。必需氨基酸是猪、禽饲养标准中不可缺少的营养指标。用总的、表观可消化或真可消化氨基酸表示饲料蛋白质的营养价值或动物对蛋白质的需要量是总的发展趋势。

随着反刍动物蛋白质营养研究的深入,为了更加准确地测定牛、羊的蛋白质需要,预计将来会用降解蛋白(RDP)和非降解蛋白(UDP)来衡量牛、羊的蛋白质需要,甚至可能用小肠可吸收有效氨基酸表示蛋白质需要。反刍动物蛋白质饲养新体系的不断完善,必将使反刍动物更加合理、有效地利用饲料蛋白质。

(四)矿物质

钙、磷、钠是各种动物饲养标准中的必需营养元素,用克(g)表示,对于猪和禽(尤其是禽)还应强调有效磷的需要量。我国饲养标准中还规定了猪和禽对铁、铜、锌、锰、硒、碘等微量元素的需要量。

微量元素是近年来动物营养研究最活跃的内容,在过去被认为非必需、甚至有毒或剧毒的元素如砷、氟、铅等,现在也认为是动物生产所必需的。因此,动物所需的微量元素种类还将增加。但实际添加时应十分慎重,严格掌握用法和用量。

(五)维生素

猪、禽所需的维生素应全部由饲料提供,年龄越小,生产性能越高,所需维生素的种类与数量越多。一般情况下,反刍动物仅需由饲料提供维生素A,有时还需考虑维生素D和维生素E。

水溶性维生素的单位是毫克(mg),脂溶性维生素的单位是国际单位(IU)或毫克(mg)。

(六)亚油酸

亚油酸已经作为家禽的必需脂肪酸被列入饲养标准,其单位是克(g)。亚油酸一般占日粮的1%,对种用家禽可能更高些。对猪而言,亚油酸占日粮的0.1%即可。

三、饲养标准应用

饲养标准是基于畜牧业生产实践积累的经验,结合能量和物质平衡试验及长期的饲养试验结果的推算,最后经过生产实践加以验证而制订出来的,反映某种畜禽在不同生理状态和生产水平条件下,群体的平均营养需要量或供给量。

饲养标准是畜牧业现代化的产物,它高度概括和总结了畜禽饲料、营养研究和生产实践的最新进展,是畜禽生产计划中组织饲料供给、设计饲粮配方、生产全价饲粮及对畜禽实行标准化饲养的科学依据。有了饲养标准,可避免生产中的盲目性和随意性。所以,饲养标准在生产中,对保持畜禽健康,提高生产能力和新产品质量、合理利用饲料和降低生产成本等方面,均起着重要作用。

实际上,即使同一品种畜禽,由于国家、地区、季节、环境温度以及饲料规格、质量和饲养技术不同,其饲养标准也应有所差异。但饲养标准是权威机构统一制定的,不可能制订适合于不同条件的多种饲养标准。因而,在其制订过程中不可能加以考虑影响营养需要的因素,只能结合具体情况,按饲养标准规定的原则灵活应用。可见饲养标准规定的数值,并不是在任何情况下都固定不变的,在生产实践中,要因地制宜地做出适当调整,不可机械地照搬执行。此外,饲养标准中的营养定额,是某一种畜禽在特定的生长发育阶段、体重、生理状态、生产性能以及一定的环境条件下的平均数,其适用性是有条件的。还有些饲养标准未充分考虑应激因素可能引起某些养分需要量增加这一现象。这也是饲养标准的局限性。所以,随着营养科学的发展,畜禽品种的改良和生产性能的提高,饲养标准应不断予以修改、充实和完善。

有些饲养标准是在一定平均温度下的需要量,而没有为在严寒和炎热夏天时增食和减食提供数据。所以,还应考虑极端气温下营养物质的供给量。

【学习要求】

识记:营养需要、维持需要、生产需要、营养需要表示方法及饲养标准等。

理解:饲养标准的内容及意义;维持需要和生产需要之间的关系。

应用:概述生产中减少动物维持消耗的措施,会查阅畜禽饲养标准。

【知识链接】

1. 中国猪饲养标准 NY/T 65—2004。
2. 鸡饲养标准 NY/T 33—2004。
3. 奶牛饲养标准 NY/T 34—2004。
4. 肉牛饲养标准 NY/T 815—2004。
5. 肉羊饲养标准 NY/T 816—2004。

模块二
畜禽饲料

项目四　饲料分类及利用

【学习目标】

● 了解饲料的分类方法及其划分依据；掌握各类饲料的营养特点及饲用价值；学会配合饲料的使用方法。

【学习内容】

任务1　饲料分类

饲料是指合理饲喂条件下能对动物提供营养物质、调控生理机制、改善动物产品品质且不发生有毒、有害作用的物质。从广义上讲，能强化饲养效果的某些非营养物质，如各种添加剂，也属于饲料。

在饲料工业上，以一种动物、植物、微生物或矿物质等为来源的饲料称为饲料原料或单一饲料。饲料既包括各种天然饲料原料，也包括由各种原料加工而成的产品，如添加剂预混料、浓缩饲料和全价饲料等。

饲料种类繁多，养分组成和营养价值各异。为了了解各种饲料的特点，以便于合理地利用，对饲料进行恰当的分类很有必要。饲料分类即是给每种饲料确定一个标准名称，该名称能够反映该饲料的特性和营养价值。属于同一标准名称的饲料，其特性、成分与营养价值基本相同。饲料分类的原则是简单、实用、具有科学性。随着现代动物营养学在饲料工业及养殖业上的普及与应用，传统的饲料概念也在不断改变，许多先进国家均根据本国的生产实际、饲料工业与养殖业发展的需要及饲料的属性进行分类，并规定有相应的标准含义。

一、国际饲料分类法

美国学者哈理斯(L. E. Harris,1963)根据饲料的营养特性,将饲料分成8大类,对每类饲料冠以相应的国际饲料编码(international feeds number,缩略语:IFN)。并应用计算机技术建立有国际饲料数据管理系统,这一分类系统在国际上已有近30个国家采用或赞同,但多数国家仍采取国际饲料分类与本国生产实际相结合的饲料分类方法,或按饲料来源,或按饲喂动物对象,或按传统习惯分类。

国际饲料分类依据原则见表2-1。

表2-1　国际饲料分类依据原则

(引自韩友文主编《饲料与饲养学》,1999)

饲料类别	饲料编码	划分饲料类别依据/%		
		水分(自然含水%)	粗纤维(干物质%)	粗蛋白质(干物质%)
粗饲料	1-00-000	<45	≥18	—
青绿饲料	2-00-000	≥45	—	—
青贮饲料	3-00-000	≥45	—	—
能量饲料	4-00-000	<45	<18	<20
蛋白质补充料	5-00-000	<45	<18	≥20
矿物质饲料	6-00-000	—	—	—
维生素饲料	7-00-000	—	—	—
饲料添加剂	8-00-000	—	—	—

二、我国饲料分类法

中国饲料数据库情报网中心根据国际饲料分类原则并与本国传统饲料分类法相结合,建立了中国的饲料数据管理系统及分类方法。首先根据国际饲料分类原则将饲料分成8大类,然后结合中国传统饲料分类习惯分成17亚类,两者结合,形成中国饲料分类法及其编码系统,迄今可能出现的类别有37类,对每类饲料冠以相应的中国饲料编码(Chinese feeds number,CFN),共7位数,首位为国际饲料编码(IFN),第二、第三位为CFN亚类编号,第四位至第七位为顺序号,如表2-2所示。今后根据饲料科学及计算机软件的发展仍可拓宽。这一分类方法的特点是,用户既可以根据国际饲料分类原则判定饲料性质,又可以根据传统习惯,从亚类中检索出饲料资源出处,是对国际饲料分类IFN系统的合理补充及修正。

目前,我国每年发布一期"饲料成分及营养价值表"。

表 2-2　中国饲料分类编码

（引自吴晋强主编《动物营养学》,1999）　　%

饲料类别	饲料编码*	水分（自然含水%）	粗纤维（干物质%）	粗蛋白质（干物质%）
一、青绿饲料	2-01-0000	>45	—	—
二、树叶				
1. 鲜树叶	2-02-0000	>45	—	—
2. 风干树叶	1-02-0000	—	≥18	—
三、青贮饲料				
1. 常规青贮饲料	3-03-0000	65～75	—	—
2. 半干青贮饲料	3-03-0000	45～55	—	—
3. 谷实青贮料	4-03-0000	28～35	<18	<20
四、块根、块茎、瓜果				
1. 含天然水分的块根块茎、瓜果	2-04-0000	≥45	—	—
2. 脱水块根、块茎、瓜果	4-04-0000	—	<18	<20
五、干草				
1. 第一类干草	1-05-0000	<15	≥18	—
2. 第二类干草	4-05-0000	<15	<18	<20
3. 第三类干草	5-05-0000	<15	<18	≥20
六、农副产品				
1. 第一类农副产品	1-06-0000	—	≥18	—
2. 第二类农副产品	4-06-0000	—	<18	<20
3. 第三类农副产品	5-06-0000	—	<18	≥20
七、谷实	4-07-0000	—	<18	<20
八、糠麸				
1. 第一类糠麸	4-08-0000	—	<18	<20
2. 第二类糠麸	1-08-0000	—	≥18	—
九、豆类				
1. 第一类豆类	5-09-0000	—	<18	≥20
2. 第二类豆类	4-09-0000	—	<18	<20
十、饼粕				
1. 第一类饼粕	5-10-0000	—	<18	≥20
2. 第二类饼粕	1-10-0000	—	≥18	≥20
3. 第三类饼粕	4-08-0000	—	<18	<20
十一、糟渣				
1. 第一类糟渣	1-11-0000	—	≥18	—
2. 第二类糟渣	4-11-0000	—	<18	<20
3. 第三类糟渣	5-11-0000	—	<18	≥20
十二、草籽、树实				
1. 第一类草籽、树实	1-12-0000	—	≥18	—
2. 第二类草籽、树实	4-12-0000	—	<18	<20
3. 第三类草籽、树实	5-12-0000	—	<18	≥20
十三、动物性饲料				
1. 第一类动物性饲料	5-13-0000	—	—	≥20
2. 第二类动物性饲料	4-13-0000	—	—	<20
3. 第三类动物性饲料	6-13-0000	—	—	<20
十四、矿物质饲料	6-14-0000	—	—	—
十五、维生素饲料	7-15-0000	—	—	—
十六、饲料添加剂	8-16-0000	—	—	—
十七、油脂类饲料及其他	4-17-0000	—	—	—

注：第一节由 1 位数字组成，即首位的数字 1～8 分别对应表 2-1 中的八大类饲料。第二节由两位数字组成，第 2、3 位编码按饲料的来源、形态、生产加工方法等属性，划分为 01～17 共 17 种。而第三节由 4 位数字组成，代表饲料的个体编码。

任务2 粗饲料

粗饲料是指饲料干物质中粗纤维含量大于或等于18%，以风干物为饲喂形式的饲料，主要包括干的饲草、农副产品（秸、壳、荚、秧、藤）、树叶、糟渣等，属国际饲料分类系统中第一大类。

粗饲料是各种家畜不可缺少的饲料，对促进肠胃蠕动和增强消化力有重要作用，是草食家畜的主要饲料。粗饲料的特点是粗纤维含量高，可达25%～45%，可消化营养成分含量较低，消化能含量一般不超过10.5 MJ/kg干物质，有机物消化率在70%以下，其主要的化学成分是木质化和非木质化的纤维素、半纤维素。粗饲料质地较粗硬（秸秆饲料），适口性差（栽培牧草例外）。

粗饲料来源广，数量大。主要来自种植业的秸秆、秕壳、藤蔓等农副产品，总量是粮食产量的1～4倍。据不完全统计，我国每年农作物秸秆产量5.7亿t，包括玉米秸、小麦秸、稻草等，野生的禾本科草本植物数量更大。在这些无法为人食用的生物总量中，蕴藏着巨大的潜在能源和氮源，若对其进行适当的加工处理并应用于畜牧生产，必将获得巨大的生产、生态、经济和社会效益。长期以来，如何开发和利用这类饲料，是众多畜牧学家和动物养殖经营者都在关注的问题，因此，此类饲料具有相当大的开发潜力。

（一）青干草

青干草是指天然或人工种植的牧草及饲料作物在质量和产量最好的时期刈割，经自然或人工干燥调制成能长期保存的粗饲料。调制后的优质青干草保持青绿颜色，气味芬芳，质地柔软，叶片很少脱落，绝大部分营养物质被保存下来。

青干草的营养价值与牧草种类，生长状况，刈割时期，调制方法等因素有关。优质青干草营养较完善，粗蛋白质含量高，个别豆科牧草可达20%以上。粗纤维含量为20%～35%，纤维的消化率较高。无氮浸出物含量为35%～50%。矿物质和维生素含量较丰富，豆科青干草含丰富的钙、磷、胡萝卜素，钙含量超过1%，一般晒制青干草维生素D含量可达16～150 mg/kg，是草食家畜维生素D的主要来源。

青干草是草食家畜最基本、最主要的饲料。在生产实践中，干草不仅是一种必备饲料，而且还是一种贮备形式，以调节青饲料供给的淡旺季，缓冲枯草季节青饲料的不足。干草是一种较好的粗饲料，各种养分含量比较平衡，蛋白质品质较完善，维生素D和钙的含量均较丰富，特别是较嫩的青干草，不仅是草食家畜维持和生产的好饲料，而且粉碎后也可作为猪、鸡配合饲料的原料，以保证生产效率和产品质量。将干草与青饲料或青贮饲料混合饲用，可促进家畜的采食量和维生素D的供应，以增进健康和提高生产效果。将干草与多汁饲料混合饲喂奶牛，可增进干物质和粗纤维的采食量，以保证产奶量和乳脂的含量。

（二）稿秕饲料

稿秕饲料即农作物籽实收获后剩余的秸秆和秕壳。秸秆类主要分禾本科和豆科两大类。

禾本科有玉米秸、稻草、小麦秸、大麦秸、高粱秸、粟秸（谷草）、糜秸等；豆科有大豆秸、蚕豆秸、豌豆秸、草籽秸等。秕壳类有各种豆荚、谷类皮壳和其他秕壳。

稿秕饲料最大的营养特点是粗纤维含量高，一般在30%以上；质地坚硬，粗蛋白质含量低，一般不超过10%；粗灰分含量高，有机物的消化率一般不超过60%。

稿秕饲料种类繁多，资源极为丰富，占粮食作物总收割量的1倍以上，如世界稿秆年产量约24.7亿t，我国为4亿t。这些均是人类所不能食用，而其中还含有植物光合作用所积累的一半以上能量，作为非竞争性的饲料资源，用来饲喂家畜，间接地为人类提供动物性食品，其潜力巨大。

任务3 青绿饲料

青绿饲料在饲料分类系统中属第二类饲料，青绿饲料是指天然水分含量高于60%，富含叶绿素，处于青绿状态的饲料。我国青绿饲料资源丰富，种类繁多，主要有天然牧草、栽培牧草、青饲作物、叶菜类饲料、树枝树叶及水生植物等。青绿饲料营养丰富，是草食家畜的主要饲料之一。

一、青绿饲料的营养特性

1. 水分含量高

青绿饲料一般水分含量比较高，陆生植物的水分含量为60%～90%，而水生植物可高达90%～95%。因此，青绿饲料的干物质含量少，能值较低，陆生植物每千克鲜重的消化能为1.20～2.50 MJ。若以干物质为基础计算，其消化能值为8.37～12.55 MJ，一般低于常规的能量饲料，但某些优质青绿饲料干物质的能量仍较高，接近或超过燕麦籽实和麦麸所含能量。

2. 蛋白质含量较高

青绿饲料蛋白质含量丰富，按干物质计算，一般禾本科牧草和叶菜类饲料的粗蛋白质含量为13%～15%，而豆科青绿饲料粗蛋白质含量可达到18%～24%，基本能满足家畜生长发育和繁殖的营养需要。青绿饲料还含有各种必需氨基酸，其中赖氨酸含量较高，可补充谷物饲料赖氨酸的不足。

3. 维生素含量丰富

青绿饲料中维生素含量比较丰富，特别是胡萝卜素含量较高，每千克饲料可含50～80 mg。在正常采食情况下，放牧家畜所摄入的胡萝卜素要超过其本身需要量的100倍。青绿饲料中B族维生素、维生素E、维生素C、维生素K含量也较多，但缺乏维生素D，维生素B_6（吡哆醇）含量也很低。

4. 粗纤维含量较低

幼嫩的青绿饲料含粗纤维较少，木质素含量也较少，无氮浸出物含量较高。青绿饲料干物质中粗纤维为15%～30%，无氮浸出物为40%～50%。一般情况下，植物在开花或抽穗之前，粗纤维含量较低，但随着植物的不断成熟，粗纤维和木质素含量显著增加。木质素增加后，饲料消化率明显降低。

5. 钙、磷比例适宜

青绿饲料中矿物质含量因植物种类、土壤及施肥情况而异。以温带草地牧草为例，占干物质的比例，一般钙为 0.25%～0.50%，磷为 0.20%～0.35%，比例适于动物生长，尤其是豆科牧草钙的含量较高，以采食青绿饲料为主的家畜不易缺钙。青绿饲料还含有丰富的铁、锰、锌、铜等微量矿物元素，但一般牧草中钠和氯的含量不能满足动物需要，放牧家畜应注意补充食盐。

二、青绿饲料的饲用价值

青绿饲料幼嫩多汁、柔软适口、营养丰富，还含有各种酶、激素和有机酸，易于消化。青绿饲料中有机物质的消化率：反刍动物为 75%～85%，马为 50%～60%，猪为 40%～50%。

从动物营养的角度分析，青绿饲料是一种营养相对平衡的饲料，一般情况下可与由它调制的干草长期单独组成草食动物饲粮。

(一)反刍动物对青绿饲料的饲用

反刍动物可以大量饲用青绿饲料，除高产泌乳牛外，青绿饲料可以作为反刍动物唯一的饲料来源，且不影响反刍动物的生产性能，在草地上放牧的家畜自由采食牧草就可以维持较高的生产水平。对于高产奶牛，青绿饲料也可作为其日粮的主要成分，既能降低奶牛的饲养成本，又能提高饲料的转化效率，还能减少奶牛由于长期饲用高精料而引起的消化、代谢疾病，提高鲜奶质量。

(二)猪、禽等单胃动物对青绿饲料的饲用

由于青绿饲料干物质中含有较多的粗纤维，猪、鸡等单胃动物对其消化率较低，此外，青绿饲料水分含量高、容积较大，也使猪、鸡对其采食量受限。因此，在猪、禽日粮中不能大量加入青绿饲料，但可作为一种蛋白质与维生素的良好来源，适量配于饲粮中，以补充其饲料成分的不足。

(三)饲用青绿饲料应注意的问题

1. 防止饲料中毒

(1)防止亚硝酸盐中毒　在蔬菜、饲用甜菜、萝卜叶、芥菜叶、油菜叶等青绿饲料中均含有硝酸盐，硝酸盐本身无毒或毒性很低，但在细菌的作用下，硝酸盐可还原为亚硝酸盐。青绿饲料长时间堆放，腐败发霉，或加热后闷在锅、缸里过夜，都能促使细菌将硝酸盐还原成亚硝酸盐。动物采食含有亚硝酸盐的青绿饲料就可引起中毒。因此，青绿饲料不能堆放时间过长、过夜，要随喂随取，防止亚硝酸盐中毒。

(2)防止氰化物和氢氰酸中毒　氰化物是剧毒物质，即使在饲料中含量很低也会引起中毒。在高粱苗、玉米苗、马铃薯幼芽、南瓜蔓、三叶草等青绿饲料中含有氰苷。这些饲料如果堆放发霉或霜冻枯萎，在植物体内酶的作用下，氰苷被水解生成氢氰酸，家畜采食这样的饲料，就会引起中毒。

(3)防止草木樨中毒　草木樨体内含有香豆素，当草木樨发霉腐败时，香豆素可转变为双香豆素，抑制家畜肝中凝血原的合成，破坏维生素 K，延长凝血时间。因此，霉变的草木樨不能饲用。

2. 防止农药中毒

菜园等农田喷洒农药后，应注意农药对蔬菜及其周围饲草、杂草的污染，若有污染，蔬菜、牧草等不能用作青绿饲料，应等下过雨或隔 1 个月后再利用，防止家畜的农药中毒。

3. 调节青绿饲料的营养平衡

一般青绿饲料营养较为平衡，但有些则缺乏某些营养成分，所以，应通过合理的日粮配制来补充这些欠缺的成分，以提高饲料的利用率。例如，幼嫩黑麦草等干物质中粗蛋白的含量较高，完全能满足繁殖母猪的需要，但是能值不高。如果猪的日粮中幼嫩牧草比例高时，能量采食量不足就会影响猪的生产性能。因此，利用这种青绿饲料时，就要调节蛋白质与能量的平衡，合理配制日粮。

任务 4　青贮饲料

青贮饲料是以新鲜的天然植物性饲料为原料，在厌氧条件下，经过以乳酸菌为主的微生物发酵后调制成的饲料，如玉米秸青贮。

青贮饲料的原料来源广泛，各种牧草、饲料作物及某些农副产品均可用来青贮。青贮调制方法简单、受天气影响小、费用较少。青贮饲料能够保存青绿饲料的营养特性，营养价值高，优质的青贮饲料具有酸香味，柔软多汁，适口性好，可四季供家畜饲用。

一、青贮原理

青贮是在厌氧条件下，使附着在青贮原料上的乳酸菌大量繁殖，将青贮原料中可溶性糖类分解成乳酸，当乳酸达到一定浓度时，抑制有害微生物的生长繁殖，从而达到长期安全贮藏饲料的目的。因此，青贮实际上是促进乳酸菌繁殖而抑制其他微生物活动的复杂的发酵过程。

二、青贮饲料的营养特性

青贮原料在发酵过程中，经多种微生物和酶的作用，发生一系列生物化学变化，引起营养成分也发生改变。

1. 碳水化合物

水溶性碳水化合物在植物细胞的呼吸作用和微生物发酵作用下，形成二氧化碳、水、乳酸及其他物质，含量减少，纤维素含量不变，半纤维素有少部分水解。

2. 蛋白质

青贮原料中的部分蛋白质在植物细胞酶的作用下，被分解为氨基酸，当 pH 大于 4.2 时，由于腐败微生物的作用，氨基酸又被分解产生氨、胺等非蛋白氮化合物，使蛋白质含量减少。

3. 矿物质和维生素

青贮过程中植物汁液流出，使部分矿物质有所损失，尤其是高水分青贮的饲料损失较大，而低水分青贮损失较小。青贮可保留原料中的大部分胡萝卜素，贮存较好的青贮饲料，损失不超过 30%。

4. 色素

青贮中有机酸对叶绿素影响很大，使原料的绿色变为青绿色或黄绿色，若温度过高或被氧化，则呈黑褐色、黑色。

三、青贮饲料的使用技术

1. 取用方法

青贮饲料一般在调制 1 个月后，即可开窖取用。取用时要逐层或逐段，从上往下或从一端开始，按家畜的采食量取用，随取随用，保证用新鲜青贮料饲喂家畜，取后覆盖。不要全面打开或挖洞掏取，尽量减少与空气接触面，以防霉变。

2. 饲喂技术

青贮饲料带有酸味，在开始饲喂时，家畜不愿采食，需经短期训练，使其适应后习惯采食。训练的方法是：先空腹喂青贮料，再喂其他草料；先将青贮料拌入精料中喂，再喂其他草料；先少喂青贮料，再逐渐加量饲喂。

青贮饲料具有轻泻作用，因此母畜妊娠后期不宜多喂，产前 15 d 停喂，以防流产。对奶牛最好挤奶后使用，以免影响奶的气味。冻料要解冻后再喂。

3. 饲喂量

各种家畜的适宜饲喂量，应根据家畜的种类、性别和饲喂效果而定，各种家畜每 100 kg 体重的参考日喂量是：绵羊 4.0～5.0 kg，奶山羊 1.5～3.0 kg，公山羊 1.0～1.5 kg，奶牛 5.0～7.0 kg，育肥牛 4.0～5.0 kg，种公牛 1.5～2.0 kg。马的日喂量为 12～15 kg。

任务 5　能量饲料

能量饲料是指干物质中粗纤维含量在 18%以下，粗蛋白质含量在 20%以下的饲料。这类饲料的消化能（猪）在 10.0 MJ/kg 以上。在 12.5 MJ/kg 以上称为高能饲料。它们是畜禽的重要能量来源，在畜禽饲养和饲料工业中占有极其重要的地位。

这类饲料一般淀粉含量高，易于消化，有效能值高，能量饲料主要包括谷物籽实类（4-07-0000）、糠麸类（4-08-0000）、根茎瓜果类（4-04-0000）和油脂类（4-17-0000）等。

豆类籽实及其加工副产品也具有能量饲料的特性，由于它们富含蛋白质的重要特性，故列为蛋白质饲料。

一、谷实类饲料

这类饲料基本上属于禾本科植物成熟的种子，主要包括玉米、高粱、大麦、小麦、燕麦、荞麦等，其主要营养特点：

(1)无氮浸出物含量高。一般占干物质的70%～80%，主要是淀粉，占无氮浸出物的82%～90%，占干物质的50%～60%。淀粉是这类饲料最有饲用价值的养分。

(2)粗纤维含量低。平均为2%～6%，因而谷类籽实的消化利用率高，可利用能值高。

(3)蛋白质含量低，且品质差。蛋白质平均含量在10%(7%～13%)，与其能值相比，就显得更低，赖氨酸不足，蛋氨酸较少，清蛋白和球蛋白含量少，而品质较差的谷蛋白和醇溶蛋白的含量高(占80%～90%)，难以满足畜禽的蛋白质要求。

(4)矿物质含量不平衡。缺钙(一般低于0.1%)，而磷高(达0.3%～0.5%)，钙少磷多，比例为1∶6.4，比值与畜禽的需要不符。且主要是植酸磷，利用率低，并可干扰其他矿物元素的利用。

(5)维生素含量不平衡。一般含维生素B_1、维生素E较丰富，而维生素B_2、维生素D、维生素A(黄玉米除外)较缺乏，几乎不含维生素C。

(6)此类饲料含脂肪在3.5%，其中主要是不饱和脂肪酸，亚油酸和亚麻油酸的比例较高。不同谷物籽实因养分组成不同，饲用价值亦不同。

二、糠麸类饲料

常用的主要有小麦麸和次粉、米糠等，其主要营养特点：

(1)无氮浸出物比谷实少，占40%～50%。

(2)粗纤维含量比籽实高，约占10%。

(3)粗蛋白数量与质量介于豆科与禾本科籽实之间。

(4)米糠中粗脂肪含量达13.1%，其中不饱和脂肪酸高。

(5)矿物质中磷多钙少，磷多以植酸磷形式存在。

(6)维生素B_1、维生素B_5及维生素B_3含量较丰富，其他均较少。

三、块根、块茎及瓜果类饲料

常见的有甘薯、马铃薯、木薯、萝卜、胡萝卜、饲用甜菜、芜菁甘蓝、菊芋及南瓜等。它们属于容积大、含水高的饲料，按干物质计，有效能值与谷实类相等，而且粗纤维和粗蛋白质含量低，应归于能量饲料之列。故其鲜样被称为稀释的能量饲料(属青绿饲料2-00-000)。其主要营养特点为：

(1)最大的特点是鲜样含水量高，一般为75%～90%；干物质含量少。

(2)以干物质为基础，无氮浸出物为60%～88%，其中主要是淀粉；粗纤维占3%～10%，木质素几乎为零，所以消化率高。

(3)粗蛋白特低，5%～10%，且多为非蛋白氮。

(4)矿物质含量较低，为0.8%～1.8%，钙、磷缺乏，但钾、氯高。

(5)维生素中胡萝卜素高(仅胡萝卜、黄南瓜、红心甘薯)，缺乏B族维生素。

(6)这类饲料的适口性和消化性均较好。

这类饲料属于重要的高能饲料之一，是畜禽日粮的重要能量来源。鲜用时，是反刍家畜冬季不可缺少的多汁饲料，也是补充胡萝卜素的重要来源，对保证畜体健康、促进产奶量有着重要作用。但鲜用时，水分高，能值低，若单独饲用这类饲料，则干物质和能量的采食量难以保证，而且矿物质、蛋白质和维生素均不能满足家畜的需要。因此，必须与其他饲料配合使用。

四、油脂类饲料

油脂是油与脂的总称，按照一般习惯，在室温下呈液态的称为"油"，呈固态的称为"脂"。随温度的变化，两者的形态可以互变，但其本质不变，它们都是由脂肪酸与甘油所组成。油脂来源于动植物，是家畜重要的营养物质之一，特别是它能提供比其他任何饲料都多的能量，因而就成为配制高热能饲料所不可缺少的原料。

根据产品的来源及状态可分为动物性油脂、植物性油脂和海产动物油脂。鱼油同其他油脂不同，因其富含大量的不饱和脂肪酸，极易氧化酸败，有难闻的鱼腥味。鱼油特别是深海鱼油具有预防心脑血管疾病及增智等功能，将其用于畜禽日粮，可在肉、蛋等产品中富集，从而生产出有益人体健康的动物产品。油脂的主要营养特点：

(1)油脂是高热能来源。油脂蕴含很高的能量，添加油脂很容易配制成高能饲料，对肉用仔鸡和仔猪尤为重要。

(2)油脂是必需脂肪酸的重要来源之一。必需脂肪酸缺乏会造成畜禽受损，出现角质化，生长抑制，繁殖机能障碍，生产性能下降等。油脂特别是植物油脂可提供丰富的必需脂肪酸。

(3)油脂具有额外热能效应。一是添加的油脂与基础日粮中的油，在脂肪酸组成上发生了协同作用，得以互相补充；二是添加油脂促进了非脂类物质的吸收。所提供的热能高于其本身所含的热能。

(4)油脂能促进色素和脂溶性维生素的吸收。

(5)油脂的热增耗低，可减轻畜禽热应激。脂肪的热增耗最低，因而添加油脂可减少因代谢而造成的体温上升，故在高温环境下畜禽可处于舒适状态，即提高了抗热应激能力，避免热应激所带来的损失。

任务6　蛋白质饲料

蛋白质饲料是指饲料干物质中粗纤维<18%，粗蛋白质≥20%的饲料。与能量饲料相比，本类饲料蛋白质含量很高，且品质优良，在能量价值方面则差别不大，或者略偏高，当然在其他方面如维生素、矿物质等不同种类饲料各有差别。

蛋白质饲料可分为植物性蛋白质饲料、动物性蛋白质饲料、单细胞蛋白质饲料和非蛋白氮饲料。

一、植物性蛋白质饲料

植物性蛋白质饲料包括豆类籽实及其加工副产品、各种油料籽实及其加工副产品以及某些谷实的加工副产品等，如大豆、豆饼、豆粕、棉籽饼、棉籽粕、菜籽饼、菜籽粕、花生饼、花生粕、芝麻饼、芝麻粕。通常将籽实经压榨法提取油后的副产物称为饼；而将浸提法或预压浸提法取油后的副产物称为粕。它们的主要营养特点：

(1)蛋白质含量高，为 20%～50%，蛋白质是此类饲料中最有饲用价值的部分。但植物性蛋白质的消化率一般仅有 80%左右。

(2)粗脂肪含量变化大，油料籽实(如大豆)含量在 30%以上，非油料籽实类只有 1%左右。饼粕内脂肪含量亦因加工工艺不同差异较大，高的可达 10%，低的近 1%左右。

(3)粗纤维含量一般不高，基本上与谷类籽实近似，饼粕类要高些。故能值与中等能量饲料相似。

(4)矿物质含量与谷类近似，钙少磷多，且主要是植酸磷。

(5)维生素含量与谷类近似，B 族维生素较丰富，而维生素 A、维生素 D 较缺乏。

(6)大多数均含有一些抗营养因子，影响其饲喂价值。

二、动物性蛋白质饲料

动物性蛋白质饲料主要是指水产、畜禽加工、缫丝及乳品业等加工副产品，如鱼粉、肉骨粉、羽毛粉、血粉等。

它们的主要营养特点是：蛋白质含量高(40%～85%)，氨基酸组成比较平衡，并含有促进动物生长的动物性蛋白因子。碳水化合物含量低，不含粗纤维。粗灰分含量高，钙、磷含量丰富，比例适宜。维生素含量丰富(特别是维生素 B_2 和维生素 B_{12})。脂肪含量较高，虽然能值含量高，但脂肪易氧化酸败，不宜长时间贮藏。

三、单细胞蛋白质饲料

单细胞蛋白质是由某些单细胞有机体所获得的蛋白质，主要包括酵母、细菌、真菌、微型藻类和某些原生动物。由单细胞生物个体组成的蛋白质含量较高的饲料，称为单细胞蛋白质饲料。

其主要营养特点是：单细胞蛋白质饲料由于原料及生产工艺不同，其营养成分组成变化较大，一般风干制品中含粗蛋白质在 50%以上。因为这类蛋白质是由多个独立生存的单细胞构成，所以富含多种酶系和 B 族维生素。必需氨基酸组成和利用率与优质豆饼相似。微量元素中富含有铁、锌、硒。

四、非蛋白氮饲料

非蛋白氮饲料指供饲料用的尿素、双缩脲、氨、铵盐及其他合成的简单含氮化合物。它们都是简单的纯化学物质，不能提供能量，其营养作用只是作为瘤胃微生物合成蛋白质所需的氮源，从而起到补充蛋白质的营养作用。使用非蛋白氮作为反刍动物蛋白质营养的补充来源，已在世界范围内普遍采用，并取得了显著效果。在人口多、耕地少的我国和各发展中国家为节约常规的蛋白质饲料，开发应用非蛋白氮饲料更具现实意义。

任务7　矿物质饲料与维生素饲料

一、矿物质饲料

以提供矿物元素为目的的饲料称为矿物质饲料，包括天然和工业合成的含矿物质丰富的饲料，如食盐、石粉、硫酸铁及有机配位体与金属离子的螯合物、蛋氨酸锌络合物等。

（一）常量矿物质饲料

1. 食盐

在常用植物性饲料中，钠、氯含量都少。食盐是补充钠、氯的最简单、价廉和有效的添加源。食盐在畜禽配合饲料中用量一般为0.25%～0.5%。食盐不足可引起食欲下降，采食量降低，生产成绩差，并导致异食癖。食盐过量时，只要有充足饮水，一般对动物健康无不良影响，但若饮水不足，可能出现食盐中毒。使用含盐量高的鱼粉、酱油渣等饲料时应特别注意。

2. 钙、磷补充料

单纯补钙的矿物质饲料种类不多，而单纯补磷的矿物质饲料更有限，种类居多的是能同时提供钙磷的矿物质饲料，好在常规日粮中钙磷均需补充，且钙补充量大于磷。

（1）钙补充料（富钙饲料）

碳酸钙（石灰石粉）：为优质的石灰石制品，沉淀碳酸钙是石灰石煅炼成的氧化钙，经水调和成石灰乳，再经二氧化碳作用而合成的产品。石灰石粉俗称钙粉，主要成分为碳酸钙，含钙不可低于33%。一般而言，碳酸钙颗粒越细，吸收率越好，但要用于蛋鸡产蛋期时以粗粒为好。

贝壳粉：为牡蛎等各种贝类外壳经粉碎而成的产品。优质的贝壳粉含钙高，杂质少，灰白色，杂菌污染少。但如果肉质未除尽或水分高，放置过久便腐臭发霉。贝壳粉常掺有沙砾、铁丝、塑料制品等异物，使用时应注意检查。其主要成分为：水分0.40%，钙36.00%，磷0.07%，镁0.30%。贝壳粉用于蛋鸡、种鸡料中，可增强蛋壳强度，片状贝壳粉效果更好。

蛋壳粉：为蛋加工厂的废弃物，包括蛋壳、蛋膜、废弃蛋等混合物，经干燥粉碎而得。含钙34%，蛋白质7%，磷0.09%。其用于蛋鸡、种鸡饲料中，与贝壳粉一样具有增加蛋壳硬度的效果，所产鸡蛋蛋壳硬度优于使用碳酸钙的蛋壳硬度。

硫酸钙：俗称石膏，$CaSO_4 \cdot nH_2O$，结晶水多为2分子，颜色为灰黄色至灰白色，在高温高湿条件下可能会潮解结块。

此外，大理石、白云石、白垩石、方解石、葡萄糖酸钙、乳酸钙等均可作为补钙饲料。

(2)钙、磷补充料

骨粉:分子式为[$3Ca_3(PO_4)_2 \cdot Ca(OH)_2$],是以家畜骨骼为原料,经蒸汽高压蒸煮灭菌后,再粉碎而制成的产品,为黄褐色或灰褐色。骨粉含钙24%~30%,磷10%~15%,蛋白质10%~13%,这些数值取决于有机物的脱去程度。有机物含量高的骨粉不仅钙磷含量低,而且常携带有大量细菌,易发霉结块,并产生臭味,降低品质。

磷酸氢钙:又名磷酸二钙,为白色或灰白色粉末,分子式为[$CaHPO_4 \cdot nH_2O$],通常含2个结晶水,含钙不低于23%,磷不低于18%,铅不超过50 mg/kg,氟与磷之比不超过1/100。其钙磷利用率高,是优质的钙、磷补充料。

磷酸一钙:又名磷酸二氢钙,过磷酸钙,为白色结晶粉末,分子式为[$Ca(H_2PO_4)_2 \cdot nH_2O$],以一水盐居多。含钙不低于15%,磷不低于22%,铅不超过50 mg/kg,氟与磷之比不超过1/100。其利用率比磷酸二钙、磷酸三钙好。

磷酸三钙:又名磷酸钙,为白色无臭粉末,分子式有[$Ca_3(PO_4)_2 \cdot H_2O$]和[$Ca_3(PO_4)_2$]两种,后者居多,含钙32%,磷18%。

脱氟磷酸盐:是磷矿石经煅烧、溶解及沉淀或磷酸与适宜的钙化合物反应,并经高温加热脱去氟而制得。为淡灰色或灰褐色外表,含磷18%以上,钙32%以上,氟0.18%以下。

(二)微量矿物质饲料

动物所需的必需矿物元素有16种,其中7种为常量元素,余下的9种为微量元素,它们是铁、铜、锰、锌、钴、碘、硒、钼、氟。其中前7种在动物营养中的作用最大,能提供这些微量元素的矿物质饲料称为微量元素补充料。由于动物对微量元素的需要量少,微量元素补充料通常是作为添加剂加入饲料中的。

二、维生素饲料

维生素饲料(vitamins)指工业合成或提纯的单一或复合的维生素制剂,但不包括某种维生素含量较多的天然青绿饲料在内。由于动物对维生素需要量低,维生素饲料常作为饲料添加剂使用。

维生素种类很多,按其溶解性分为脂溶性维生素和水溶性维生素。因此,维生素饲料或维生素添加剂包括脂溶性维生素添加剂和水溶性维生素添加剂两种。它们分别以脂溶性和水溶性维生素为活性成分,加上载体、稀释剂、吸收剂或其他化合物混合而成。

与其他饲料相比,维生素添加剂的稳定性较差。商品维生素制剂对氧化、还原、水分、热、光、金属离子、酸碱度等因素具有不同程度的敏感性。维生素添加剂在没有氯化胆碱的维生素预混料中的稳定性比在维生素—矿物元素预混料中的稳定性高。有高剂量矿物元素、氯化胆碱及高水分存在时,维生素添加剂易受破坏。在全价配合饲料中的稳定性取决于贮藏条件。

维生素添加剂应在避光、干燥、阴凉、低温环境下分类贮藏。在使用维生素添加剂时,不但应按其活性成分的含量进行折算,而且应考虑加工贮藏过程中的损失程度适当超量添加。

任务8 饲料添加剂

一、饲料添加剂的概念和种类

人们为了满足家畜的营养需要，对天然饲料中已有的营养物质，再另外加入起补充或强化作用的一类物质，称为补充物。如各种矿物质、维生素、氨基酸和油脂等。对那些天然饲料中所没有的物质，为达到防止饲料品质劣化、提高饲料适口性、促进动物健康生长和发育，或提高动物产品的产量和质量等目的而人为加入饲料的一些物质，称为添加剂，如抗氧化剂、抗结块剂、防霉剂、驱虫剂、抗生素和着色剂等。

狭义的饲料添加剂概念，系指各种用于强化畜禽饲料效果和有利于配合饲料生产和贮存的一类非营养性微量成分，如各种防霉剂、抗氧化剂、保健剂、黏结剂、分散剂、着色剂、增味剂、益生素与酶制剂等。但在畜禽实际生产中，常将氨基酸、微量元素、维生素等营养性的微量成分也作为添加剂使用。

广义的饲料添加剂是指在天然饲料的加工、调剂、贮存或饲喂等过程中，人工另外加入的各种微量物质的总称。即包括上述“补充物”和“添加剂”的全部含义。包括营养性添加剂和非营养性添加剂。

在动物生产中往往不是使用单一的饲料添加剂，而是同时使用几种饲料添加剂或复合添加剂预混料。

添加剂预混料是指由一种或多种添加剂与载体和(或)稀释剂均匀混合后的饲料产品。

二、饲料添加剂的作用

1. 提高饲料利用率

饲料中因为缺乏某些微量营养物质，特别是在集约化生产条件下，畜禽易发生营养缺乏症与营养代谢障碍，影响畜禽的生长发育，从而造成经济损失。在饲料中使用添加剂，可完善饲粮的营养价值，提高饲料利用率，充分发挥畜禽的生产潜能，提高畜禽生产率。

2. 改善饲料适口性

许多国家都用酯类、醚类、脂肪酸类和芳香族醇类等化学物质生产饲用香味剂，广泛应用于仔猪的人工乳和犊牛代用乳。饲料调味剂的使用不仅可提高饲料适口性，还可获得良好的饲养效果。

3. 促进畜禽生长发育

在饲料添加剂产品中，促生长剂有防病保健、促进畜禽生长的功效。这类产品除抗生素、合成抗菌剂外，许多新型促生长剂，如益生素、寡糖、有机盐等已在畜禽生产中得到应用。

4. 改善饲料加工性能

美国有近2/3的饲料厂在生产颗粒饲料时，使用各种形式的黏结剂，以减少粉尘、改善饲料加工性能、提高饲料生产能力。饲料中含有的许多营养成分，如维生素、不饱和脂肪酸等，极易氧化失效或变质。几乎所有饲料工业发达的国家均在配合饲料生产中使用抗氧化剂、防霉剂，以减少饲料加工、贮存中的养分损失。饲料中使用防霉剂、抗氧化剂等饲料保藏剂，可防止饲料养分的损失，避免浪费。

5. 改善畜产品品质

随着人们生活水平的提高，消费者对畜产品的质量要求日益提高，通过饲料添加剂途径，可改善畜产品的外观色泽与内在品质，延长畜产品的货架寿命与销售价格。

6. 合理利用饲料资源

配合饲料由多种饲料原料配制而成，使用添加剂后可利用某些尚未利用或未充分利用的饲料资源，生产出营养价值完善的饲粮，从而可扩大利用那些在单一状态无法利用或限量使用的饲料资源，降低配合饲料成本。尤其是某些饲料原料含有抗营养因子，单一使用不利于畜禽健康，进而有可能危及环境或人的健康，但由于相应配套使用了相应的添加剂，就可使这类饲料资源得以充分利用，获取较高的社会、生态和经济效益。

三、我国允许使用的饲料添加剂品种

目前，全世界批准使用的饲料添加剂品种多达数百种，每个品种又有多种规格。日本的饲料添加剂品种约 144 个；欧盟登记的饲料添加剂约有 250 个品种；美国使用的饲料添加剂更多，仅生长促进剂和驱虫保健剂等单一饲料添加剂就不下 60 种，其复合物有几百种之多。

我国饲料添加剂的生产始于 20 世纪 80 年代初，比饲料加工工业晚 5 年左右，比国外先进国家晚近 20 年。但近十几年来，饲料添加剂的发展很快，取得了很大的进展，农业部 2003 年第 318 号公告《饲料添加剂品种目录》中批准使用的饲料添加剂品种为 191 种(类)，近几年又有增加。

四、饲料添加剂使用注意事项

1. 符合有关的法律法规

如《饲料卫生标准》《饲料标签标准》和《饲料添加剂标准》的有关规定，必须是我国农业部公布的《允许使用的饲料添加剂品种目录》所规定的品种。饲料添加剂的使用应遵照饲料标签所规定的用法和用量。药物饲料添加剂的使用应按照我国农业部发布的《饲料药物添加剂使用规范》执行，使用药物饲料添加剂应严格执行休药期制度，饲料中不应直接添加兽药。

2. 严禁使用违禁药物作为饲料添加剂，控制药物添加剂污染

禁止使用可以给动物机体和畜产品带来安全隐患的添加剂，如 β-兴奋剂、镇静剂、激素等。对药物添加剂的管理与添加应有专人负责，并有完整详细的书面记录。饲料中使用药物添加剂要遵循逐级稀释扩大的方法进行，确保其均匀性。要定期、及时清理粉碎、混合、输送、贮藏药物添加剂的设备及系统，避免污染其他饲料。也要防止霉变污染。

3. 谨慎使用抗生素

慎用抗生素，减少对抗生素使用的依赖性和随意性，特别是滥用抗生素。

4. 科学配制与使用饲料添加剂

(1)选择合适的添加剂种类;

(2)适时适量添加;

(3)注意添加方式和适用对象;

(4)注意配伍禁忌;

(5)混合要均匀;

(6)饲料添加剂应贮存于干燥、低温及避光处。

任务9 配合饲料

饲料是畜牧生产的物质基础,其成本的高低是决定畜牧业经济效益好坏的最重要的因素。合理、科学地利用饲料资源、降低饲料成本是发展畜牧业的重要手段,而饲料工业生产的配合饲料就是其重要手段之一。

一、配合饲料的种类及特点

配合饲料(formulary food)是应用现代营养科学原理,根据不同畜禽在不同的生理阶段、不同生产目的和生产方式对营养的需要,将多种饲料原料按照科学比例,经工业生产工艺配制并生产出均匀的能直接饲喂动物的商品饲料。

(一)种类

配合饲料的种类很多,按其营养特性可分为如下几种:

1. 全价配合饲料

全价配合饲料中除水以外无须添加和饲喂任何数量和种类的其他物质就能够满足畜禽生活和生产所需要的各种营养成分的饲料,它可用来直接饲喂畜禽。全价配合饲料的原料构成有能量饲料、蛋白质饲料、常量矿物质饲料(钙、磷、食盐等精料补充料)、微量元素添加剂(铁、锌、铜、硒、锰、碘、钴等补充物)、氨基酸添加剂和维生素添加剂。此外,全价配合饲料中还常加有非营养性添加剂。

2. 浓缩饲料

浓缩饲料又称平衡配合料或维生素-蛋白质补充料。由添加剂、预混料、蛋白质饲料和钙、磷以及食盐等按配方制成,是全价配合饲料的组分之一。因须加上能量饲料组成全价配合饲料后才能饲喂,配制时必须知道拟搭配的能量饲料成分,方能保证营养平衡。如饲养肉用仔鸡,肥育前期浓缩饲料通常占全价配合饲料的30%,能量饲料占70%,俗称三七料;到了肥育后期,则前者占20%,后者80%,俗称二八料。反刍家畜的浓缩饲料可采用尿素类饲料如尿素、双缩尿等,以节省蛋白质饲料。

3. 添加剂预混料

添加剂预混料是由多种微量元素添加剂与稀释剂组成的均匀混合物,即是一种借助载体或稀释剂将一种或多种营养性或非营养性微量组分均匀分布、降低其浓度，并添加在浓缩饲料或全价饲料中的特殊组分的预混合物。它由微量元素、维生素、氨基酸、营养性或非营养性添加剂与载体或稀释剂组成。

饲料添加剂或添加剂预混料中的载体，是一种能接受和承载粉状活性成分的可食性物料，表面粗糙或具有小孔洞。常用的载体为粗小麦粉、麸皮、稻壳粉、玉米芯粉、石灰石粉等。稀释剂也是可食性物料，但不要求表面粗糙或有小孔洞。二者的作用都在于扩大体积和有利于混合均匀。

预混合饲料在配合饲料中所占的比例很小，一般占0.5%～10%，多集中在1%～5%的范围内。预混合饲料与蛋白质饲料按一定比例配合生产出浓缩饲料。

4. 精料补充料

精料补充料是反刍动物用配合饲料，与其他饲料原料一起使用的一种饲料产品，目的在于补充某些营养物质，增进整个饲料的营养平衡效能。精料补充料的原料构成通常为能量饲料、蛋白质饲料、常量矿物质饲料、微量元素和维生素添加剂等。精料补充料可供反刍动物直接饲喂，它的终产品是一种半日粮型配合饲料，不需要与能量、蛋白质饲料等混合的一种配合饲料，因此在与药物添加剂的配合浓度上，必须严格掌握，确保安全。

配合饲料按其饲喂对象又可分为：鸡用配合饲料、猪用配合饲料、牛用配合饲料、鱼用配合饲料、鸭用配合饲料、兔用配合饲料、马用配合饲料、鹿用配合饲料、虾用配合饲料、实验动物用配合饲料及观赏动物用配合饲料等。而每一类动物的配合饲料又根据其品种、性别、生产目的、生产性能和生长阶段对应不同的配合饲料。如猪用配合饲料又可分为仔猪开食料、幼猪料、生长肥育猪料、妊娠母猪料、哺乳母猪料和公猪料。

配合饲料按成品形态还可分为粉料、颗粒饲料、碎粒料、扁饲料、膨化饲料、液体饲料等。

(二)特点

在近代畜牧业生产发达的国家，配合饲料已在猪、鸡、牛的饲养业中广泛地应用，美国、德国、日本等发达国家的养猪、养禽业饲料的80%或更多采用配合饲料形式。与20世纪上半叶相比，采用配合饲料饲喂畜禽，效率几乎提高了一倍，这是因为配合饲料具有任何其他饲料所不具备的特点。

1. 提高了饲料的营养价值和经济效益

配合饲料通过饲料配方的制作和拥有先进的技术设备条件，可以集中地应用饲料营养价值评定和畜禽营养需要的最新研究成果，并能把构成配合饲料的几十种不同组分，包括计量微小到百万分之一和宏大到百分之几十的各种组分，均匀地混合在一起，从而保证活性成分的稳定性，提高了饲料的营养价值和经济效益。所以，配合饲料营养全面，饲喂效果显著，能加速畜禽生长，缩短饲养周期，降低饲养成本。

2. 能充分合理的利用饲料资源

长期以来，由于饲养业中使用传统的单一饲料，饲料资源没有得到充分合理的利用。而配合饲料是由粮食、各种加工副产品(如饼粕、麸皮、糟渣、糖蜜、鱼粉、血粉、肉骨粉、羽毛粉、制革下脚料等)、植物的茎叶、矿物质饲料及微量添加剂等配合组成。可见，配合饲料配制的原料多样化，可以使上述各方面的资源得到充分利用，同时也刺激饲料资源加工业的开发，使一些不易被畜禽利用的和不能单独利用的饲料资源经工业化加工处理后，可成为饲料原料被进一步利用。

3. 可充分利用各种饲料添加剂

配合饲料能运用各种饲料添加剂，加速畜禽生长，减少疾病的发生，提高饲料的利用率。在天然的饲料中，某些营养物质，如维生素、矿物质、氨基酸的含量少且不平衡，即使互相配合也难以弥补其营养缺陷，而配合饲料可根据畜禽在不同生长阶段维持正常生产的养分需要量制作饲料，对基础原料中的养分缺陷给予恰当的补充，因而大大提高了饲料转化率。同时，在配合饲料中适当加入药物饲料添加剂，可有效预防畜禽疾病的发生及传染病的蔓延；若加入饲料保藏剂（如抗氧化剂、黏结剂、防霉剂等），可使配合饲料中的活性成分稳定，减少饲料产品在贮运过程中的自动分级现象，同时延长其商品货架期。

二、配合饲料生产及使用

（一）配合饲料生产

配合饲料质量的好坏与饲料原料、饲料配方的优劣及加工工艺等因素有着紧密的关系，其中饲料配方的好坏至关重要。配合饲料的核心是饲料添加剂预混料，它对配合饲料的饲养效果和经济效益起着重要的作用。但是，有了科学的饲料添加剂预混料配方并不等于就能生产出优质的预混料，还需要有优质的原料，并通过正确地选用生产设备和科学的加工工艺，以及一整套完整的质量管理措施，方能把各种预混料原料按配方要求加工成合格的产品，做到以最低的加工成本实现科学配方应该取得的效果。因此，饲料配方特别是饲料添加剂预混料的配方设计及其加工技术就显得极为重要。

饲料配方是指能够满足动物营养需求的、不同饲料原料的配比。饲料配方设计方法有手工和配方软件两种。其中，手工设计有交叉法、试差法、代数法等；饲料配方软件也有许多种，这里不再详细介绍。

总之，饲料配方实质是一个资源最优配置的运筹学问题，它可以用适当的线性或非线性决策模型来定量的描述，对这些模型的求解可实现资源的最优配置，即得到配方的最低成本或配方的最大收益。无论应用什么模型来计算最终各种原料的配比，要设计一个配方，必须有三大参数：

1. 动物的饲养标准

针对不同的动物、不同的品种 、不同的年龄段，各国或机构都通过试验等手段提出一套动物饲养标准，及查阅选用合适的饲养标准。

2. 饲料原料的营养成分

在饲料配方中，原料的营养成分随产地、季节、水分含量等的不同而不同及查阅选用合适的饲料营养成分表。

3. 饲料原料的价格

这决定了一个饲料配方最终的成本，及选用价廉物美的饲料原料。

尽管饲料配方设计对饲料产品起着决定性作用，但并不意味着有了良好的饲料配方就一定能生产出优质的饲料产品。研究和实践证明：在生产工艺流程中，各道工序的工作质量都直接影响产品的质量，其中清理、粉碎、计量和混合又是保证产品质量的关键工序。

(二)使用配合饲料时应注意的问题

随着养殖规模化的发展,越来越多的养殖户需要购买配合饲料,以便解决自有饲料的不足。那么怎样到市场上去选购合适的配合饲料呢?

首先,要问清饲料的种类。市场上的配合饲料种类很多,可分为浓缩饲料、添加剂预混料、精料混合料和全价配合饲料,而全价配合饲料又根据不同畜禽的生长阶段分为多种类型,不同的配合饲料的营养成分和饲喂方法也不一样。因此,购买饲料前,就要先问清饲料的种类,然后再根据自己的需要进行购买。如玉米充足,可选购浓缩饲料;有玉米、豆饼、麸皮等主要原料,可购买添加剂预混料;饲喂草食类家畜,可购买精料混合料;如为了省事,则可购买全价配合饲料。即使这样,也要问清是哪种家禽(畜)、哪个阶段的配合饲料,如就蛋鸡而言,因其不同的产蛋率就分为三个阶段而喂 3 种不同的配合饲料。

其次,问清营养成分。配合饲料是根据一定的配方,将多种原料经过一定的工艺流程制成的。因此,选购饲料时要问清营养水平,即饲料中的蛋白质、钙、磷、维生素及微量元素等的含量多少,以便决定还需要补充哪些营养成分。另外,配合饲料的营养成分含量与饲料的储存时间有关,配合饲料从加工到喂完不应超过 2 个月,如果储存时间过长,配合饲料不仅容易结块、霉烂,而且营养成分大为降低。

第三,看饲喂的效果。判断一种配合饲料的好坏,最终是看饲喂的效果;而要了解饲喂效果,可将一批畜禽随机平分成几个小群,喂给不同的配合饲料,对比其增重、产奶、产毛、产蛋和单位产品的耗料量等便清楚了。

那么如何合理使用配合饲料呢? 可按以下的几条要求进行:

(1)忌掺和其他饲料。不少养殖户为减少饲料开支,将配合饲料当作浓缩料或添加剂预混料掺和到糠麸类饲料和青粗饲料中喂畜禽,这样全价配合饲料便失去了应有效果。

(2)忌煮熟饲喂。冬春两季,有的养殖户习惯将配合饲料煮熟饲喂,认为这样可以提高畜禽的食欲,殊不知。高温会破坏配合饲料中的蛋白质、维生素等营养成分和生物活性酶,造成饲喂效果降低。

(3)忌掺水稀喂。配合饲料加水稀喂,会使畜禽吃得快,饱得快,食后排泄快,饿得也快。如此,畜禽从所采食的日粮中得不到充足的营养物质。此外,有的养殖户将配合饲料拌水发酵后再饲喂畜禽,这样也会破坏其中的营养成分。因此,配合饲料喂畜禽应与饮水分开,以干喂为主,并定时定量饲喂。

(4)忌添加药物和添加剂。配合饲料在生产过程中,厂家已配足畜禽生长发育所需的添加剂和保健药物,若再添加这类物质,不仅会造成浪费,还会因药物过量而引起畜禽中毒。

(5)忌随意混用。有的养殖户错误地把配合饲料当作“万能”饲料,不分畜禽种类和畜禽的生长阶段而随意混喂,这样不仅降低了配合饲料的利用率,若同时长期混喂还会导致畜禽发生某些营养性疾病。

(6)忌忽然更换配合饲料。突然更换配合饲料,会使畜禽一时难以适应而影响食欲,造成生长发育受阻,饲喂效果不好。如果一定要更换配合饲料,应在逐渐增加新饲料比例的前提下,逐渐减少原配合饲料的用量,需用 7～10 d 时间来完成更换新的饲料。

(7)使用浓缩饲料时,必须严格按照产品说明中补充能量饲料的种类和比例,使用前各种原料必须混合均匀。

(8)贮藏浓缩饲料时,要注意通风、阴凉,避光,严防潮湿、雨淋和曝晒;超过保质期的浓缩饲料要慎用。

除以上所述外,配合饲料还不宜久存,最好每次购进的饲料储存时间不超过 10～15 d,同时应存放在干爽、阴凉的地方,并防虫、鼠危害。

(三)选购配合饲料时应注意的事项

1. 根据饲养水平确定选购什么档次的饲料

对养殖户而言,选购什么档次的配合饲料,或者添加剂、浓缩饲料,一要考虑价格,二要考虑质量,三要考虑饲养水平。如浓缩饲料,有蛋白质含量为 38%、42%、45%的,蛋白质含量不同,价格不同。乳猪、仔猪、鱼、笼养的肉鸡、肉鸭、高产蛋鸡对营养要求较高,采用养分浓度高的优质日粮,对养殖户是有利的。

2. 选购饲料应考虑饲料的安全性

随着人们生活水平的提高,消费者对畜产品品质的要求越来越高。饲料安全直接关系到畜产品的安全。凡质量合格、使用可靠的饲料,应具备以下要素:

(1)合格证　包装袋内应有合格证,合格证加盖有检验人员的印章、检验日期、批次等。

(2)饲料标签标示完整、正确　完整的饲料标签应具有以下内容。

品名:饲料产品名称应与产品标准一致,不得在产品名称前随意加修饰语。浓缩饲料不得称为“超级浓缩饲料”或“蛋白精”;饲料使用对象、饲料名称需指明使用对象和使用阶段。“仔猪配合饲料、生长猪配合饲料”,不得统称为“猪配合饲料”。猪是使用对象,使用阶段则是指仔猪、生长猪等。

使用的主要原料:配合饲料、浓缩饲料、预混料、精料补充料应列出饲料中决定饲料品质的原料和起主要作用的添加剂原料产品成分分析保证值。分析保证值只标示范围值,不标示分析允许误差。如粗蛋白质保证值的正确标示应为粗蛋白质不低于 20.0%,如标示为粗蛋白质 20.0%±0.8%就是错误的。

预混料、浓缩饲料、精料补充料不能直接饲喂畜禽,应给出相应配套的推荐配方、使用说明;有生产日期、保质期、厂名、厂址、电话;应标有“本产品符合饲料卫生标准”字样;应标有生产该产品所执行的标准编号;有注册商标。合格证、标签完整无缺的饲料才是安全可靠的,可以购买及使用。

3. 采用全价配合饲料饲喂畜禽

全价配合饲料能全面而又经济地满足畜禽在不同生长发育阶段的营养需要(除水分外),既缩短了饲养周期,又提高了饲料报酬,有效地发挥了饲料养分之间的协同作用和互补作用。全价配合饲料利用率高,可直接饲喂畜禽,不需再添加其他饲料。全价配合饲料是配合饲料的最终产品,有条件的养殖户应尽可能地根据自身经济条件和知识水平,选购全价配合饲料以追求最大养殖效益。

4. 根据畜禽的品种、生产性能、生长发育阶段选购相应的饲料产品

畜禽品种不同,生产性能迥异,需要的营养水平相差也较大,同一品种不同的生长发育阶段,需要的营养水平也有差异。不同畜禽品种间,即使是同一品种处于不同的生长发育阶段它们的饲料都不可混用。

5. 饲料的物理性状选择

饲料的性状可以影响畜禽的采食量、养分的吸收率。饲料的外观形状，常见的有粉状饲料、颗粒饲料、块状饲料等。乳猪、仔猪、家禽、鱼和虾的全价配合饲料一般选用颗粒饲料；生长猪、肥育猪一般选用粉状饲料；牛、羊一般以放牧为主，适当补充矿物质及其他微量元素，因此一般选购制成块状的营养舔砖。

6. 从感官上鉴别饲料质量的优劣

好的饲料从外观上看色泽鲜艳一致，无发霉、发酵、结块现象，颗粒饲料碎粒和粉末少；口尝为乳香味或鱼香味，无苦味、涩味、哈味；通过嗅觉感觉无焦煳味、酸败味。

7. 饲料厂家的选择

一般而言，养殖户选择饲料，一要注重产品质量，大型企业、名牌企业一般能严格按照饲养标准生产，并建有强大的销售网络和售后服务网络，如正大、希望、通威、大北农等，应是首选；二要考虑到地区差异，我国地区间的饲料作物因品种、肥力、收获时间的不同养分含量有差异，土壤中的矿物质在地区间也存在差异，因此养殖户在选购饲料时应尽量挑选与本地区在气候、土质、种植条件相差较小的地区厂家的饲料为佳。

【学习要求】

识记：国际饲料分类法、中国饲料分类法、粗饲料、能量饲料、蛋白质饲料、饲料添加剂、全价配合饲料、浓缩饲料、添加剂预混料及其营养特点。

理解：青贮原理；八大类饲料包括的主要饲料原料及其饲用价值；饲料配方设计的三大参数及意义。

应用：生产中饲喂青绿饲料应注意哪些问题？矿物质饲料和维生素饲料在畜禽养殖中有何重要性？在畜禽养殖实践中能够合理地选择饲料；会指导养殖户选用或购买配合饲料。

【知识链接】

1. GB/T 19164—2003 鱼粉。
2. GB/T 19541—2004 饲料用大豆粕。
3. GB/T 16764—2006 配合饲料企业卫生规范。
4. GB/T 20193—2006 饲料用骨粉及肉骨粉。
5. NY 5032—2006 无公害食品 畜禽饲料和饲料添加剂使用准则。
6. GB/T 17890—2008 饲料用玉米。
7. 饲料添加剂品种目录(2013)。

项目五　畜禽饲料加工调制

【学习目标】

- 了解和掌握饲料的加工调制方法。

【学习内容】

任务1　物理处理

物理处理是指利用机械将秸秆等粗饲料切短、粉碎或揉碎。目的是提高采食量和减少浪费。但饲料颗粒过细，在瘤胃内停留时间缩短，瘤胃内挥发性脂肪酸生成速度和丙酸比例有所增加，引起反刍减少或停滞，会使纤维物质消化率下降，瘤胃 pH 值下降。因此，切短、粉碎的长度和细度应根据使用目的和家畜种类而定。

一、常用加工方法

1. 切短

秸秆较粗硬，切短处理除便于采食和咀嚼外，还易于与精料拌和，提高采食量和减少浪费。农民在长期实践中体会到切短的好处，总结出一句话："寸草铡三刀，无料也上膘。"秸秆切短的程度应视家畜的种类与年龄而定，一般牛草可长些，为 3～4 cm，马属动物 2～3 cm，羊 1.5～2.5 cm。

2. 粉碎

优良的秸秆和干草经粉碎后，以低比例掺和精料喂猪。对牛来说，粉碎粗料在日粮中占适当比例，可提高采食量，多采食部分能补偿粗饲料本身所含能量的不足。粉碎过细，通过瘤胃快，消化率降低。

3. 制成颗粒饲料

颗粒饲料通常是用动物的平衡饲粮制成，目的是便于机械饲养或自动饲槽的应用，并减少浪费。由于粉尘减少，颗粒大小适合，利于咀嚼，改善适口性，从而诱使动物提高采食量和生产性能。粗饲料可直接粉碎制粒，或经粉碎与其他辅料（如少量精料、尿素等）混合制成的颗粒或块状饲料，适口性好，可消化氮几乎提高 2 倍，减少精料消耗。颗粒饲料的大小尺寸因畜禽而异，乳牛、马 9.5～16 mm，犊牛 4～6 mm，鸡 3.2～4 mm，鸭和鹅 4～6 mm。

4. 秸秆碾青

在地面先铺厚 30～40 cm 的秸秆，上铺同样厚的青饲料（以苜蓿等豆科牧草为好），最上面再铺以秸秆，然后用滚碾压。青草流出的汁液为上下两层秸秆吸收。该法的优点是能缩短晒制青草的时间，并提高粗饲料的适口性和营养价值。

5. 热喷粗饲料（膨化）

将初步破碎（或不经破碎）的粗饲料装入压力罐内，用 1 471～1 961 kPa 的蒸汽加压，持续 1～30 min，然后突然减至常压喷放即得热喷饲料。经热喷处理的粗饲料，可提高采食量和有机质的消化率。

6. 秸秆丝化（揉碎）

玉米秸秆等收割后，含水量较大，次年 3～4 月份才能粉碎利用，由于自然堆放时间过长，营养成分损失严重，最好的方法是收获后及时揉碎成丝状饲草，可直接饲喂，或氨化、或微贮、或晒干贮存，以免营养损失。

二、青干草的制作

（一）自然干燥法

1. 地面干燥法

此法也称田间干燥法。地面晒制青干草多采用平铺与集堆结合晒草法。具体方法是：青草刈割后即在原地或另选一高处平摊均匀翻晒，一般早晨刈割的牧草，在 11 时左右翻晒一次，下午 13～14 时再翻晒一次效果好。傍晚时茎叶凋萎，水分可降至 40%～50%，此时就可将青草堆集成约 0.5 m 高的小堆，每天翻晒通风 1～2 次，使其迅速风干，经 2～3 d 干燥，即可调制成青干草。

优点：①平铺干燥速度快，可减少因植物细胞呼吸造成的养分损失；②集堆后接触阳光暴晒面积小，能更好地保存青草中的胡萝卜素，且因堆内干燥可适当发酵，产生一些酯类物质，使青干草具有特殊香味；③茎叶干燥失水速度基本一致，可防止嫩枝叶片严重受损脱落，减少损失。

2. 草架干燥法

在多雨或湿润地区应采用草架干燥法，在特制的草架上晒草。方法是：先将割下的牧草在地面干燥半天或一天，待含水量降至 40%～50%时，再用草叉将草上架，堆放牧草时应自下而上逐层堆放，草尖朝里，草架两侧平顺减少雨水浸入。草架晒草，虽然成本较高，但通风好，干燥快，营养损失少，能获得优质青干草，还能减少潮湿和雨淋所造成的损失。

3. 化学制剂加速干燥法

是使用化学制剂喷洒在刈割后的豆科牧草上，加快自然干燥速度，调制豆科青干草的方法。其原理是应用化学物质能破坏植物体表面的蜡质层结构，促进植物体内水分蒸发，缩短调制青干草的时间，从而减少豆科牧草蛋白质、胡萝卜素和其他维生素的损失。目前，应用的化学制剂主要有碳酸钠、碳酸钾和长链脂肪酸混合液，碳酸氢钠等。这种方法成本较高，适于在大型草场进行。

(二)人工干燥法

1. 常温鼓风干燥法

是把刈割后的牧草压扁，再自然干燥到含水量50%左右时，分层架装在设有通风道的干草棚内，用鼓风机或电风扇等吹风设备进行常温鼓风干燥，加快干燥速度，减少营养物质的损失。

2. 高温快速干燥法

是利用人工热源加温使牧草快速失水。温度越高，干燥时间越短，营养物质损失越少，调制效果越好。如150℃干燥20～40 min即可；温度超过500℃，6～10 s即可。这种方法耗资大，成本高，中小型草场不宜使用。

将青干草加工成草粉，从保存营养角度看，其营养成分损失比较少，青干草还可以继续加工成草块。草块是指将秸秆或牧草先经切碎或揉搓后，经特制机器压制成的高密度块状饲料。适于喂反刍动物。

任务2 化学处理

物理处理只能改变饲料的某些物理性质，而对于提高营养价值的作用不大，化学处理则有一定的作用。化学处理是指利用碱、酸等化学物质对秸秆粗饲料进行适当处理，降解纤维素和木质素等不易消化的物质，提高秸秆的饲用价值。处理方法主要有碱化、氨化和酸化处理等。

一、碱化处理

碱化处理是利用碱溶液中的氢氧根离子破坏木质素与半纤维素之间的酯键，使半纤维素和大部分木质素(60%～80%)溶于碱液中，把镶嵌在木质素-半纤维素复合物中的纤维素释放出来，便于反刍动物消化利用，提高秸秆饲料的消化率。碱化处理所用物质，主要有氢氧化钠和石灰水。

(一)氢氧化钠处理

常用的方法是放入8倍于秸秆重量的1.5%氢氧化钠溶液，浸泡12～24 h，捞出，沥去余液，水洗至中性，湿喂或晾干后喂饲反刍动物。此法可提高有机物消化率25%。但反复冲洗也损失了很多有机物和营养物质，且用水量大，若不净化处理易污染环境。1964年Wilson等提出的改进方法：称“干法碱化”，用占秸秆风干重4%～5%的氢氧化钠，配制成30%～40%溶液，喷洒在粉碎的秸秆上，堆放数日后不经冲洗，直接喂饲反刍动物，可提高秸秆消化率12%～20%。“干法碱化”虽可减少有机物损失，不用处理污水，但动物长期喂用，粪便中增多的钠离子，对土壤和环境也有一定程度的污染。

(二)石灰水处理

用其处理秸秆可浸泡，可喷洒，方法是：每100 kg秸秆，需生石灰3 kg，加水200～300 kg，将熟化的石灰水均匀喷洒在粉碎的秸秆上，堆放在水泥地面上，经 1～2 d 后直接喂饲家畜。或 3%$Ca(OH)_2$ 溶液，8～10 kg 秸秆/100 kg 碱液，浸泡 12～24 h，捞出沥干。

二、氨化处理

(一)原理

当氨与秸秆中的有机物相遇发生氨解反应，破坏木质素与纤维素、半纤维素链间的酯键的结合，并形成铵盐。铵盐是一种非蛋白氮化合物，同时，氨水中的氢氧化铵离解出的氢氧根离子对秸秆又有碱化作用。秸秆经氨化处理中的氨化与碱化双重作用，粗蛋白质含量可提高 1 倍左右，纤维素含量降低 10%，有机物消化率提高 20%以上。

(二)技术要点

使用占风干饲料重 2%～3%的氮，使饲料含水量达到 20%～30%，温度在 20～30℃时氨化 30～20 d，容器要密闭，秸秆要铡成 2～3 cm 长。

(三)方法

有堆垛法、窖(池)氨化法、氨化炉氨化法。目前多采用无水液氨、氨水、尿素、碳酸氢铵为氨源，见表 2-3。如用无水液氨可采用堆垛法氨化，先用塑料薄膜铺底，上面堆放秸秆成垛，再用塑料薄膜罩在垛上，上下两张塑料薄膜四周封严。垛的底部通入输氨管通入无水液氨，在气温为 5～15℃时，需 4～8 周即可使用。如果秸秆干燥，堆垛时可喷入 30 kg 水使其湿润。稻草、小麦秸等经氨化后疏松柔软，气味糊香，颜色棕黄，提高了适口性和采食量，增加了营养价值和饲用价值。

表 2-3 氨化处理方法

氨源	处理方法	处理条件
氨水或无水氨	①原料垛成方形或圆形垛，用聚乙烯薄膜盖严，注入氨。 ②草捆装入聚乙烯塑料袋中，分别用氨处理。	按 DM 计，加入 3%～3.5%氨，原料水分 15%～20%，在温度 5～15℃条件处理 4～8 周。 按 DM 计，加入 3%～3.5%氨，原料水分 15%～20%，在温度 5～15℃条件处理 4～8 周
无水氨	①在密封箱或室中进行，无须加热。 ②在氨化炉内进行，加热。	按 DM 计，加入 3%～3.5%氨，原料水分 15%～20%，在温度 5～15℃条件处理 4～8 周。 温度 90℃，3%～3.5%氨化处理 17 h 静置 5 h，换入新鲜空气
尿素	①将原料青贮在土坑、青贮窖或成堆青贮。 ②将原料切短或磨细，加入尿素后制粒。	5%尿素水溶液与原料按 50：50 混合，>20℃温度下青贮 1 周以上；或相当于秸秆重 5%的尿素溶解在相当于秸秆重 20%～30%的水中，制成尿素水溶液，均匀喷洒在秸秆中。 2%～3%尿素液，温度不低于 133℃，原料水分 15%～20%
碳酸铵或碳酸氢铵	按尿素处理①方法进行，用量为秸秆重的 10%～12%。	尿素(4%～7%)＋碳酸氢铵(10%～15%)＋水(20%～30%)

任务3 微生物处理

微生物处理是利用乳酸菌、纤维分解菌和酵母菌等有益微生物，在适宜条件下，分解秸秆中难以被家畜消化的木质素和纤维素，增加菌体蛋白质、维生素等有益物质，并软化秸秆，改善味道，增加适口性。

我国从20世纪60年代起就开始进行利用微生物提高粗饲料利用率的研究。主要在木霉和人工瘤胃两方面做了不少工作，均因生产工艺、设备条件等不足未能推广。其他一些方法如粗饲料的自然发酵、加酵母菌发酵或糖化霉菌发酵等，尽管起到软化饲料、改善味道或增加了一些菌体蛋白等作用，但对粗纤维影响很小，而且粗饲料中含有的易消化能源物质也会被微生物消耗而损失。因此对能量价值本来就低的粗饲料来说这些方法并不足取。

进入20世纪80年代之后，尤其是近十几年来，随着生物领域中基因工程技术的发展，人们试图把木霉等纤维素分解菌中产生纤维素酶的DNA基因片段分离出来，移植到大肠杆菌的染色体上，让其也能产生纤维素酶。然后将这种带有纤维素酶基因的大肠杆菌增殖后接种到杂食动物体内，使其在动物体内产生纤维素酶达到分解纤维素的目的。但这种技术目前尚处于摸索试验阶段，离实际应用还有很大距离。

一、微贮饲料的制作

在农作物秸秆中，加入微生物高效活菌种—秸秆发酵活干菌，放入密封容器中，经过一定的发酵过程，便可使秸秆变成具有酸香味的、草食家畜喜食的饲料。与未处理前的秸秆相比，微贮秸秆饲料蛋白质提高10.7%，有机酸提高37.5%，纤维素降低14.2%，半纤维素降低43.8%，木质素降低10.2%，麦秸消化率提高55.6%，稻秸消化率提高58%，玉米秸消化率提高60%。秸秆微贮具有成本低、适口性好、采食量高、制作容易等优点，为我国农区秸秆的有效利用开辟了一条新途径。

(一)菌种复活

秸秆发酵活干菌每袋3g，可调制干秸秆(麦秸、稻草、玉米秸)1 t，或青秸秆2 t。在处理秸秆前，先将菌剂倒入200 mL水中充分溶解，然后在常温下放置1～2 h，使菌种复活。复活好的菌剂一定要当天用完，不可隔夜使用。

(二)菌液的配制

将复活好的菌剂倒入充分溶解的0.8%～1.0%食盐水中拌匀。食盐、水、菌种用量的计算如表2-4所示。

表 2-4 菌液中食盐、水和菌种的用量

秸秆种类	秸秆重量/kg	活干菌用量/g	食盐用量/kg	自来水用量/kg	贮料含水率/%
稻麦秸秆	1 000	3.0	9～12	1 200～1 400	60～70
风干玉米秸	1 000	3.0	6～8	800～1 000	60～70
青玉米秸	1 000	1.5	适量	适量	60～70

(三)秸秆铡(揉、粉)碎

麦秸、稻草比较柔软,可用铡草机铡碎成 2～3 cm 的长度。玉米秸较粗硬,可用揉碎机加工成丝条状,以提高利用率及适口性。用玉米秸饲喂绵、山羊时,可用锤片式粉碎机加工成粗粉,便于混拌精饲料,并可提高利用率。

(四)秸秆入窖

在窖底铺放 20～30 cm 厚的粉碎秸秆,均匀喷洒菌液水,要有计划地掌握应喷洒的数量,使秸秆含水率达 60%～70%。喷洒后及时踩实,尤其注意窖的四周及角落处。压实后再铺放 20～30 cm 秸秆,喷洒菌液、踩实等。如此一层层装填原料,直到高出窖口 40 cm 时再封口。分层踩实的目的是排出窖内多余的空气,给发酵菌繁殖造成厌氧条件。如果当天未装满窖,可盖上塑料薄膜,第二天再继续装窖。

(五)封窖

在秸秆分层压实到高出窖口 30～40 cm,再充分压实后,在最上层均匀撒上食盐粉,盖塑料薄膜。食盐用量 250 g/m^2,其目的是确保微贮饲料上部不发生霉烂变质。盖塑料薄膜后,在上面铺 20～30 cm 厚的稻草或麦秸,覆土 15～20 cm,密封。

(六)开窖与饲用

封窖 21～30 d 后,即可完成发酵过程,开窖喂用。微贮饲料质量的优劣,可通过看、嗅、手感等方法进行感官鉴定。青贮玉米秸的颜色应接近原料色泽,稻、麦秸应呈金黄褐色。微贮饲料应具有醇香和果香酸甜味。若有强烈刺鼻酸味,就表明醋酸太多,这是水分过高和高温发酵所造成。微贮饲料的手感应松散,质地柔软湿润。开窖时应轻轻取下泥土,防止泥土混入饲料。长方形窖由窖的一端开窖,一层层取用,取料后将窖口封严,防止雨水浸入或掉进沙土。开始饲喂时,家畜不习惯,要由少到多,逐渐驯食,7～10 d 后即可喜食。微贮饲料可以单独喂用,但最好混拌其他草料和适量精料。

二、青贮饲料的制作

青绿饲料有许多优点,但因水分含量高,不易保存,这是一个很大的缺点。为了全年平衡供应青饲料,又必须贮存大量的青饲料,这是一个矛盾。

青绿饲料不易保存的原因,无非是因为外界物理的、化学的与生物学的因素使青绿饲料发生各种程度的化学变化。因此,可以用以下措施达到保存青饲料的目的:一是使其脱水干制以抵抗外界有害因素的作用;二是尽可能控制外界因素条件而使青饲料中的物质停止化学变化而达到保存的目的。青干草的制作属于前者，青贮技术属于后者。方法及制作要点如下：

（一）青贮设备

常用的青贮设备有：青贮窖、青贮塔、青贮壕、青贮袋。

青贮设备的单位容积重量与原料的种类，含水量，切碎和压实程度有关。一般情况下，叶菜类、紫云英、甘薯块根为800 kg/m^3，全株玉米为600 kg/m^3，青贮玉米秸为450～500 kg/m^3，牧草、野草为600 kg/m^3。

（二）生产步骤

适时刈割→原料切短→装填压实→踩实密封。

1. 适时刈割

一般情况下，禾本科牧草宜在孕穗至抽穗期刈割，豆科牧草在现蕾至开花初期刈割，整株玉米青贮应在蜡熟期刈割（蜡熟期的标志是靠近籽粒尖的几层细胞变黑而形成黑层），果穗收获后的玉米秸青贮，宜在果穗成熟，仅下部1～2片叶枯黄时收割；或果穗成熟时，在果穗上部保留1片叶削尖后青贮。

2. 原料切短

切短可使原料踩压紧实，排出空气，还可使原料汁液渗出，润湿表面，有利于乳酸发酵，提高青贮饲料的品质。

饲喂牛、羊，禾本科和豆科牧草宜切成2～3 cm，玉米秸等切成0.5～2 cm，幼嫩原料可长些；饲喂猪、禽，各种原料切得越短越好。小量青贮可用人工铡草机切短，大量青贮可用青贮切碎机。使用青贮玉米联合收割机，一次完成割、切作业效率更高。

3. 装填压实

切短的青贮原料装窖时，要装填压实，尤其是靠近青贮窖壁和角的地方不能有空隙，尽量减少空气，抑制好氧菌活动，利于乳酸菌的繁殖。装填时应逐层装入，边装边压，每层15～20 cm厚，立即压实，再继续装填、压实。小型窖可用人力踩实，大型窖可用拖拉机压实，人力和机械结合，使原料装填达到技术要求。

4. 踩实密封

原料装填压实后，应立即密封和覆盖。先在原料上面盖一层切短的秸秆或软草（厚20～30 cm），草上再铺塑料薄膜，然后再用土覆盖拍实（土厚30～50 cm），窖顶呈馒头状以便排水，窖周围（距窖1 m）再挖排水沟。密封后还要经常检查，发现裂缝及时补好。

【学习要求】

识记：物理处理、自然干燥法、人工干燥法、化学处理、碱化处理、氨化处理、青贮饲料、氨化饲料。

理解：青干草和青贮饲料制作的技术要点；氨化原理及方法。

应用：会对饲料进行常规处理；会使用自然干燥法和人工干燥法制作青干草；会对饲料进行碱化处理和氨化处理；会制作青贮饲料。

【知识链接】

饲料行业现行国家标准和行业标准：青贮饲料技术规范、氨化饲料技术规范。

模块三
畜禽环境

项目六　畜禽场总体设计

【学习目标】

● 了解畜禽场场选址及场区规划布局的方法；认识畜禽舍的结构及建筑要求；掌握各类畜禽舍特点、适用范围及设计方法。

【学习内容】

任务1　场址的选择及场区规划布局

一、场址选择

(一)目标

场址选择要保证场区具有较好的小气候条件，有利于畜禽舍内空气环境的控制；要便于执行各项卫生防疫制度和措施；便于合理组织生产，提高设备利用率和工作人员的劳动生产率；场区面积要保证宽敞够用，且为今后规模扩建留有余地，减少土地使用浪费。

(二)内容

选择场址应符合本地区农牧业生产发展总体规划、土地利用发展规划、城市建设发展规划和环境保护规则的要求；新建厂址周围应具备就地无害化处理粪尿、污水的足够场地和排污条件，并通过畜禽场建设环境影响评价；选择场址应遵守十分珍惜和合理利用土地的原则，不应占用基本农田，尽量利用荒地建厂。分期建设时，选址应按总体规划需要一次完成，土地随用随征，预留远期工程建设用地；新建厂址应满足卫生防疫要求，场区距铁路、高速公路等交通干线不小于1 000 m，距一般道路不小于500 m，距其他畜牧场、兽医机构、禽兽屠宰场不小于

2 000 m，距居民区不小于 3 000 m，并且应位于居民区及公共建筑群常年主导风向的下风向处。场址应水源充足，水质应符合 NY/T 5027—2008 要求，排水畅通，供电可靠，交通便利，地质条件能满足工程建设要求。选址时可按表 3-1 的推荐值估算所占地面积，征用土地时应按正式设计图计算实际占地面积。

表 3-1　畜牧场所需场地面积推荐值

牧场性质	规　模	所需面积/(m^2/头或 m^2/只)	备　注
奶牛场	100～400 头成乳牛	160～180	按成奶牛计
肉牛场	年出栏育肥牛 1 万头	16～20	按年出栏量计
种猪场	100～600 头基础母猪	60～80	按基础母猪计
商品猪场	600～3 000 头基础母猪	50～60	按基础母猪计
绵羊场	200～500 只母羊	10～15	按成年种羊计
山羊场	200 只母羊	15～20	按成年母羊计
种鸡场	1 万～5 万只种鸡	0.6～1.0	按种鸡计
蛋鸡场	10 万～20 万只蛋鸡	0.5～0.8	按种鸡计
肉鸡场	年出栏肉鸡 100 万只	0.2～0.3	按年出栏量计

在规定的自然保护区、水源保护区、风景旅游区、受洪水或山洪威胁的地区不应建场；泥石流、滑坡等自然灾害多发地带及自然环境污染严重的地区不应建场。

二、场区规划布局

(一)总平面布置

根据畜禽场的生产工艺要求，按功能布置各个建筑物的位置，为畜禽生产提供一个良好的生产环境。畜禽场一般应分生活管理区、辅助生产区、生产区和隔离区，如图 3-1 所示。应充分利用场区原有的地形、地势，在保证建筑物具有合理的朝向，满足采光、通风要求的前提下，尽量使建筑物长轴沿场区等高线布置，以最大限度减少土石方工程量和基础工程费用。

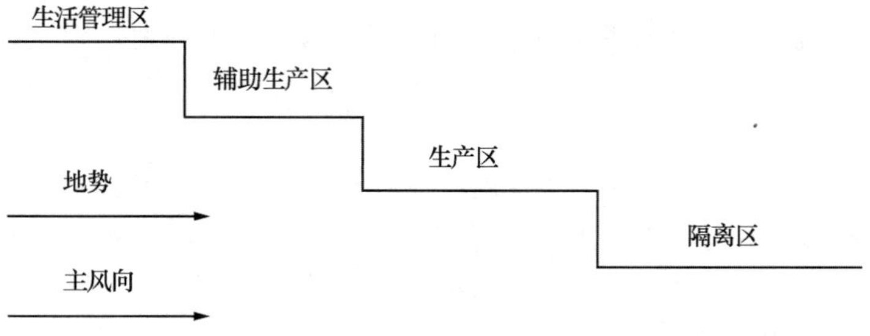

图 3-1　畜禽场各区按地势、风向布局示意

畜禽场的生活管理区主要布置管理人员办公用房、技术人员业务用房、职工生活用房、人员和车辆消毒设施及门卫、大门和场区围墙。生活管理区一般应位于场区全年主导风向的上风处或侧风处,并且应在紧邻场区大门内侧集中布置。畜禽场大门应位于场区主干道与场外道路连接处,设施布置应使外来人员或车辆经过强制性消毒,并经门卫放行才能进场。围墙距一般建筑物的距离不应小于 3.5 m,围墙距离畜禽舍的间距不应小于 6 m。

畜禽场的辅助生产区主要布置供水、供电、供热、设备维修、物资仓库、饲料贮存等设施,这些设施应靠近生产区的负荷中心布置。生产区主要布置各种畜禽舍和相应的挤奶厅、孵化厅、蛋库、剪毛间、药浴池、人工授精室、胚胎移植室、装车台等。生产区与其他区之间应用围墙或绿化隔离带严格分开,在生产区入口处设置第二次人员更衣消毒室和车辆消毒设施,这些设施都应设置两个出入口,分别与生活管理区和生产区相通。生产区畜禽舍朝向一般应以其长轴南向,或南偏东或偏西 40°以内为宜。每相邻两栋平行的畜禽舍间距,无舍外运动场时,两平行侧墙的间距控制在 8～15 m 为宜;有舍外运动场时,相邻运动栏杆的间距控制在 5～8 m 为宜。每相邻两栋畜禽舍端墙之间的距离不小于 15 m 为宜。具有承担畜禽场生产区内、外物流通道功能的设施,应布置在连接生产区内外的道路附近。青贮、干草、块根块茎类饲料或垫草等大宗物料的贮存场地,应按照贮用合一的原则,布置在靠近畜禽舍的边缘地带,并且要求排水良好,便于机械化作业,符合防火要求。在计算所需贮存设施容积时,青贮饲料的容重按 600～700 kg/m^3 计算,干草的容重按 70～75 kg/m^3 计算。精饲料库的入料口开在辅助生产区内,精饲料库的出料口开在生产区内。

隔离区主要布置兽医室、隔离室和养殖场废弃物的处理设施,该区应处于场区全年主导风向的下风处和场区地势最低处,与生产区的间距应满足兽医卫生防疫要求。和绿化隔离带、隔离区内部的粪便污水处理设施与其他设施也需有适当的卫生防疫间距。隔离区与生产区有专用道路相通,与场外有专用大门相通。

(二)公共卫生设施设置

1. 运动场

运动场面积按每头畜禽所占舍内平均面积的 3～5 倍计算;种鸡则按鸡舍面积的 2～3 倍。应能保证畜禽自由活动,又要节约用地。运动场要平坦,稍有坡度,便于排水和保持干燥;四周应设围栏或围墙(马 1.6 m;牛 1.2 m;羊 1.1 m;猪 1.1 m;鸡 1.8 m,为防鸡飞出,上面可加设尼龙丝网)。各种公畜运动场的围栏高度,可再增加 20～30 cm,也可应用电围栏。在运动场的两侧及南侧,应设遮阴棚或种植树木,以遮挡夏季烈日。运动场围栏外应设排水沟。

2. 场内道路

场内道路要求直而短,保证场内各生产过程顺利进行。路面不透水,向一侧或两侧有 1%～3%的坡度。路面材料可为柏油路、混凝土、砖、石或焦渣路面。道路宽度根据用途和车宽决定,通行载重汽车并与场外相连的道路需 3.5～7 m;场内的小型车、手推车道路需 1.5～5 m。但须考虑回车道、回车半径及转弯半径。道路两侧应植树,设排水沟。生产区分净道(运送饲料、产品和用于生产联系的道路)和污道(运送粪污、病畜、死畜的道路)。净道和污道不得混用或交叉,以保证卫生防疫安全。生活管理区和隔离区分别设与场外相通的道路。

3. 防疫沟

为保证畜禽场防疫安全，避免一切可能的污染和干扰，畜禽场四周建较高的围墙和坚固的防疫沟，以防场外人员及其他畜禽进入场区，必要时可往沟内放水。畜禽场围墙内侧挖沟深1.7～2.0 m、宽为1.3～1.5 m，用砖、石头砌沟壁，内表面光滑且不透水，水深1 m左右。能有效防止人畜进入场内，但造价较高，经常出现沟壁倒塌现象，一般不常用。在场内各区域间，设较小的防疫沟或围墙，或种植隔离林带。在畜禽场大门入口处，应有消毒设施。

4. 场内的排水设施

场区排水设施是为排除雨水、雪水，保持场地干燥卫生。为减少投资，一般可在道路一侧或两侧设明沟排水，沟壁、沟底可砌砖、石，也可将土夯实做成梯形或三角形断面。排水沟最深处不应超过30 cm，沟底应有1%～2%的坡度，上口宽30～60 cm。场地坡度较大的小型畜禽场，也可采用地面自由排水，在地势低处的围墙上设一定数量的排水孔，装铁箅子即可；有条件时，也可设暗沟排水（地下水沟用砖、石砌筑或用水泥管），但不宜与舍内排水系统的管沟通用，以防泥沙淤塞影响舍内排污，并防止雨季污水池满溢，污染周围环境。

5. 贮粪池

设在生产区的下风向，与畜禽舍保持100 m以上的卫生间距（有围墙及防护设备时，可缩小为50 m），并便于运输。一般设计长30～50 m，宽9～10 m，深1 m。各种畜禽所需贮粪池的面积：牛2.5 m^2/头；马2 m^2/匹；羊0.4 m^2/只；猪0.4 m^2/头。

任务2 畜禽舍建筑结构设计与类型选择

畜禽舍小气候是影响畜禽健康和生产性能的外界条件之一。要给畜禽创造适宜的畜禽舍小气候，最根本的是保证畜禽舍所有结构（墙壁、屋顶、地面、门窗等）从设计到施工都必须符合采光、隔热、通风、排水的卫生要求。不同类型的畜禽舍一方面影响舍内气候条件如温度、湿度、通风换气、光照等；另一方面影响畜禽舍环境改善和人工控制程度。因此，应根据畜禽的需求和当地气候条件，确定适宜的畜禽舍类型。

一、建筑结构设计

（一）地基和基础设计

地基是指支撑整个畜禽舍及舍内所有畜禽、设备的土层结构。分天然地基（利用天然的土层）与人工地基（土层在施工前经过加固处理的）。畜禽舍多为单层建筑，在土层上所承受的压力不大。所以畜禽舍一般修建在天然地基上。地基应具备足够的承重能力，足够的厚度，组成一致，压缩性（下沉性）小而均匀（不超过2～3 cm）、抗冲刷力强、膨胀性小、地下水位在2 m以下，并无腐蚀性。基础是畜禽舍进入土层的部分，是墙的延续，同时又对墙起到支撑作用。墙和整个畜禽舍的坚固性、耐用性及稳定性取决于基础的性能。其基本要求：强度足够，有良好的稳定性，地基和基础沉降要均匀，以防地上建筑开裂和倾斜；基础耐久性和使用年限与地上建筑部位相适应，严防基础提前破坏；基础坚固，具有抗冲击和防潮、防震、抗冻、保温的能力；重视基础的建设费用投入比例，一般混合结构畜禽舍基础造价占总建设造价的10%～20%。

（二）墙体设计

墙壁是畜禽舍的主要结构，也是畜禽舍与外部空间及舍内的隔离结构，占畜禽舍总重量的40%～65%，占畜禽舍总造价的30%～40%，合理设计墙体和选择墙材对畜禽舍的保温、隔热、防潮以及降低畜禽舍造价关系密切。同时墙壁上通常开有窗户和门，对于保持舍内适当的温、湿度状况及适度光照起着重要作用。

（三）窗户设计

窗户是保证畜禽舍良好的自然采光和通风换气的主要渠道。窗户的大小、数量及位置对舍内的采光与温湿度状况有重大作用。由于窗户多设在墙上或屋顶上，所以窗户也是畜禽舍失热的重要部分，在采光和通风相互矛盾的情况下先应满足畜禽舍热平衡，即保证合理的通风换气设计。国际上在保证可靠的人工照明和通风换气系统的前提下，广泛采用无窗畜禽舍，目的是更好地控制畜禽舍环境。采用导热系数小的透明塑料作屋顶，这就解决了采光与保温的矛盾。

（四）门设计

畜禽舍门要求满足生产人员和畜禽的自由出入，有足够的数量和大小；能保证生产过程的顺利进行，并考虑实行机械化生产时的可能性；能应急意外事故，如火灾、水灾等。畜禽舍门的类型由于畜禽品种、年龄、性别差异相当大，所以门的种类繁多。每栋畜禽舍至少有两个外门，一般设在山墙，正对中央通道。外门有适当的宽度而且结构牢固，应保证畜禽顺利出入，保证运送饲料和粪便方便；在寒冷地区，外门通常设计门斗以防冷空气进入。门有助于畜禽舍的通风，在温暖地区可以修成栅栏门。畜禽舍不应设有门槛、台阶，可能导致猪的乳头和肚皮容易擦破和大畜的蹄子容易碰破。为了防止雨水倒流入舍内，畜禽舍地面可高出舍外20～25 cm，并用坡道相连。门应朝外开，应开门方便，保证安全。同时在门扇、门框上不要有突出的物体及锐利的棱角，应该平滑，以免畜禽受伤。

（五）地面设计

地面是畜禽的床，与畜禽关系非常密切。地面的质量往往影响畜禽舍小气候状况、畜禽的健康、畜体及其产品（牛奶、羊毛）的清洁卫生甚至生产力。要求保温、不透水能保证地面上的粪尿不滞留和渗透；坚实、平整、无裂纹、不硬不滑、有弹性；耐磨、耐压和符合各种消毒液和消毒方式的要求；畜床向排尿沟方向有一定的坡度（牛、马舍1%～1.5%；猪舍3%～4%），以保证洗刷用水及尿水的顺利排出。在生产当中，可采用地面不同部位用不同材料，不同层次用不同材料，上层用导热性小的材料，中层用蓄热性大的材料，畜禽躺卧地方用垫草或垫料，提高地面的舒适程度。

（六）天棚与屋顶设计

天棚和屋顶间有一段距离，造成舍内与舍外中间有一个缓冲空间。为了加强天棚的保温性能，可将保温材料（棉花、棉絮或锯末）放在棚面上。某些畜禽舍建筑需穿过天棚和屋顶设计通风道。天棚设计要求保温、隔热、不透水、不透气；结构简单、轻便、坚固耐用和有利于防火；要表面平滑、清洁，最好刷成白色，以增加舍内亮度。

屋顶是畜禽舍上部的外围护结构。有防止雨水、风沙侵袭及太阳辐射等的作用。要求排水流畅，不漏水，保温和隔热性能好；尽量缩小屋顶面积，选用保温隔热好的材料。屋顶由屋面和屋架组成，屋面的设计和建材的选用首先应考虑排水和防漏问题；屋顶的形式与所选用的屋面材料相匹配，选用抗渗透好的材料作屋面坡度可小一些，用瓦作屋面坡度宜大些。常见屋顶形式有平顶屋、坡顶屋、圆拱顶三种。

二、类型选择

根据畜禽的需求和当地气候条件，确定适宜的畜禽舍类型。畜禽舍类型按照外墙的设置可分为：开放式、半开放式和密闭式三种类型。

（一）开放式

1. 特点

开放式畜禽舍也称敞棚、遮阴棚或凉棚式畜禽舍，四面无墙或只有端墙，主要起到遮阳和避雨的作用。其特点是夏季有利于降温防暑。能显著降低太阳辐射强度，四周空气流通量大，敞棚下的气温低于棚外。通过地面洒水、挂湿帘等降温措施，同时用风机加大通风换气量，达到降温和净化舍内空气的目的；冬季不利于防寒，敞棚的屋顶隔绝了太阳辐射，四周又完全敞开，舍内温度会更低，易使畜禽受冻，在棚舍周围筑起挡风墙或建造棚圈，可以适当减弱风、雪或寒流的危害，保护畜禽安全越冬。如果棚舍小，可在其周围挂草帘、布帘等来抵御晚间的低温；开放式畜禽舍受外界环境的影响较大，人工环境调控措施一般较难实现，但其结构简单，用材少，施工简单，造价低。

2. 适用范围

开放式畜禽舍适用于抗寒能力强的大型畜禽和冬季较短的地区。当最冷月平均气温在5～10℃以上，都可采用棚舍饲养畜禽。寒冷地区不能用作越冬舍，可作运动场上的凉棚或草料库；南方炎热地区也可用作成年畜禽舍，如夏季在棚下养蛋鸡效果较好。由于开放式畜禽舍造价低，为了扩大其使用范围、克服其保温能力差的弱点，在畜禽舍前后设置隔热效果较好的卷帘，由机械传动升降，使用非常方便；夏季可全部敞开，冬季可完全闭合，结合一定的环境调控措施，使舍内的环境条件得到一定程度的改善。

（二）半开放式

1. 特点

半开放式畜禽舍三面均有墙，正面墙体完全敞开或一半敞开。屋顶用山墙和砖柱支撑或用长墙支撑而无山墙。其特点是通常开敞部分在南侧，因此冬季可保证有充足的阳光进入舍内，有墙部分冬季可阻挡北风的作用，而在夏季南风可吹入舍内，有利于通风。半开放式畜禽舍比开放式畜禽舍抗寒能力有所提高，但因舍内空气流动性比较大，舍温受外界影响较大，很难进行畜禽舍环境调控。

2. 适用范围

在寒冷地区，这种畜禽舍主要用于饲养各种成年畜禽，特别是耐寒能力较强的牛、马、绵羊等，温暖地区可用作产房或幼畜禽舍。生产中，夏季为了提高防暑能力，在其后墙上多开一些窗户，加强空气对流，降低舍温。冬季关闭后墙上的窗户，同时在前墙开放部分挂上草帘或塑料棚膜。有的在前墙开放部分装有卷帘，天热时卷起，天冷时放下，效果更好。

(三)密闭式

1. 特点

密闭式畜禽舍是指利用墙体、屋顶等外围护结构形成是全封闭状态的畜禽舍形式，四周有墙，上有屋顶。其空间环境相对独立，便于进行人工环境调控。其特点是舍内环境稳定，基本不受外界环境的影响；具有较好的保温隔热能力，便于人工控制舍内环境条件。其采光和通风换气均有人工提供，自动化程度高，节省人工，生产效率高。但舍内的水汽和有害气体浓度较高，若不能有效控制，易发生呼吸道疾病；同时对饲养管理水平要求较高，必须供给畜禽全价的营养饲料；密闭式畜禽舍建造成本高，投资较大，要求保证充足的电力。

2. 适用范围

在我国这类畜禽舍应用最为普遍，特别是北方寒冷地区，可以很大限度地提高畜禽的生产性能。但由于窗户的保温隔热性能与墙体不同，窗户数量、面积、布置位置及选用上材料对舍内温度、采光、通风换气效果等有一定的影响，因此，畜禽舍设计中应予以考虑。该类畜禽舍比较适合于电力供应充足、电价便宜，劳动力昂贵的发达地区。

除上述几种畜禽舍以外，还有暖棚式畜禽舍、拱板结构式畜禽舍、复合聚苯板组装式畜禽舍、太阳能畜禽舍等多种建筑形式。另外还有一些新形式的畜禽舍，如连栋式畜禽舍，优点是减少畜禽场的占地面积，缓解人、畜争地点矛盾，降低畜禽场建设投资等。总之，畜禽舍形式是不断发生变化的，新材料、新技术不断应用于畜禽舍，使畜禽舍建筑越来越符合畜禽对环境条件的要求。

任务3 畜禽舍设计与建造

一、设计原则

(一)建筑形式和结构应突出畜禽生产特点

多样化的畜禽品种要求多样化的畜禽舍建筑，一种品种，甚至一个年龄阶段的畜禽，对建筑形式和结构要求不同。例如，蛋型雏鸡舍和肉仔鸡舍虽然饲养的都是2月龄前的小鸡，但品种特点不同，饲养管理及所采用的设备不同，鸡舍的建筑形式和结构也不同。猪舍和牛舍差别就更大，绝对没有什么畜禽舍什么畜禽都可以饲养的说法。

(二)创造适宜的畜禽舍饲养环境

合理的畜禽舍设计有利于创造适宜的畜禽舍饲养环境,不仅促进畜禽生产潜能的发挥,而且提高在舍畜禽的健康水平,降低死亡率。

(三)采用适宜工厂化生产的工艺,实现全进全出

传统畜牧业由于生产规模小、技术水平低,当然经济效益差。发展规模化、集约化畜禽生产并采用工厂化生产工艺能有效促进畜禽生产实现高产、优质、高效,工厂化生产工艺强调生产的系统性、流水作业性和产品的规格化,重视采用机械设备和自动化生产,重视劳动生产率的提高,重视成本和利润的核算。工厂化生产工艺是把畜禽舍中畜禽看作“活机器”,把畜禽生产看作一项特殊的加工体系,向这些活机器投入饲料,加工生产出肉、蛋、奶等产品。

(四)节约用地,就地取材,降低工程造价

为了大量节约用地,国外采用高层畜禽舍建筑,总体设施费用少,而且热损失少,辅助设施集中,便于使用和管理,发展高层畜禽舍建筑将会是我国未来的畜禽场建设的趋势。畜禽生产,大都属于商品生产,商品生产的一项重要指标是投入产出比应在 1∶1.25 以上和房屋设备的折旧费应计入成本。在舍畜禽不需要苛刻的建筑形式和环境条件,所以高标准的畜禽舍设计是不现实的,但不能太简单,该有的不能省去,可有可无的省去。在设计及施工中必须贯彻因地制宜,就地取材的原则,以降低建筑造价。

二、设计方法

(一)类型和朝向选择

畜禽舍的类型选择应充分考虑不同类型畜禽舍的特点、当地的气候特点、经济状况及建筑习惯等,选择适合本地、本场实际情况的畜禽舍形式。畜禽舍的朝向与畜禽舍的温度、采光及通风换气有密切关系。应考虑地形、当地主风向和光照变化等,不能生搬硬套,南向或南偏东、偏西 40°以内为宜。

(二)面积确定

饲养规模、饲养方式(普通地面平养、漏缝地面平养、网养、笼养等)、自动化程度(机械化或手工操作),结合畜禽的饲养密度标准(表 3-2)和采食宽度(表 3-3),确定拟设计畜禽舍的建筑面积。

(三)外围护结构的设计

外围护结构的设计是畜禽舍设计的关键,因外围护结构设计合理与否,直接影响着畜禽舍内的小气候状况。包括墙壁、屋顶、天棚、门、窗、通风口及地面等。要求满足保温防寒、隔热防暑、采光照明、通风换气等要求,合理设计畜禽舍的墙壁、屋顶、天棚和地面的结构、材料及门、窗、通风口的数量、尺寸和安装位置。

表 3-2 畜禽每圈头数及每头所需地面面积

畜禽种类	每圈适宜头数/头	所需面积/(m^2/头或只)
牛		
种公牛	1	3.3～3.5
6 月龄以上青年母牛	25～50	1.4～1.5
成年母牛	50～100	2.1～2.3
散放饲养乳牛	50～100	5～6
猪		
断奶仔猪	8～12	0.3～0.4
后备猪	4～5	1
空怀母猪	4～5	2～2.5
孕前期母猪	2～4	2.5～3
孕后期母猪	1～2	3～3.5
设固定防压架的母猪	1	4
带仔母猪	1～2	6～9
育肥猪	8～12	0.8～1
鸡		
0～6 周龄		0.04～0.06
7～20 周龄		0.09～0.11
成年鸡		0.25～0.29
网栅平养蛋鸡		0.25～0.29

表 3-3 各类畜禽的采食宽度

畜禽种类	采食宽度/(cm/头或只)
牛	
拴系饲养：	
3～6 月龄犊牛	30～50
青年牛	60～100
泌乳牛	110～125
散放饲养：	
成年乳牛	50～60
猪	
20～30 kg	18～22
30～50 kg	22～27
50～100 kg	27～35
自动饲槽自由采食群养	10
成年母猪	35～40
成年公猪	35～45

续表 3-3

畜禽种类	采食宽度/(cm/头或只)
蛋鸡	
0～4 周龄	2.5
5～10 周龄	5
11～20 周龄	7.5～10
20 周龄以上	12～24
肉鸡	
0～3 周龄	3
3～8 周龄	8
8～16 周龄	12
17～22 周龄	15
产蛋母鸡	15

(四)内部设计

畜禽舍内部设计合理与否,关系到舍内小气候状况,关系到饲养管理工作方便与否,畜禽的生产和生活条件,也关系到畜禽舍建筑的造价和施工。畜禽舍内部设计包括畜栏、笼具的布置和安排,走道、饲槽、饮水器、粪尿沟、排水沟等设施和设备的安排,舍内值班室的配置等。应保证饲养管理方便,符合畜禽生活和生产要求,建筑上尽量节约面积和降低造价,方便施工。

1. 畜禽舍平面设计

依据每栋畜禽舍的容畜头(只)数、饲养管理方式、当地气候条件、建筑材料和建筑习惯等。合理设置畜栏、笼具、走道、粪尿沟、饲槽、附属房间等,从而确定畜禽舍跨度、间距和长度,绘出畜禽舍平面图,如图 3-2 所示。

(1)畜栏或笼具的布置　依据场地面积、建筑情况、人工照明、机械通风、供暖降温条件等来决定,一般是沿畜禽舍的长轴纵向排列的。分为单列式、双列式及多列式。多列式畜栏和笼具会加大横梁、屋架尺寸和畜禽舍跨度,影响舍内自然采光和通风换气效果。可以减少走道数和外围护结构面积,节省建筑面积,有利于保温隔热。有些畜禽舍(笼养育雏舍,笼养兔舍等),沿畜禽舍短轴(跨度方向)布置笼具,这样自然采光和通风换气好,但会加大建筑面积。

当采用厂家生产的定型的栏圈(保育栏、产床)、笼具(鸡笼、兔笼),可根据每栏(笼)的容纳畜禽数和每栋畜禽舍的畜禽总数计算出所需栏(笼)数。

(2)舍内走道的布置　畜栏的布置走向确定走道方向,其宽度由使用工具和操作特点确定。畜栏、饲喂、清粪及管理通道沿长轴纵向布置,其宽度可参考表 3-4。双列或多列布置畜栏或笼具时,虽可节省一条通道,但靠墙的畜栏或笼具受墙面冷辐射或热辐射的影响较大。较长的双列式或多列式畜禽舍,每 30～40 m 应设沿跨度方向的横向通道,其宽度一般为 1.5 m,牛舍、马舍为 1.8～2.0 m。

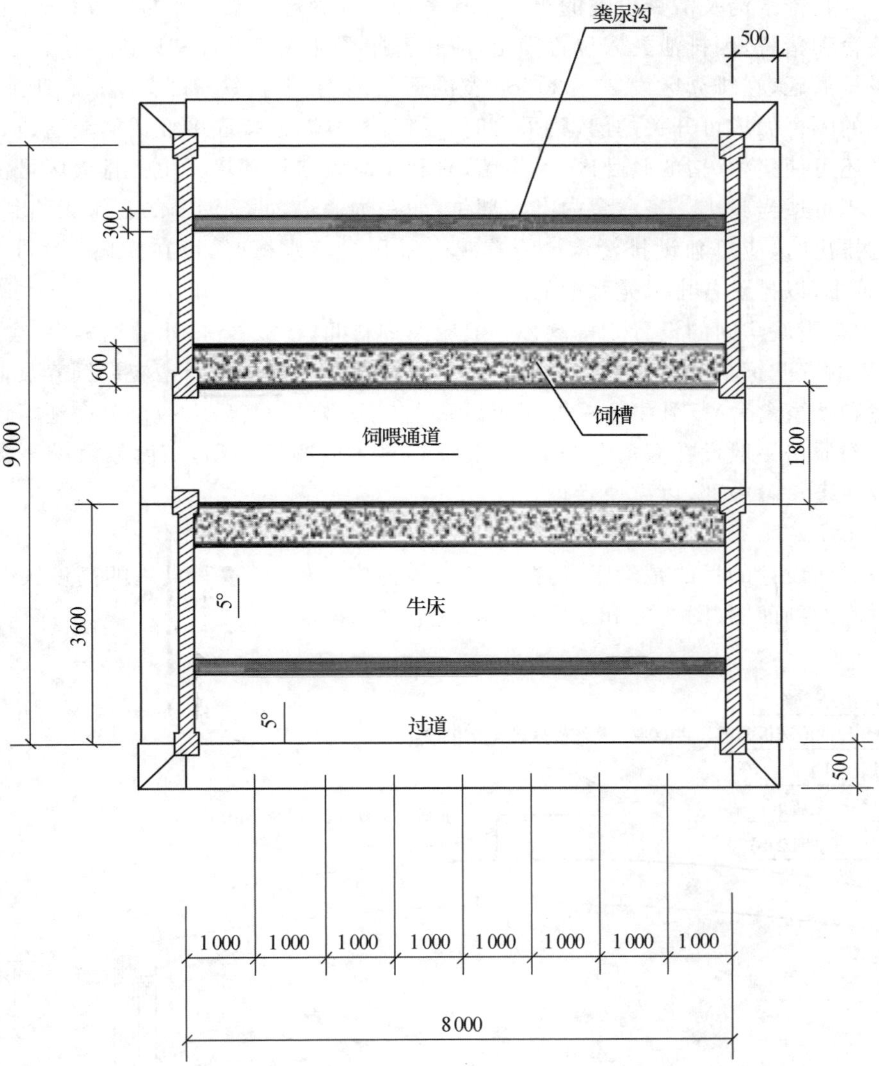

图 3-2　某肉牛舍平面设计图

表 3-4　畜禽舍纵向通道宽度

畜禽舍种类	通道用途	使用工具及操作特点	宽度/cm
牛舍	饲喂	用手工或推车饲喂精、粗、青饲料	120～140
	清粪及管理	手推车清粪、放奶桶、放洗乳房的水桶	140～180
猪舍	饲喂	手推车喂料	100～120
	清粪及管理	清粪(幼猪舍窄、成年猪舍宽)、接产等	100～150
鸡舍	饲喂、捡蛋、清粪、管理	用特制手推车送料时,可采用一个通用车盘	笼养 80～90 平养 100～120

(3)粪尿沟、排水沟及清粪设施的布置　拴系饲养或固定栏架饲养的牛舍、马舍和猪舍，以及笼养的鸡舍和猪舍，因排泄粪尿位置固定，应在畜床后部或笼下设粪尿沟。猪舍也可与清粪通道结合设排粪区，在排粪区设 25～30 cm 宽的通长地沟，上盖铁箅子，训练猪到排粪区排粪尿。排粪区的隔栏做成可开关的门，猪采食时，可将门关闭，使排粪区变成清粪通道，用手推车清粪。这样还可使猪栏(猪的躺卧区)不靠墙，有利于改善猪栏环境。由于排粪区可供猪活动，故躺卧区面积可适当减小。畜禽舍内有些部位，如喂饲通道，冲洗消毒的污水无法利用排粪尿设施的地沟排出时，应单独设排污沟。笼养鸡舍采用自流水槽时，可在横向通道上设通长地沟，上盖铁箅子，以排除各排鸡笼水槽的水。

(4)畜禽舍附属房间的设置　畜禽舍一般应设饲料间，存放 3～5 d 的饲料，牛舍还应设草棚，存放当天的青贮饲料、青饲料或多汁饲料。为加强管理，畜禽舍内还应设饲养员值班室(特别是产仔室和幼畜禽舍)。乳牛舍一般还应设真空泵房、奶桶间等，大型畜禽舍还可设消毒间、工具间等。附属房一般设在畜禽舍一端，一般设在靠场内净道一端，长度较大的畜禽舍，附属房间也可设在畜禽舍中部，以方便管理。

2. 剖面设计

畜禽舍剖面设计的目的是确定畜禽舍各部、各种构配件、设备和设施的高度尺寸，并绘出平面图相对应的剖面图(图 3-3)和立面图。

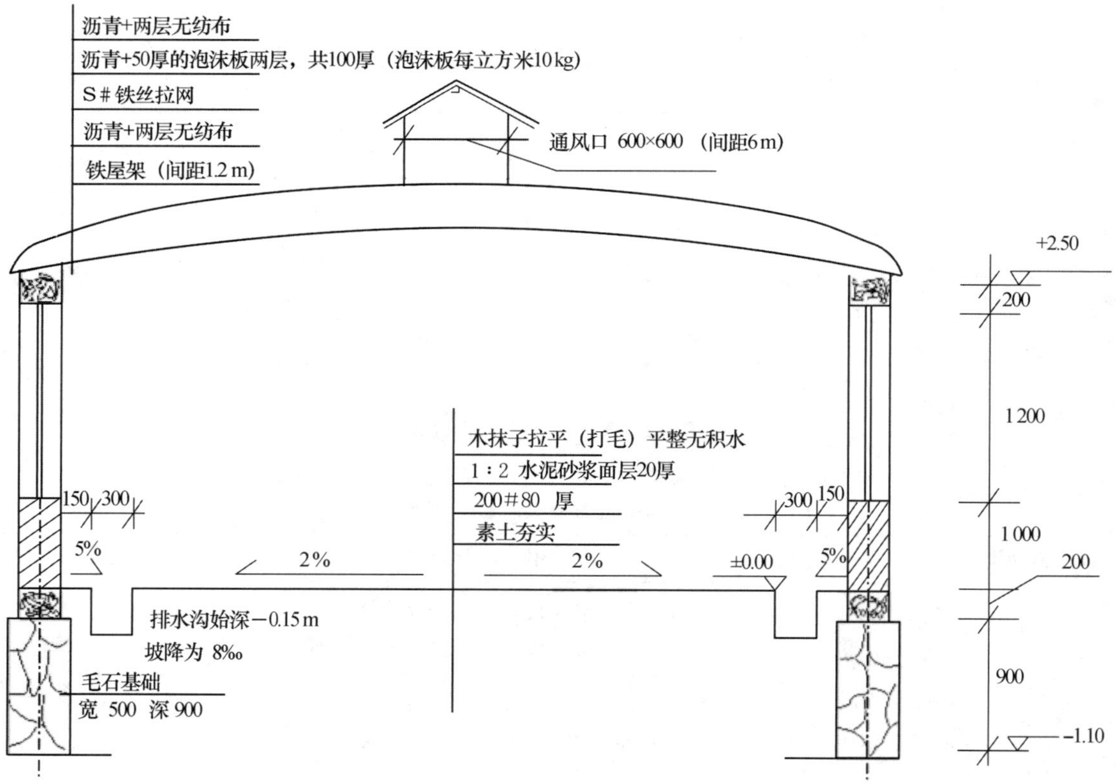

图 3-3　某肥育猪舍剖面设计图

(1)畜禽舍高度　畜禽舍高度决定于自然采光、自然通风、当地气候特点及畜禽舍跨度。寒冷地区檐下高度为 2.2～2.7 m,跨度 9 m 以上的畜禽舍可适当加高;炎热地区以 2.7～3.3 m 为宜。舍内地平面高出舍外地平面 30 cm,场地低洼时,可提高到 45～60 cm;舍内地面的坡度为 2%～3%;厚垫草平养时,地面应向排水沟有 0.5%～1.0%的坡度。畜禽舍大门前应有不大于 15%坡道,以保证畜禽和车辆进出,不能设置台阶。

(2)饲槽、水槽设置　鸡饲槽、水槽的设置高度一般应使槽上缘与鸡背同高;猪、牛的饲槽和水槽底可与地面同高或稍高于地面;猪用饮水器距地面的高度,仔猪为 10～15 cm;育成猪 25～35 cm,肥猪 30～40 cm,成年母猪 45～55 cm,成年公猪 50～60 cm。将饮水器装成与水平呈 45°～60°,则距地面高 10～15 cm 即可供各种年龄的猪使用。

(3)隔栏(墙)的设置　平养成年鸡舍隔栏高度一般不应低于 2.5 m,用铁丝网或竹竿制做;猪栏高度一般为:哺乳仔猪 0.4～0.5 m,育成猪 0.6～0.8 m,育肥猪 0.8～1.0 m,空怀母猪 1.0～1.1 m,怀孕后期及哺乳母猪 0.8～1.0 m,公猪 1.3 m;成年母牛隔栏高度为 1.3～1.5 m。

三、设计图的种类及内容

(一)总平面图

总平面图是牧场全场地形地势、道路、绿化、建筑物等的水平投影。它表达了房舍的种类、数量、形状、大小及位置、朝向和相互关系;也表示出场区界线、道路及绿化布置等。总平面图不仅可以指导房舍施工,布置道路、绿化,而且可据此绘出各工种需要的总平面图,如给排水、采暖及电气管线总平面图。此外,总平图上一般都标有图例、说明、南北线、主风向、等高线和比例尺等。

(二)立面图

立面图是说明房舍外观的建筑图。立面图一般表示:房舍的样式及外部结构;门、窗及通风口的位置、形状和数量;墙面及屋面所用的建筑材料;各部分的高度尺寸,如舍内外地坪、窗台、檐口及屋顶等。

(三)平面图

表示房舍平面形状的尺寸(如房舍总长度、跨度);墙厚;门窗的位置、宽度、开启方向;房舍内部各种设备和设施的形状、位置、尺寸;地面的标高、坡度;门前的台阶和坡道的形状、位置和尺寸;表示剖面图的剖切位置线。

(四)剖面图

畜禽舍剖面图主要表示畜禽舍的内部结构、构造形式及内部设施和设备的高度尺寸,以及在跨度方向上的位置和尺寸;畜禽舍某些结构构件的材料、厚度和做法(如屋顶、吊顶、墙身、地面等);地面标高及坡度等。

【学习要求】

识记:地基、基础、畜床、天棚、开放式畜禽舍、半开放式畜禽舍、密闭式畜禽舍、总平面图、平面图、立面图、剖面图。

理解:畜禽场场址选择方法;场区的规划布局;场内公共卫生设施设计要求;畜禽舍各部结构的建筑要求;各类畜禽舍的特征及适用范围;畜禽舍设计的方法与步骤。畜禽舍设计图的种类及内容。

应用:能够综合考虑选择适宜的畜禽场场址并进行合理规划布局;能够根据实际情况选择适宜的畜禽舍类型;能看懂畜禽场总平面图;能够初步设计畜禽舍平面图、剖面图及立面图。

【信息链接】

1. NY/T 682—2003《畜禽场场区设计技术规范》。
2. NY/T 1568—2007《标准化规模养猪场建设规范》。
3. NY/T 5027—2008《无公害食品　畜禽饮用水水质》。

项目七 畜禽舍环境调控

【学习目标】

● 了解温度、湿度、通风换气、光照、空气质量对畜禽的影响；掌握畜禽舍温度、湿度、通风换气、光照、空气质量调控的方法。

【学习内容】

任务1 温度调控

一、畜禽的等热区、舒适区和临界温度

(一)等热区

等热区指恒温畜禽主要依靠物理调节(体表血管的舒张，被毛的变化，汗腺分泌量的增减)维持体温正常的环境温度范围。当外界气温下降时，机体首先减少体热散失，以免体温下降。这时，体表血管收缩，被毛竖立，汗腺分泌减少，这就是物理性调节。如果外界气温继续下降，仅靠物理性调节已不能维持正常体温时，机体将增强代谢，体热产生增加，此即化学性调节。各类畜禽等热区见表3-5。

表3-5 各种畜禽的等热区 ℃

畜禽种类	等热区	畜禽种类	等热区
牛	10～15	犬	15～25
猪	20～23	鸡	13～20
羊	10～20	兔	15～25

(二)临界温度、过高温度和舒适区

(1)临界温度　等热区的下限温度,是在无风、无太阳辐射、湿度适宜的条件下测定的。

(2)过高温度　等热区的上限温度。畜禽在低于临界温度或超出过高温度的环境中,除了物理性调节外,还必须依靠增强物质能量代谢即化学性调节来维持体温的恒定。

(3)舒适区　是等热区内的小温度范围,该温度范围内畜体单位时间内的代谢产热量刚好等于散热量,不需要物理调节而能维持体温正常,畜禽最为舒适。

(三)等热区和临界温度对生产实践的意义

各种畜禽在其等热区内,代谢率低,产热量少,饲料利用率、生产性能和抗病力均较高,饲养畜禽经济效益高,利润大。根据畜禽的种类、年龄、体重、生产力和被毛状态,制订不同的管理方案,让畜禽尽可能地在等热区生活或生产畜产品。同时,等热区给畜禽舍建造的热工设计提供了科学依据。

二、空气温度对畜禽的影响

(一)气温对畜禽热调节的影响

1. 高温对畜体的不良作用

如果气温持续升高或持续高温,造成体热散失受阻,体温升高,体内氧化作用加强,引起蛋白质和脂肪很快分解,产热量增加。

(1)体温调节机能　高温导致体温调节障碍,机体内蓄热,体温升高。通常可根据在炎热环境中体温升高的幅度,作为评定畜禽耐热性的指标。畜禽中以绵羊的耐热能力最强,牛和猪较差。

(2)呼吸系统和循环系统　高温时畜禽呼吸变浅,频率增加,进而出现热性喘息,畜禽张口伸舌,唾沫直流。由于从体表和呼吸道蒸发了大量水分,血液浓缩;因高温使皮肤血管扩张,末梢循环血量增大,从而血液发生重新分布,内脏贫血而周围血管充血,心跳加快而每跳输出血量减少,均使心脏负担加重,更严重者造成心力衰竭。

(3)消化系统　畜禽大量出汗而使得氯化物含量减少,造成胃酸所必需的氯离子含量减少,加上大量的饮水使胃酸稀释,导致胃液酸度降低,胃蠕动减弱,造成食欲减退、消化不良及其胃肠道疾病增多。由于采食量减少,饲料消化率降低,往往成为高温时期产奶量下降和饲料利用率、增重率下降的主要原因。

(4)泌尿系统与神经系统　在高温的情况下,机体大量的水分将通过体表及呼吸道排出,经肾脏排出的水分大大减少,同时脑垂体受高温的影响,加强了抗利尿激素的分泌,使肾脏对水分的重吸收能力加强,造成尿液浓缩,甚至出现蛋白尿、血尿(红细胞)等现象。高温可抑制中枢神经系统的运动区,出现神经麻痹症:动作的准确性、协调性和反应速度降低,即运动失调。

(5)繁殖机能　高温会引起公畜睾丸的温度升高,是造成繁殖力下降的主要原因。在一般气温条件下,哺乳畜禽睾丸的温度比体温低 4～7℃,这是最有利于精子生成的温度;但在高温

和高湿的环境中，当睾丸温度上升到36℃以上，引起生殖上皮变性，在曲精细管和附睾中的精子也会受到伤害。高温对母畜来说，其不良影响主要是在配种后，胚胎着床于子宫前的若干天内，引起胚胎死亡。妊娠期高温会引起初生仔畜体形变小，生活力下降，死亡率上升。

2. 低温对畜禽的不良影响

畜禽对低温的适应能力要比对高温强得多。只要有充足的饲料供应，畜禽有自由活动的机会，在一定的低温条件下，仍能保持热平衡，维持恒定的体温。但在突然短时间的低温刺激下，则畜禽开始颤抖，产热量甚至可超过散热量，而使体温稍有升高。

(1)对畜禽全身的影响　温度过低，持续时间太长，畜禽加强代谢产热仍不能满足散热需要，将引起体温持续下降，代谢率也随之下降。体温下降使中枢神经系统受到抑制，神经的传导性发生障碍，使机体对各种刺激的反应性降低，血压下降，呼吸变慢、减弱，心跳减弱，脉搏迟缓，嗜睡。体内抗体的形成和白细胞的吞噬作用减弱。呼吸道黏膜受到破坏，细菌容易入侵而导致肺炎。最后可因呼吸及心血管中枢麻痹而死亡(冻死)。尤其是新生畜禽，由于体温调节机能发育尚未完善，低温的不良影响更大。各种畜禽对低温的忍受力不同，哺乳畜不如鸟类耐低温。畜禽能维持1 h体温正常的最低气温：兔－45℃，火鸡－40℃，鹅－90℃，鸭－100℃。

(2)低温引起局部组织冻伤　在低温又有寒风，而且湿度较大的环境下，畜禽体表被毛稀少的部位(如猪尾和耳朵，母牛的乳房，公牛的阴囊等)和下肢部分均易发生冻伤。在生产实践中，当畜禽突然受到暴风雨的侵袭，或在劳役出汗后系留在寒风下，或不慎失足落入冰水中，以及在冬季施行药浴时受寒等，都会引起感冒性疾患。

(二)气温对畜禽生产力的影响

1. 气温对肥育性能的影响

畜禽处于炎热或寒冷的条件下，生产率均下降。任何情况下维持能量需要的增加都将使用于生产的能量减少。在寒冷环境中，畜禽进食量增加而日粮的消化率降低，且脂肪沉积较少，增重速度变慢。在炎热环境下，畜禽进食量减少。猪适宜环境温度为15～25℃。雏鸡生长的适宜温度随着日龄的增加而下降，1日龄为34.5～35℃，以后每天降低0.5℃左右，直至18日龄为26.7℃，32日龄为18.9℃。

2. 气温对产蛋与蛋品质的影响

过高、过低温度对蛋鸡的生产性能均有影响。温度过高，产蛋率下降，蛋形变小，蛋壳变薄、变脆、表面粗糙；温度过低，亦会使产蛋量下降，但蛋较大，蛋壳质量不受影响。

3. 气温对产奶性能的影响

奶牛在14℃时产奶量较高。高温或低温降低产奶量和饲料利用率。欧洲品种的奶牛在高温季节时，其产奶量显著下降，荷斯坦牛的下降幅度和速度都比娟姗牛大。高产奶牛产奶量和采食量的下降幅度比低产奶牛要大。温度对产奶量的影响机理与温度对生长的影响相同，即主要由于进食量减少，饲料利用率降低，从而导致产奶量下降。

4. 气温对生殖力的影响

(1)公畜　在高温条件下，公畜性欲降低，精子活力下降，繁殖力下降。

(2)母畜　高温时，母畜体温升高，使得生殖道过热，不利于受精卵的发育和附植；因为高温提高了外周血流量，减少子宫血流量，使胚胎所需养分、氧和水分的来源不足；内分泌失调：雌激素分泌下降，催乳素分泌增加，同时，甲状腺素分泌减少。高温能缩短母牛的发情持续期，并使发情不明显，并降低母畜的受胎率和产仔数。全年中以 8 月受胎率最低，为 58%；3 月最高，为 86%。母禽产蛋的受精率与产蛋量的季节性变化相似，以春季最高，夏季下降。气温过高、过低还会影响种蛋的孵化率。

三、温度控制措施

(一)防暑降温措施

1. 加强畜禽舍外围护结构的隔热性能

外围护结构性能好，可以有效防止或削弱高温与太阳辐射对舍温的影响。

(1)屋顶隔热设计措施　选用导热性能小的材料作屋顶。如果经济条件许可，屋顶利用导热性不同的三层材料做成。屋面的最下层铺设导热性差的材料，如木头、向日葵秆或木板等木料结构；中间层为蓄热性强的材料，如稻草、麦草等；最上层(北方地区)用导热性小的材料，如瓦，而南方地区用导热性强的材料。对于有天棚的畜禽舍，保证由顶棚和屋顶所构成的空间的严密性，减少太阳辐射。要求用浅色、外表面光平的屋面，增强其反射能力，减少太阳辐射热。

(2)合理选择建筑材料，加强墙壁的隔热性能　南方炎热地区多采用开放舍或半开放舍，墙壁的隔热没有实际意义。北方地区，要考虑夏季防暑和冬季保温，墙壁必须具备足够的隔热性能。现行的组装式畜禽舍，冬季组装成保温封闭舍，夏季可拆卸成半开放舍，冬、夏两用。

2. 加强舍内的通风换气

夏季炎热地区，舍内外温差很小，中午前后，舍外气温甚至高于舍内，因此，加强通风的目的主要不在于降低舍温，而在于促进畜体蒸发和对流散热。通风换气的效果决定于进排风口的面积、进排风口之间的垂直距离和舍内外温差。在自然通风系统中，应设置地窗、天窗、通风屋脊、屋顶风管等(图 3-4)，这是加强畜禽舍通风的有效措施。

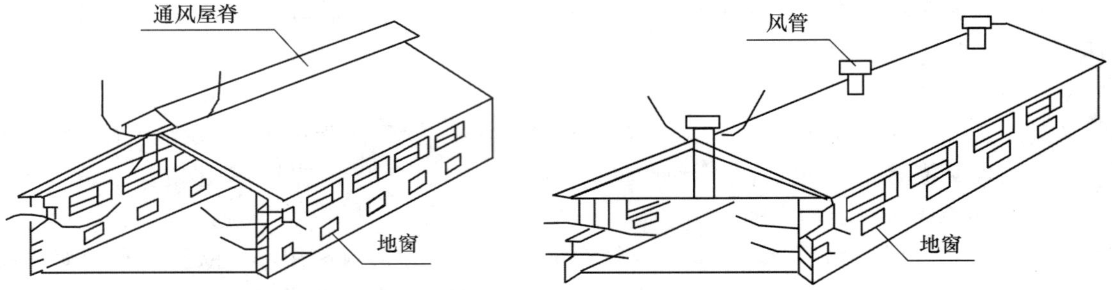

图 3-4　地窗、通风屋脊及屋顶

3. 实行遮阳与绿化

(1)遮阳　用垂直挡板阻挡由窗口两侧射来的阳光，适于西向、东向和接近这个朝向的窗口；用水平挡板阻挡由窗口上方射来的阳光，适于南向及接近南向的窗口；可用水平挡板和用垂直挡板共同阻挡阳光的方法，也可加长畜禽舍挑檐、挂竹帘、搭凉棚以及种草种树和搭架种植攀缘植物等绿化措施。

(2)绿化 通过植物的蒸腾作用和光合作用,吸收太阳辐射热以降低气温;植物根部的水分从地面吸取大量热能而达到降温的目的,并通过树木遮阳阻挡住阳光透入舍内,降低了舍内气温。同时,绿化还有减少空气中尘埃和微生物、削弱噪声的作用。

4. 采取人工降温

(1)喷雾降温 在往畜禽舍送风之前,用畜禽舍专用高压喷雾机将低温的水喷成雾状,兼有喷雾降温和消毒的作用。水温越低,降温效果越好;空气越干燥,降温效果也越好。

(2)蒸发垫降温 用吸水性好且透风的麻布、刨花或专用蜂窝状纸等制作成蒸发垫,将蒸发垫置于机械通风的进风口,往蒸发垫上淋水,气流通过时,水分蒸发吸热,降低进舍气流的温度。对于喷雾降温和蒸发垫降温,均能引起舍内湿度增加,反过来又阻止了畜禽的蒸发散热。

(3)喷淋畜禽体表降温 在不造成畜禽疾病的前提下,给畜禽体表喷淋降温。

(4)干式降温 热空气进入畜禽舍时先经过固体制冷物质(冰或干冰)降温后再进入畜禽舍,达到降温的目的,但代价太高,且舍内湿度增加太快。

(二)防寒取暖措施

1. 合理选择畜禽舍形式、走向

畜禽舍以东西走向、面南背北为好。严寒地区宜选择有窗或无窗封闭式;冬冷夏热的北方地区的成年畜禽舍可选用半开放式,冬季必须在开放部分搭设塑料棚或设塑料薄膜窗保温,有条件时,可在开放部分设置玻璃窗,兼有采光和通风换气的作用。

2. 加强畜禽舍屋顶、天棚、墙壁及地面的保温隔热设计

加强屋顶和顶棚构成的空气缓冲层的严密性,顶棚上铺设足够的保温材料(炉灰、锯末、刨花、玻璃棉、矿棉);有条件时,可在墙壁内表面喷涂保温材料,提高墙壁的保温性能;铺设保温性能好的地面;设计双层窗、单框双层玻璃窗或临时加塑料薄膜、窗帘;对受冬季主导风和冷风影响大的北墙和西墙进行加厚保温。

3. 人工供暖

(1)集中供暖 由一个热源(如锅炉房)将热媒介物(热水、蒸汽或热空气)通过管道送至各房舍的散热器(暖气片等);其特点是设备投资和能源消耗都较大。

(2)局部供暖 在需要升温的房舍或地点设置火炉、火炕、火墙、烟道以及保温伞、热风机等。其特点为设备投资和能源消耗都较小,供暖空间有限。如初生仔猪在产床上设有保温箱,保温箱内挂有保温灯,可以给仔猪供暖;雏鸡在出生的前一周,要求有 32~34℃的环境温度,采用红外线灯、电热板或保温伞采暖,这样既节约设备投资和能源消耗,又便于控制局部温度,以后随日龄增加而逐步降低,1 月龄时要求降至 20~25℃。

4. 加强防寒管理

(1)适当加大舍内饲养密度,等于增加热源。

(2)要合理设计舍内的排水渠道,及时清除粪尿、污水,尽量避免舍内过度潮湿。

(3)铺设垫草垫料,有利于温、湿度控制。

(4)入冬前,搞好畜禽舍的维修保养工作。包括封门,封窗,设置挡风屏障,粉刷,抹墙等,它对畜禽舍防寒保温有不可低估的作用。

任务2　湿度调控

一、空气湿度对畜禽的影响

(一)空气湿度表示指标

(1)湿度　某一环境中，空气潮湿程度的物理量。

(2)绝对湿度　单位体积空气中所含水汽的质量，单位为 g/m^3 或 g/cm^3。它直接表示空气中水汽的绝对含量。空气中水汽含量越多，绝对湿度越大。

(3)相对湿度　空气中实际水汽压与同温条件下饱和水汽压之比，以百分率表示。

$$相对湿度=\frac{实际水汽压}{饱和水汽压}\times 100\%$$

在一定温度下，实际水汽压与饱和水汽压之间的差距，是一个常用的指标。相对湿度越小，表明当时空气离饱和度越远；相对湿度接近100%时，说明当时空气接近饱和。

(4)饱和差　一定温度条件下的饱和水汽压与同温度下的实际水汽压之差(始终为正值)。饱和差越大，实际水汽压越小，空气越干燥；饱和差越小，实际水汽压越大，空气越潮湿。饱和差为零时，空气中水汽含量最高，水汽压最大，此时的空气为饱和空气。

(5)露点　达到饱和空气或饱和水汽压时的环境温度，单位为℃。空气中水汽含量越多，所对应的饱和水汽压越高，露点越高，否则反之。

(二)空气湿度对热调节的影响

一般温条件下，空气湿度对畜体的热调节几乎无影响。但在高温或低温环境中，空气湿度对畜禽的热调节有密切的关系，主要影响畜体的散热过程。

1. 高温时，湿度对蒸发散热的影响

随着蒸发散热过程的进行，畜体皮肤表面的水分逐渐进入空气中，使空气的湿度(水汽压)逐渐增加，畜体蒸发面湿度(水汽压)与空气湿度(水汽压)之差减小，则蒸发散热速度也减少，因而在高温、高湿的环境中，畜体蒸发散热减弱，使畜禽患热射病。

2. 低温时，湿度对非蒸发散热的影响

由于潮湿空气的导热性和容热量都比干燥空气大，潮湿空气又善于吸收畜体的长波辐射热。此外，在高湿环境中，畜禽的被毛和皮肤的湿度也增加，提高了被毛和皮肤的导热性。所以在低温高湿的环境中，非蒸发散热量显著增加，使畜禽感到更冷。

总之，无论气温高低，高湿对于畜禽的热调节都是不利的，而低湿则可减轻高温和低温的不良作用。

3. 空气湿度与热平衡

在低温环境中，畜禽可提高代谢率以维持热恒定，一般湿度高低对体温没有影响，但在高温时，由于高湿抑制蒸发散热，可引起体温更进一步上升，易使畜禽患热射病。据试验，在-1.1～4.4℃的低温中，相对湿度在47%～91%的范围内，牛的体温都正常；但在23.9～37.8℃的高温中，湿度升高，欧洲牛的体温在23.9℃时已开始上升，可是对印度瘤牛没有影响，表明瘤牛既耐高温，又耐高湿。由表3-6可知，泌乳荷斯坦牛在气温26.7℃以上的高湿中，体温迅速上升，总消化养分消耗量明显下降。

表3-6 湿度对泌乳荷斯坦牛热平衡和饲料消耗的影响

温度/℃	相对湿度/%	体温变化/℃	总消化养分消耗量变化/(kg/d)
26.7	30	+0.1	-0.24
26.7	80	+0.6	-0.67
32.2	20	+0.5	-0.56
32.2	40	+1.3	-1.86

据试验，在35℃的高温中，相对湿度自57%升高到78%，公羊的体温升高0.6℃，睾丸温度升高1.2℃，可见湿度升高，显著抑制阴囊皮肤的蒸发。气温在29.4℃以下，相对湿度对母鸡的体温没有影响。在32.2℃时，相对湿度超过55%，体温开始上升。

(三)空气湿度对健康的影响

1. 高湿环境下对畜禽健康产生的影响

(1)有利于病原性真菌、细菌和寄生虫的生长繁殖，从而使畜禽易患螨病、湿疹等皮肤病，高湿还有利于秃毛癣菌丝的生长繁殖，使其在畜群中发生和蔓延。

(2)在高湿的环境下，机体的抵抗力减弱，发病率增加，易引起传染病的蔓延；机体的病程较长，死亡率上升。

(3)高温、高湿还易造成饲料、垫料的霉败，可使雏鸡群暴发曲霉菌病。高湿还有利于球虫病的传播。

(4)在低温高湿的条件下，畜禽易患各种呼吸道疾病、消化道疾病，易患感冒、神经炎、风湿症、关节炎和肌肉炎等。

(5)在温度适宜或偏高的环境中，较高湿度有利于灰尘下沉，使空气较为干净，对防止和控制呼吸道感染有利，肺炎的发生率也下降。

2. 低湿环境下对畜禽健康产生的影响

(1)高温低湿的空气能加快畜禽薄弱皮肤和裸露黏膜(眼、口、唇、鼻黏膜等)的水分过度蒸发，造成局部干裂，降低了皮肤、黏膜对病原微生物的抵抗能力。

(2)湿度过低，造成家禽羽毛生长不良，而且会使同栏家禽产生相互啄癖。

(四)空气湿度对生产力的影响

(1)生殖　据试验，在7～8月份平均最高气温超过35℃时，牛的繁殖率与相对湿度为明显的负相关，到9月份和10月初，气温下降至35℃以下时，高湿对繁殖率的影响很小。

(2)产奶量和奶的组成　气温在24℃以下，湿度的高低对牛的产奶量、奶的组成，饲料和水的消耗以及体重等均无影响。但若在此温度以上，相对湿度升高时，荷斯坦奶牛、娟姗牛等的产奶量和采食量都下降，当温度下降到18.3℃时，采食量又迅速恢复。产奶量下降的同时，乳脂率也降低，在气温26.7℃，相对湿度80%，或气温32.2℃，相对湿度50%时，均会使非脂固形物的含量显著下降。但湿度对乳糖含量的影响很小。

(3)产蛋量　在适宜温度和低温条件下，空气相对湿度对产蛋量无显著影响，但在高温环境中，产蛋鸡所能耐受的最高温度，随湿度的增加而下降。如相对湿度30%、50%、75%时，产蛋鸡的上限温度分别为33℃、31℃、28℃。这三种环境对鸡产蛋影响相同，即相对湿度自30%升高到75%，相对于产蛋鸡耐受的最高温度下降5℃。

(4)猪的生长肥育　一般认为，气温在15～25℃，相对湿度在50%～80%，对猪的育肥效果好。

二、湿度的控制

(一)适宜湿度范围

生产中畜禽舍湿度调控主要通过合理设计畜禽舍排污系统以及加强畜禽舍日常的防潮管理等来实现。各类畜禽舍适宜湿度见表3-7。

表3-7　各类畜禽舍适宜湿度范围

畜禽舍类型	适宜的湿度范围	畜禽舍类型	适宜的湿度范围
成猪舍、后备猪舍	65%～75%	鸡舍	60%～75%
混合猪舍、肥猪舍	75%～80%	绵羊舍	80%
成年牛舍、育成牛舍	85%	产羔间	75%
犊牛舍、分娩舍、公牛舍	75%		

(二)合理设置排污系统

1. 畜床设计

畜床是畜舍内家畜躺卧休息、采食、饮水的地方。畜床应高出粪沟5～10 cm，为使尿水顺利排出，畜床向排尿沟方向应有适宜的坡度，牛舍为1%～1.5%，猪舍为3%～4%。

2. 排尿沟设计

排尿沟功能是承接和排出畜床流出的粪尿和污水。

(1)位置确定　对头式畜禽舍，一般设在畜床的后端，紧靠除粪道，与除粪道平行；对尾式畜禽舍，一般设在中央通道(除粪道)的两侧。猪舍中妊娠舍的排尿沟多设于中央，而育肥舍的排尿沟位于舍外。

(2)建筑要求　排尿沟一般用水泥砌成，内表面光滑不漏水，便于清扫及消毒，形式为方形或半圆形的明沟，且朝降口方向有1%～1.5%的坡度，沟深为8～12 cm，宽为13～15 cm。

3. 降口(水漏)、沉淀池和水封设计

(1)降口　是排尿沟与地下排出管的衔接部分。通常位于畜禽舍的中段。为了防止粪草落入堵塞，上面应有铁箅子，铁箅子应与排尿沟同高。

(2)沉淀池　在降口下部,排出管口以下形成的一个深入地下的延伸部。畜禽舍的弃水中多混有固体物,随水冲入降口,如果不设沉淀池,则易堵塞地下排出管(图 3-5)。

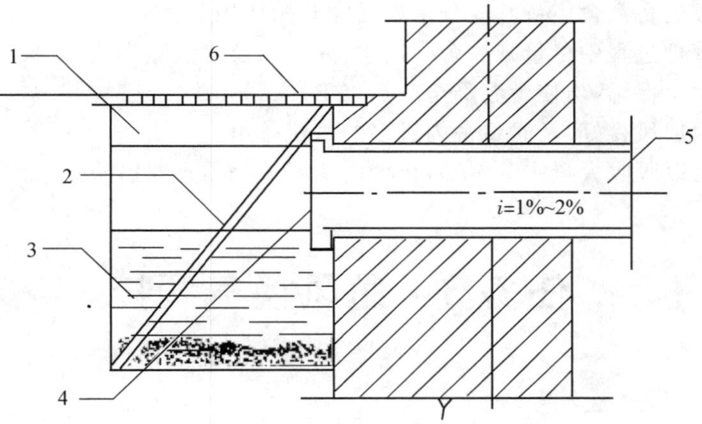

图 3-5　畜舍排水系统的沉淀池和排出管

1.通长地沟　2.铁板水封　3.沉淀池　4.可更换的铁网　5.排出管　6.铁箅子

(3)水封　在降口内应设水封,因排出管口以下沉淀池内始终有水,可以防止粪水池中的臭气经地下排出管逆流进入舍内。水封是用一块板子斜向插入降口沉淀池内,让流入降口的粪水顺板流下先进入沉淀池临时沉淀,再让上清液部分由排出管流入粪水池的设施。

4. 地下排出管设计

地下排出管向粪水池也有 3%～5%的坡度。在寒冷地区,对排出管的舍外部分应采取防冻措施,以免管中液体结冰。如果地下排出管自畜禽舍外墙至粪水池的距离大于 5 m 时,应在墙外设一检查井,以便在管道堵塞时进行疏通。

5. 粪水池

一般设在舍外地势较低处,且在运动场相反的一侧,距离舍外墙 5 m 以上。粪水池的容积和数量可根据舍内畜禽种类、头数、舍饲期长短及粪水存放时间来定。一般按贮积 20～30 d,容积 20～30 m^3 来修建。粪水池一定要离开饮水井 100 m 以外。粪水池及检查井均应设水封。

现代畜禽舍也采用漏缝地板式、水冲清粪的排水系统,畜禽舍的排水系统一般与清粪设施配套。由三部分组成,一是漏缝地板,在地板上留出很多缝隙,粪尿落到地板上,液体部分从缝隙流入地板下的粪沟,固体部分被畜禽从缝隙踩踏下去,少量残粪人工用水略加冲洗清理。这与传统式清粪方式相比,可大大节省人工,提高劳动生产效率。二是粪尿沟,位于漏缝地板的下方,用以贮存由漏缝地板落下的粪尿,随时或定期清除。宽度一般为 0.8～2 m,深度一般为 0.7～0.8 m,向粪水池方向具有一定的坡度 3%～5%。三是粪水池。

畜禽舍漏缝地板分为部分漏缝地板和全部漏缝地板两种形式,它们可用钢筋水泥或金属、硬质塑料制作。

对于畜禽舍的排水系统必须经常进行护理,以防止堵塞,同时经常清除尿沟内的粪草;定期用水冲洗及清除降口中的沉淀物。为防止粪水池过满一定要按时清掏。

(三)防潮管理

(1)科学选择场址,把畜禽舍修建在高燥地方;畜禽舍的墙基和地面应设防潮层。
(2)对已建成的畜禽舍应待其充分干燥后才开始使用。
(3)在饲养管理过程中尽量减少舍内用水,并力求及时清除粪便,以减少水分蒸发。
(4)加强畜禽舍保温,勿使舍温降至露点以下。
(5)保持舍内通风良好,及时将舍内过多的水汽排出。
(6)铺垫草可以吸收大量水分,是防止舍内潮湿的一项重要措施。

任务3 通风换气调控

一、气流对畜禽的影响

(一)对热调节的影响

1. 气流对蒸发散热的影响

(1)适宜温度时　当畜禽产热量不变,风速增大,皮肤蒸发散热量反而减少,呼吸道蒸发散热量增加。因为增大风速会提高对流散热量,降低皮肤温度及其表面水汽含量,降低了空气水汽压与皮肤水汽压的差距,从而降低了皮肤的蒸发散热量;当畜禽产热量增加,畜禽为了维持体温的相对稳定,风速增大,蒸发散热量也增加。

(2)低温时　因风速增大,畜禽为了维持体温的相对稳定,会增加运动量,同时提高物质能量代谢速度,一部分用于补偿散失的热量,同时由于运动而使得体表血管的扩张,血液循环加强,部分热量随血液到达体表,并且血管中的水分到达体表使得皮肤表面的湿度增加,加上风速增加,进而蒸发散热量增加。

(3)高温时　畜禽主要采取蒸发散热,故风速增大,蒸发散热量增加。

2. 气流对非蒸发散热的影响

增加气流湿度及气流速度,同时降低气温,机体的非蒸发散热量会增加,畜禽会感更冷。即低温、高湿且有风的天气最寒冷。

3. 气流对产热量及热平衡的影响

在适温和高温时,增大风速,对产热量几乎没有影响;在低温且有风的天气时,增大风速能明显加大产热量。在极端高温的天气条件下,对汗腺机能不发达的畜禽(如猪),加强通风换气是没有效果的,除非先把皮肤淋湿。但在低温条件下,增大风速有显著的降温作用。如果畜禽长期处在低温和有风的寒冷环境中,采食量无法按代谢率提高,则畜禽很难存活下去。

(二)对生产性能的影响

1. 生长和肥育

气流对猪的肥育性能的影响,取决于气温,即在低温环境中增大风速,畜禽要增加物质能量代谢，增加产热量即增加维持代谢而降低生产性能。例如，仔猪在低于下限临界温度（18℃）的气温中，风速由 0 增加到 0.5 m/s，生长率和饲料利用率分别下降 15%和 25%；在高温环境中增大气流会增加采食量和生产性能。例如，在 31℃高温中，加大风速提高其采食量和生长率。增大风速也能显著提高牛增重和饲料利用率（表 3-8）。在高温环境中，增加气流速度，可提高畜禽生长和肥育速度。

表 3-8　风速对牛增重的影响

（引自郑翠芝主编《畜禽场设计及畜禽舍环境调控》，2012）

项目	夏季			
	（平均气温 32.4℃，相对湿度 40%）		（平均气温 31.3℃，相对湿度 36%）	
	平均风速/(m/s)			
	0.28	1.58	0.28	1.56
平均日增重/kg	0.64	1.06	0.85	1.09
平均日耗料/kg	7.81	9.73	8.35	8.72

2. 产蛋性能

在低温环境中，增加气流速度，可使蛋鸡产蛋率下降（表 3-9）；在高温环境中，增加气流，可提高产蛋率。

表 3-9　低温时风速对蛋鸡生产性能的影响

（引自郑翠芝主编《畜禽场设计及畜禽舍环境调控》，2012）

平均气温/℃	风速/(m/s)	采食量/(g/d)	产蛋率/%	平均蛋重/(g/个)	日平均产蛋重/(g/d)	料蛋比
0.24	0.25	121	76.7	64.5	49.4	2.46∶1
	0.50	115	64.8	61.7	40.1	2.87∶1
12.4	0.25	111	79.7	64.6	51.5	2.16∶1
	0.50	120	76.5	65.5	50.1	2.40∶1

3. 产奶量

在适宜温度条件下，风速对奶牛产奶量无显著影响。例如，气温在 26.7℃以下、相对湿度为 65%时，风速为 2～4.5 m/s，对欧洲牛及印度牛的产乳量、饲料消耗和体重都没有影响；但在高温环境中，增大风速，可减小高温对奶牛产奶量的影响。例如，与适宜温度相比较，在 29.4℃高温环境中，当风速为 0.2 m/s 时，产奶量下降 10%；但当风速增大到 2.2～4.5 m/s，奶牛产乳量可恢复到原来水平。

二、畜禽舍气流速度标准

畜禽舍内的气流速度，可以说明畜禽舍的换气程度。若气流速度为 0.01～0.05 m/s，说明畜禽舍内通风换气不良；在冬季，畜禽舍内气流大于 0.4 m/s，对保温不利。在寒冷季节，为避免冷空气大量流入，气流速度应为 0.1～0.2 m/s，最高不超过 0.25 m/s；在炎热的夏季，应当尽量加大气流或用风扇、风机加强通风，速度一般要求不低于 1 m/s。通风在一定程度上能够起到降温的作用，但过高的气流速度与畜禽体表间的摩擦而使畜禽感到不舒适，因此，畜禽舍夏季机械通风的风速不应超过 2 m/s。

三、通风换气控制

无论在任何季节，畜禽舍都应保持适宜的气流。它直接影响舍内的温度、湿度和空气质量。通风换气是畜禽舍环境调控的主要手段之一，对于集约化、规模化养殖场，通风技术尤为重要。畜禽舍气流的调控措施主要是确定适宜的通风换气量，设计合理的通风系统以及选择适宜的通风系统形式。

(一)通风换气量的计算

通风换气量的确定，可以根据排除舍内多余水汽或二氧化碳的要求进行计算，但通常是根据畜禽通风换气参数来确定。通风换气参数是畜禽舍通风设计的主要依据。近年来，一些国家为各种畜禽制订了通风换气量技术参数，从而为畜禽舍通风系统的设计提供了方便。表 3-10、表 3-11 和表 3-12 给出了一些通风换气量的技术指标，供参考。

表 3-10　鸡舍通风换气参数　　$m^3/(h\cdot只)$

鸡舍种类	体重/kg	温和(27℃)	炎热(＞27℃)	寒冷(＜27℃)
雏鸡	—	5.6	7.5	3.75
后备母鸡	1.15～1.18	5.6	7.5	3.75
蛋鸡	1.32～2.25	7.5	9.35	5.6
肉用仔鸡	1.35～1.8	3.75	5.6	3.75
肉用种鸡	3.15～4.5	7.5	9.35	5.6

表 3-11　猪舍通风换气参数　　$m^3/(h\cdot头)$

猪舍种类	体重/kg	冬季		夏季
		最低	正常	
母猪(带仔)	1～9	36	132	354
	9～18	2.4	18	60
商品肉猪	18～45	4.2	18	78
	45～68	4.2	24	120
	68～91	5.4	30	138
母猪	100～113	3.6	36	204
	115～136	4.8	42	306
种公猪	136 以上	6.6	48	420

表 3-12　牛舍通风换气参数　　$m^3/(h·头)$

畜舍种类	体重/kg	冬季	夏季
肉用母牛	454	168	342
去势公牛(漏粪地板)	454	126～138	852
乳用母牛	454	168	342
绵羊	按单只计	38～42	66～84
肥育羔羊	按单只计	18	39
马	454	102	270

根据畜禽的通风换气参数与饲养规模,可计算出畜禽舍通风换气量,其公式为:

$$L=1.1\times K\cdot m$$

式中:L 为畜禽舍通风换气量(m^3/h);K 为通风换气参数[$m^3/(h·头)$];m 为畜禽数量(头或只);1.1 为按 10%的通风短路估测通风总量损失。

在生产中,以夏季通风量为畜禽舍最大通风量,冬季通风量为畜禽舍最小通风量。畜禽舍采用自然通风系统时,在夏季通风参数为依据确定通风口面积;采用机械通风时,在最热时期,应尽可能排除热量,并能在畜禽周围造成一个舒适的气流环境,根据最大通风量(夏季通风参数)确定总的风机风量。

(二)自然通风设计

畜禽舍自然通风又分无管道(通风窗户)与有管道两种形式。自然通风设计的主要目的在于确定进排气口的面积。

1. 设计原理

以热压通风来确定进排气口的面积。

2. 面积确定

(1)排气口总面积　根据空气平衡方程 $L=3\ 600FV$ 导出

$$F=L/3\ 600V$$

式中:V 为排气管中的风速(m/s),它区别于舍内气流速度,可用风速计直接测定或按下列公式计算。

$$V(\text{m/s})=\mu\sqrt{2gH(T_n-T_w)/(273+T_w)}$$

式中:H 为进风口和排风口的垂直距离(m);μ 为排气口阻力系数,取 0.5;g 为重力加速度 9.8(m/s^2);T_n、T_w 分别为舍内、外通风计算温度(℃);273 为相当于 0℃的热力学温度(K)。

由上述两公式,可以计算出排气口截面积。每个排气管的截面积一般采用 50 cm×50 cm～70 cm×70 cm 的正方形。

(2)进气口的面积　按排气口面积的 70%～75%设计。每个进气管的面积为 20 cm×20 cm～25 cm×25 cm 的正方形或矩形。理论上讲,排气口面积应与进气口面积相等。但通风门窗缝隙或畜禽舍不严以及门窗启闭时,会有一部分空气进入舍内。用于计算设计方案或评价已建成畜禽舍的通风量能否满足要求，也可根据所需通风量计算排风口面积。

3. 通风管的构造及安装

(1)进气管　木板做成的断面呈正方形或矩形结构，均匀(一侧)或交错(两侧)安装在纵墙上，距墙基 10～15 cm 处，彼此间的距离为 2～4 m，墙外进气口向下弯有利于避免形成穿堂风或冬季冷空气直接吹向畜体，进气口设有铁网，墙里侧设有调节板以控制风量大小。

(2)排气管　木板做成，截面为正方形，管壁光滑、不漏气、保温。常设置在屋脊正中或其两侧并交错，下端从天棚开始，紧贴天棚设有调节板以控制风量，上端突出屋脊 50～70 cm，排气管间的距离在 8～12 m，在排气管顶部设有风帽，可以防止降水或降雪落入舍内，同时能加强通风换气效果。

在北方地区，为防止水汽在排气管壁表面凝结，在总面积不变的情况下，适当扩大每个排气管的面积而减少排气管的个数。自然通风花费少，但受自然风速影响大，只能用于小型养殖场。目前，大型现代化畜禽场普遍采用机械通风。

(三)机械通风设计

1. 机械通风的原则

机械通风设计时要做到风速均匀衡定，不宜出现强风区、弱风区和通风换气的死角区；畜禽舍内不宜安装高风速风机，且舍内冬夏季节通风风速应有较大差异；风机型号与通风要求相匹配，不宜采用大功率风机；进风口和排风口距离适当，防止通风短路；风机噪声小，有防腐、防尘和过压保险装置。

2. 通风类型

(1)负压通风　生产中常用的通风形式，把轴流式风机安装在排气口处，将舍内空气抽出舍外，造成舍内气压低于舍外，舍外空气由进风口自然流入。负压通风投资少，效率高，但要求畜禽舍封闭程度好，否则气流难以分布均匀，易造成贼风。根据风机安装的位置不同，将负压通风分为屋顶排风形式、侧壁排风形式和穿堂风式排风三种。

(2)正压通风　把离心式风机安装在进气口，通过管道将空气压入舍内，造成舍内气压高于舍外，舍内空气则由排风口自然流出。正压通风可对空气进行加热、降温或净化处理，但不易消灭通风死角，设备投资也较大。

(3)联合通风　进风口和排风口均使用风机，一般用于跨度很大的畜禽舍。

3. 机械通风设计(负压通风)

(1)确定负压通风的形式　畜禽舍跨度为 8～12 m 时，可一侧墙壁排风(装风机)而由对侧墙壁进风；跨度大于 12 m 时，宜采用两侧墙壁(装风机)排风，屋顶进风或相反。

(2)风机的选择　常用轴流式风机，特殊情况下用离心式风机。

(3)确定风机数量

$$风机个数 = 风机总功率 / 每个风机功率$$

常用的风机型号为：4～7 号风机(依据叶轮直径来确定：400～700 mm)，如：4 号风机风量为 42 m^3/min，6 号风机风量为 117 m^3/min。一般风机设于一侧纵墙上，按纵墙长度(值班室、饲料间不计)每 7～9 m 设一台。

4. 风机安装、管理与保养要求

(1)风机与风管壁间的距离保持适当，风管直径大于风机叶片直径 5～8 cm 为宜。

(2)风机不能安装在风管中央，应在里侧；外侧装有防尘罩，里侧装有安全罩。

(3)风机不能离门太近，防止通风短路。

(4)定期清洁除尘、加润滑剂；冬季防止结冰。

任务4 畜禽舍光照调控

一、光照与畜禽

(一)自然光照对畜禽的影响

自然光照来源于太阳辐射，是太阳以电磁波形式散发的能量，这些电磁波按人的视觉可分为三个主要区域，分别是紫外线、可见光及红外线。三类电磁波对畜禽产生不同影响。

1. 紫外线的生物学作用与应用

(1)杀菌作用　紫外线进行舍内空气或饮水的消毒，种蛋消毒，临床上用来消毒和治疗表面感染。不同细菌对紫外线具有不同的敏感性。在空气中白色葡萄球菌对紫外线最敏感，而黄色八叠球菌的耐受力最强。真菌对紫外线的耐受力要比细菌强。紫外线亦能杀死病毒。处在灰尘颗粒中的微生物，其外层常包有一层灰尘而对紫外线的耐受程度大大加强。

(2)抗佝偻病和软骨病　对舍饲的家畜，特别是冬季，要对家畜用波长为283～295 nm的紫外线进行照射，不可用一般杀菌灯代替。

(3)促进动物机体的免疫反应，增强抗病能力　紫外线的照射促进了血液凝集素的凝集，提高了血液的杀菌能力，增强了动物的抵抗力。此外，紫外线还有兴奋呼吸中枢的作用；加强机体代谢的过程；促进局部血液循环，有止痛消炎作用；并刺激肉芽组织增生而加速创伤愈合。

(4)色素沉着作用　紫外线照射促使畜禽皮下黑色素原转化为黑色素，皮肤变黑，增强了皮肤对紫外线的吸收能力，减轻了紫外线对深部组织、内脏的损伤作用，同时能增加汗腺分泌，增加蒸发散热，降低体温。

(5)不良反应　过度的紫外线照射能引起前列腺素的持续分泌，引起裸露皮肤充血、水肿、瘙痒、细胞损伤等皮肤反应，其宏观现象为皮肤出现红斑，称为红斑作用。其中波长为297 nm的紫外线红斑作用最强。而且过量紫外线引起眼痛、灼热感、流泪和畏光等症状。

2. 红外线的生物学作用与应用

适量的红外照射，可使局部组织温度升高，微血管扩张，血流量增加，促进血液循环，从而加速组织内各种物理和化学过程，使物质代谢加速，细胞增生，促进畜禽的生长发育，畜牧业上作为热源，对雏鸡、仔猪、羔羊和病畜进行照射，达到御寒，改善血循，促进生长发育。同时红外线会穿过颅骨，使脑内温度升高，动物表现头昏、食欲下降等临床症状。

3. 可见光的生物学作用与应用

可见光是太阳辐射中能使家畜产生光觉和色觉的部分，既可引起光热效应，也可引起光化学效应，其生物学作用与光的波长、光照强度和光周期有关。

(1)光的波长　红光具有镇静作用能减轻或制止鸡的啄癖和防止争斗,能有效控制性成熟期,提高产蛋量。夜间可用红光照射捉鸡。

(2)光照强度　在肥育期内的家畜,过强的光照会引起精神兴奋,减少休息时间,增加甲状腺的分泌,提高代谢率,从而影响增重和饲料利用率。鸡对可见光的感光阈很低。一般蛋鸡和种鸡光照强度可保持在 10 lx,肉鸡与雏鸡 5 lx 即可。

(3)光周期　光照的季节性变化引发的畜禽的季节性的性活动(繁殖活动)。如长日照动物在每年春夏季节,光照时间逐渐加长时发情、配种。短日照动物则在每年秋冬季节光照时间缩短时促进其性活动及繁殖性能。当前,应用人工光照最普遍的是养禽业。通过在冬季人工补充光照,就会促进母鸡产蛋,从而使母鸡的产蛋量不受季节性的影响。

(二)畜禽舍朝向与光照

1. 东西走向、面南背北

畜禽舍纵轴与当地东西方向平行,前墙朝南背向北的建筑形式。在寒冷地区,冬季尽可能利用阳光,提高舍温,修建畜禽舍时多采用东西走向、面南背北的半坡式畜禽舍形式。冬季太阳高度角较低,直射光进入舍内较多,畜禽能接受较多紫外线和太阳辐射热,提高舍内温度,如果畜禽舍保温性能好、明亮,有利于改善畜禽舍小气候状况。夏季太阳高度角较高,直射光进入舍内较少,加上有良好的通风换气设施,舍温较低,有防暑的作用。东西走向、面南背北的建筑,能达到冬暖夏凉的要求;面北背南的房屋,舍内光线稍微差些。

2. 南北走向,东西朝向

畜禽舍长轴与当地南北方向一致,朝向有面东背西或面西背东两种。冬季太阳高度角小,日照时间短,对于朝东的畜禽舍,只能在早晨太阳出来到 10 点左右接受较多的太阳光照,中午过后,反而得不到阳光,舍内获得的紫外线也较少,不利于冬季的保温防寒。对于南北走向、面西背东的建筑物,中午过后,太阳西晒会造成舍内温度持续升高,直到太阳落山后气温才会下降,因此该种畜禽舍不利于夏季的降温防暑。南北走向、东西朝向是生产中不宜采用的畜禽舍走向、朝向。

二、采光控制

(一)自然采光调控

畜禽舍主要通过窗户和开露部分透入太阳直射光和散射光,而进入舍内的光量与朝向、舍外情况、窗户的设置、玻璃的透光性能、舍内反光面及舍内设施设置等诸多因素有关。自然采光调控的任务就是通过合理设计采光窗的位置、形状、数量和面积,保证畜禽舍的自然光照要求,并尽量使光照分布均匀。此外,还应做到夏季直射阳光照进畜禽舍较少,冬季直射阳光能照射到畜禽舍较深的位置上。

1. 确定窗口位置

(1)根据畜禽舍窗口的入射角与透光角确定　对冬季直射阳光无照射位置要求时,可根据入射角和透光角来计算窗口上、下缘的高度。如图 3-6 所示,窗口入射角是指畜禽舍地面纵轴上一点至窗上缘(或窗檐)所引得直线与地面水平线之间的夹角 α,入射角越大,射入舍内的光量越多。为保证舍内得到适宜的光照，畜禽舍入射角要求不小于25°。透光角是指畜禽舍地面纵轴上一点到窗户上下缘引出的两条直线之间的夹角β（即$\angle BAC$），β越大，进光量越多。畜舍的透光角要求不小于5°。

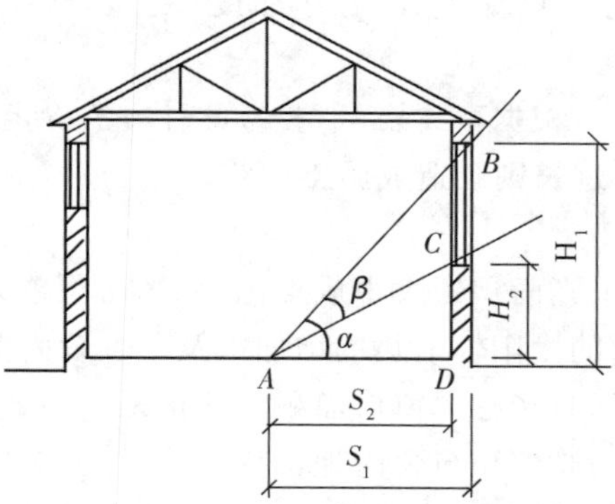

图 3-6　窗口入射角和透光角

由图3-6可知，窗口上、下缘至地面的高度H_1和H_2分别为：

$$H_1 = \tan\alpha \times S_1$$

$$H_2 = \tan(\alpha - \beta) \times S_2$$

要求$\alpha \geqslant 25°$、$\beta \geqslant 5°$及$(\alpha-\beta) \leqslant 20°$，故上式可改写为$H_1 \geqslant 0.4663S_1$；$H_2 \leqslant 0.364S_2$。式中：$H_1$、$H_2$分别为窗口上、下缘至舍内地坪的高度(m)；$S_1$、$S_2$分别为畜禽舍中央一点至外墙和内墙的水平距离(m)。如果窗外有树和其他建筑物遮挡时，引向窗户下缘的直线应改为引向遮挡物的最高点。

(2)根据太阳高度角确定　从防暑和防寒方面考虑，我国大部分地区夏季都不应有直射光线进入舍内，而冬季则希望尽可能使阳光进入舍内更深的部位。为了达到这种要求，需先计算太阳高度角，即太阳直射光线与地面水平面所形成的夹角。然后计算南窗上、下缘高度和出檐长度。

太阳高度角的变化，直接影响通过窗口进入舍内的直射光量。即当窗户上缘外侧(或屋檐)与窗台内侧所引直线同地面水平线之间的夹角小于当地夏至日的太阳高度角时，就可防止夏至前后太阳直射光进入舍内；当畜床后缘与窗户上缘(或屋檐)所引直线同地面水平线之间的夹角大于当地冬至日的太阳高度角时，就可使冬至前后太阳光线进入舍内，直射在畜床上，如图3-7所示。

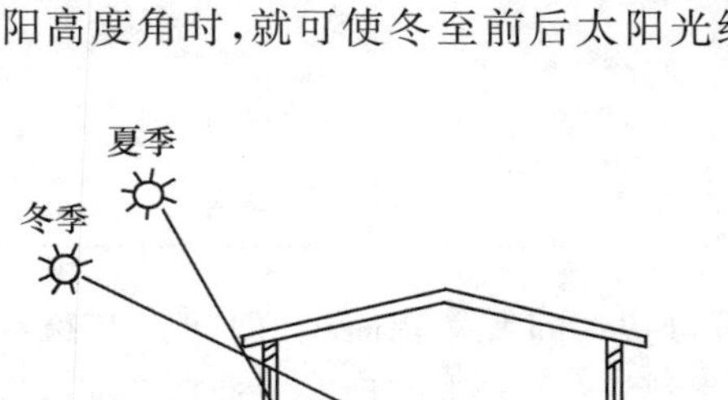

图 3-7　根据太阳高度角设计窗户上、下缘的高度

太阳高度角计算公式：

$$H = 90° - \varphi + \sigma$$

式中：H 为太阳高度角；φ 为当地纬度；σ 为赤纬度（夏至 23°27′，冬至 −23°27′，春分和秋分 0°）。

一般在设计畜禽舍时，常常根据畜禽要求，参考此种方法确定窗户上下缘高度。另外畜禽舍出檐一般不宜超过 0.8 m，过长则会造成施工困难。

2. 窗口面积计算

进入舍内光线的多少与采光面积的大小成正比，采光面积越大，采光效越好。但过大的采光面积，会导致夏季进入舍内的太阳辐射热的增加以及冬季舍内散热加快。因此，确定合理的采光面积，必须与防暑、保温同时考虑。窗口面积可根据采光系数（窗地比）计算。

采光系数指窗户的有效采光面积与舍内地面面积之比。采光系数越大，进入舍内的光量就越多。不同畜禽对采光有不同要求，各种畜禽舍的采光系数见表 3-13。为保证舍内能获得适宜的光照，畜禽舍的采光系数一般为 1∶(10～20)。窗口面积可按下式计算：

$$A = K \times F_d / \tau$$

式中：A 为采光窗口的总面积（m^2）；K 为采光系数，以小数表示；F_d 为舍内地面面积（m^2）；τ 为窗扇遮挡系数（单层金属窗为 0.80，双层金属窗为 0.65；单层木窗为 0.70，双层木窗为 0.50）。

表 3-13　各种畜禽舍的采光系数

畜禽舍	采光系数	畜禽舍	采光系数
牛舍		猪舍	
乳牛	1∶12	种猪	1∶(10～12)
肉牛	1∶16	肥育猪	1∶(12～15)
犊牛	1∶(10～14)	羊 舍	
马舍		成年羊	1∶(15～25)
种公马	1∶(10～12)	羔羊	1∶(15～20)
役马舍	1∶15	禽舍	
母马舍	1∶10	成禽舍	1∶(10～12)
		雏禽舍	1∶(7～9)

为简化计算，窗口面积也可按一间畜禽舍面积（即间距×跨度，也称为“柱间距”）来计算。计算所得面积仅为满足采光之要求，如不能满足夏季通风要求，需酌情扩大。

3. 窗口的数量、形状和布置

(1)窗数量确定　窗的数量应首先根据当地气候特点确定南北窗面积比例，然后再考虑光照均匀和房屋结构对窗间墙宽度的要求来确定。炎热地区南北窗面积之比为(1～2)∶1，夏热冬冷和寒冷地区可为(2～4)∶1。为使采光均匀，在每间窗面积一定时，增加窗的数量可以减少窗间墙的宽度，从而提高舍内光照均匀度。如图3-8所示，A图每间一扇窗，窗间墙宽1.2 m，B图每间两扇窗，窗间墙宽0.6 m。但窗间墙的宽度不能过小，必须满足结构要求，如梁下不得开洞，梁下窗间墙宽度在不得小于结构要求的最小值。

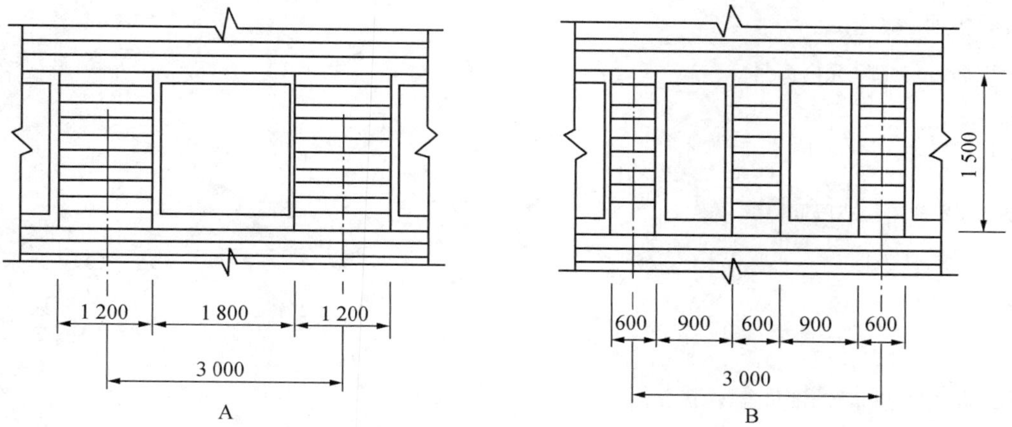

图3-8　窗的数量与窗间墙的宽度

(2)窗形状确定　窗的形状也关系到采光与通风的均匀程度。在窗面积一定时，采用宽度大而高度小的"卧式窗"，可使舍内长度方向光照和通风较均匀，而跨度方向则较差；采用高度大而宽度小的"立式窗"，光照和通风均匀程度与卧式窗相反；方形窗光照、通风效果介于上述两者之间。设计时应根据畜禽对采光和通风的需要及畜禽舍跨度大小，酌情确定。从采光效果看。立式窗户比卧式窗户好。但立式窗户散热较多，不利于冬季保温；所以在寒冷地区，南墙设立式窗户，北侧墙设卧式窗户为好。

(二)人工照明设计

利用人工光源发出的可见光进行照明，多用于家禽，其他畜禽使用较少。

1. 灯具选择

根据各种灯具特性确定灯具种类。灯具主要有白炽灯、荧光灯(日光灯)及节能灯3种。其中白炽灯是应用最早也是应用最广泛的照明灯具，其早期投资小，但存在使用寿命短及光线刺眼等缺点；荧光灯和节能灯比白炽灯节约电能，光线柔和，不刺眼，但设备投资较大，且需要在一定的温度下(21.0～26.7℃)才能获得最高的光照效率。

2. 计算所需灯具的总瓦数

根据畜禽舍光照标准(表3-14)和1 m^2地面设1 W光源的光照度(表3-15)，计算畜禽舍所需光源总瓦数。

3. 确定灯具的数量和每盏灯泡的瓦数

灯具的行距和灯距按大约3 m布置，靠墙的灯泡，同墙的距离应为灯泡间距的一半；或按工作面的照明要求布置灯具，不同行灯具应交叉排列，布置方案确定后，即可算出所需灯具盏数。根据总瓦数和灯具盏数，算出每盏灯具瓦数。

表 3-14　畜禽舍人工光照标准

畜禽舍	光照时间/h	光照度/lx	
		荧光灯	白炽灯
牛舍			
奶牛舍、种公牛舍	16～18	75	30
休息处或单栏、单元内产间		50	20
产房		150	100
犊牛舍		100	50
带犊母牛的单栏或隔间		75	30
青年牛舍		50	20
育肥牛舍		50	20
猪舍			
种公猪舍、育成猪舍、母猪舍、仔猪舍	14～18	75	30
肥猪舍(瘦肉型)	6～8	50	20
鸡舍			
0～3 日龄	23	50	30
4～19 日龄	23 渐减或突减为 8～9		5
成鸡舍	14～16		10
肉用仔鸡舍	23 或 3 明：1 暗		0～3 日龄为 25 以后减为 5～10
羊舍			
母羊舍、公羊舍、断乳羔羊舍	8～10	75	30
育肥羊舍		50	20
产房及暖圈	16～18	100	50

表 3-15　1 m² 舍内面积设 1 W 光源可提供的光照度　　lx

光源种类	荧光灯	白炽灯	卤钨灯	自镇流高压水银灯
1 W 光源可提供的光照度	12.0～17.0	3.5～5.0	5.0～7.0	8.0～10.0

4. 确定灯泡的高度和布置

为使舍内的光照度比较均匀，应适当降低每盏灯的瓦数，而增加舍内的总装灯数。鸡舍内装设白炽灯时，以 40～60 W 为宜，不可过大。灯泡不可使用软线吊挂，以防被风吹动而使鸡受惊。如为笼养，灯泡的布置应使灯光照射到料槽，特别要注意下层笼的光照度；因此，灯泡一般设置在两列笼间的走道上方，灯具除左右交错排列外，还应上下交错排列来保证底层笼具的光照度，也可以设地灯保证底层的光照度。

灯的高度直接影响地面的光照度。灯越高，地面的光照度就越小，一般灯具的高度为 2～

2.4 m。为在地面获得 10 lx 光照度，白炽灯的高度应按表 3-16 设置。

表 3-16　为获得 10 lx 光照度，白炽灯的适宜高度　m

项目	光源/W					
	15	25	40	60	75	100
有灯罩	1.1	1.4	2.0	3.1	3.2	4.1
无灯罩	0.7	0.9	1.4	2.1	2.3	2.9

5. 安装光照度调控设备

光照自动调控器，主要用于自动控制开灯和关灯。

6. 设置灯罩

使用灯罩可使光照度增加 50%。避免使用上部敞开的圆锥形灯罩，因为他的反光效果较差，而且将光线局限在太小的范围内，一般应采用平型或伞形灯罩。反光罩以直径 25～30 cm 的伞形反光灯罩为宜。不加灯罩的灯泡所发出的光线，约有 30% 被墙、顶棚、各种设备等吸收。

7. 保证灯泡质量和清洁度

灯泡质量差与阴暗要减少光照度 30%，脏灯泡发出的光约比干净灯泡减少 1/3。因此，要定期对灯泡进行擦拭。

任务 5　空气质量调控

一、微粒的控制

微粒是指以固体或液体微小颗粒形式存在于空气中的分散胶体。

(一)来源

舍外空气带入一部分；饲养管理人员（分发饲料、清扫地面、使用垫料、通风除粪、刷拭畜体、饲料加工）及畜体活动（活动、咳嗽、鸣叫）时产生。

(二)数量及其性质的影响因素

畜禽舍中微粒数量由微粒大小、空气湿度、气流速度决定。性质由当地的自然条件（地面条件、土壤特性、植被状况、季节与气象因素）和人为因素（居民、工厂以及农事活动情况）决定。

(三)危害

粒径大小还影响其侵入畜禽呼吸道的深度和停留时间，产生不同的危害，微粒的化学性质则决定毒害的性质。

1. 皮肤

微粒落到皮肤上，就与皮脂腺、汗腺的分泌物、细毛、皮屑及微生物混合在一起对皮肤产生刺激作用，引起发痒、发炎，同时使皮脂腺、汗腺管道堵塞，皮脂、汗液分泌受阻，致使皮肤干燥、龟裂，热调节机能破坏，从而降低了对传染病的抵抗力及热应激能力。

2. 眼睛

大量微粒落在眼结膜上，还会引起结膜炎。

3. 呼吸道

降尘可对鼻黏膜发生刺激作用，但经咳嗽、喷嚏等保护性反射可排出体外。飘尘可进入支气管和肺泡，一部分沉积下来，另一部分随淋巴循环到淋巴结或进入血液循环系统，然后到其他器官，从而引起畜禽鼻咽、支气管和肺部炎症；大量微粒还能阻塞淋巴管或随淋巴液到淋巴结、血液循环系统，引起尘埃沉积病，表现为淋巴结尘埃沉着、结缔组织纤维性增生、肺泡组织坏死，导致肺功能衰退等。有些有害物质微粒能吸附 NH_3、H_2S 以及细菌、病毒等，其危害更为严重。

此外，某些植物的花粉散落在空气中，能引起人和畜禽过敏性反应；畜禽舍空气中的微粒还会影响乳的质量。

(四)控制措施

(1)畜禽场周围种植防护林带，场内种草种树，绿化和改善畜禽舍及牧场地面环境。

(2)饲料加工场所设防尘装置并远离畜禽舍。

(3)应趁畜禽不在舍内时分发草料、干扫畜床地面、清粪、翻动垫料等。

(4)保证舍内良好的通风换气，进风口安装空气过滤器。

(5)禁止在舍内刷拭畜体，防止皮肤病的交叉感染。

二、微生物的控制

(一)来源

畜禽舍中的微生物比大气中多，因为畜禽舍中湿度大、灰尘多、微生物来源广，没有紫外线的杀伤，空气流动缓慢等。

(二)危害

1. 飞沫传染

当病畜患有呼吸道传染病，如肺结核、猪气喘病、流行性感冒等时。在病畜咳嗽、打喷嚏、打鼻响、鸣叫所喷发大量的飞沫液滴中含有大量病原微生物，且飞沫中含有有利于微生物生存的黏液素、蛋白质和盐类物质(唾液中存在)。滴径在 10 μm 左右的，由于重量大而很快沉降，在空中停留很短；而滴径$<$1 μm 的飞沫，可长期飘浮在空气中。因而可侵入畜禽支气管深处和肺泡而发生传染。

2. 尘埃传染

病畜排泄的粪尿、飞沫、皮屑等经干燥后形成微粒，微粒中常含有病原微生物(结核菌、链球菌、霉菌孢子、芽孢杆菌、鸡马立克病毒等)，在清扫地面或刮风时漂浮于空气中，被易感畜禽吸入后可能发生传染。

(三)控制措施

(1)建立严格的检疫、消毒和病畜隔离制度。

(2)对同一畜禽舍的畜禽采取“全进全出”的饲养制度。

(3)保持良好的通风换气，必要时进行空气的过滤或消毒。

三、空气中的有害气体及其控制

(一)氨(NH_3)

1. 来源

在畜禽舍内，氨是由各种含氮有机物(粪尿、垫料、饲料残渣等)腐败分解的产物，含量高低决定于地面结构、排水和通风设备、饲养管理水平。

2. 危害

(1)眼睛和呼吸系统　氨极易溶于水，常被人、畜的黏膜、结膜所吸附而引起结膜和上呼吸道黏膜充血、水肿、分泌物增多，甚至发生咽喉水肿、支气管炎、肺水肿等。

(2)血液循环　氨被吸入肺部后参与血液循环且与血红蛋白结合而生成碱性高铁血红素，破坏血液运氧能力，导致畜禽贫血、缺氧。如果畜禽吸入的氨较少，氨可通过肝脏变成尿素排出体外，但畜禽的抗病力会明显降低。高浓度的氨可使呼吸中枢神经麻痹而死亡。

3. 标准

舍外氨$<$40 mg/kg;畜禽舍内氨$<$26 mg/kg，鸡舍内氨$\leqslant$20 mg/kg。

(二)硫化氢(H_2S)

1. 来源

畜禽舍空气中的硫化氢，主要来源于含硫有机物的分解。畜禽采食富含硫的蛋白质饲料，当发生消化机能紊乱时，可由肠道排出大量硫化氢。在封闭式鸡舍里，破损鸡蛋较多而不及时清除时，空气中硫化氢浓度可显著增高。

2. 危害

(1)眼睛和呼吸系统　硫化氢易被呼吸道黏膜吸收，与钠离子结合成硫化钠，对黏膜产生强烈刺激，引起眼炎、角膜混浊、流泪、怕光及呼吸道炎症、甚至肺水肿。

(2)血液循环　经肺泡进入血液的硫化氢，部分被氧化成无毒的硫酸盐被排出体外，其余未被氧化的游离于血液中的硫化氢能使氧化型细胞色素酶中的Fe^{3+}还原为Fe^{2+}，使酶失去活性，降低细胞氧化能力，引起全身性中毒。

畜禽长期在低浓度硫化氢影响下，体质衰弱，增重速度和抗病力下降，容易引起肠胃炎、心脏衰弱等。高浓度的硫化氢使畜禽窒息死亡。

3. 标准

硫化氢不得超过 6.6 mg/kg。

(三)二氧化碳(CO_2)

1. 来源

舍内 CO_2 主要来源于畜禽的呼吸。例如1 000只平均体重1.6 kg的产蛋母鸡,每小时可排出1 700 L CO_2;1头体重100 kg的育肥猪,每小时可呼出43 L CO_2;一头体重为600 kg、日产奶30 kg的奶牛,每小时可呼出200 L CO_2。如畜禽舍卫生管理不当,通风换气不良,或饲养密度过高,CO_2 的含量会大大超标。

2. 危害

由于 CO_2 为无毒气体,对畜体没有直接危害,但由于高浓度 CO_2 的影响,空气中的各种气体含量会发生改变,尤其氧的相对含量下降,使畜禽出现慢性缺氧,生产力下降,体质衰弱,易感染结核等慢性传染病。它的含量表明了空气的污浊程度和畜禽舍通风状况,CO_2 的增减可作为畜禽舍卫生评定的一项间接指标。

3. 标准

CO_2 的浓度应不超过0.15%(1 500 mg/kg或1 500 ppm)。

(四)有害气体控制

(1)在畜牧场场址选择和建场过程中,要进行全面规划和合理布局,避免工厂排放物对畜牧场环境的污染;合理设计畜牧场和畜禽舍的排水系统、粪尿和污水处理设施及绿化等环境保护设施。

(2)及时清除畜禽舍内的粪尿。

(3)保持舍内干燥,防止 H_2S、NH_3 过度溶解。

(4)要合理通风换气。

(5)使用垫料或吸收剂(如磷酸、磷酸钙或过磷酸钙、硅酸等常用于育雏中)。

【学习要求】

识记:等热区、舒适区、临界温度、湿度、绝对湿度、饱和差、相对湿度、露点、通风换气、采光系数、入射角、透光角、飞沫传染、尘埃传染。

理解:气温、空气湿度、通风换气、光照及空气质量对畜禽热调节、健康及生产性能的影响。

应用:根据畜禽的需要和实际条件,能够控制畜禽舍内的气温、空气湿度、通风换气、光照及空气质量在适宜的范围内。

【知识链接】

1. GB/T 19525.2—2004《畜禽场环境质量评价标准》。

2. NY/T 1167—2006《畜禽场环境质量及卫生控制规范》。

3. NY/T 1755—2009《畜禽舍通风系统技术规程》。

项目八　畜禽场废弃物处理与生态利用

【学习目标】

● 认识畜禽场废弃物对环境的影响；掌握畜禽场废弃物处理和利用方法。

【学习内容】

任务1　粪便处理与利用

一、危害

畜禽粪污的大量排放，会导致环境污染，主要表现为水体污染、大气污染、土壤污染、传播疾病、影响畜禽业自身发展、恶化生活环境等方面。

(一)大气污染

畜禽生产对大气所造成的污染，主要是畜禽粪尿等废弃物产生的一些有毒或有臭味的气体，它由畜禽舍或舍外的粪水出口、粪坑及堆肥场等地直接散发至畜禽场或附近居民区的上空，使之在空气中的数量不断增多，不利于人、畜健康，并影响畜禽的生产性能。这些臭味气体是由畜禽粪便中含氮化合物和碳水化合物分解而来。在有氧条件下，粪便中含氮化合物主要是蛋白质，在酶的作用下可分解成氨基酸，氨基酸在有氧条件下可继续分解，最终产物为硝酸盐类；而在无氧条件下分解成氨、硫酸、乙烯醇、二甲基硫醚、硫化氢等恶臭气体。碳水化合物在有氧条件下，分解时可释放热能，大部分分解成二氧化碳和水；而在无氧条件下，氧化反应不完全，可分解成甲烷、有机物和多种醇类，这些高质量浓度的有害气体及生产中产生的大量尘埃、微生物排入大气，刺激人、畜禽呼吸道，是引起呼吸道疾病蔓延的主要原因。臭气污染已经成为当前畜禽场周围居民投诉的主要原因。

(二)水体污染

粪便进入水体,粪中有机物消耗水中的氧,使水中溶解氧(DO)含量迅速下降,若水中污染物量大,水中氧耗尽,有机物则进行厌氧分解,产物为硫化氢、氨、硫醇、甲烷之类的恶臭物,使水质恶化,不适于饮用。水体接纳了大量有机物,被微生物氧化分解,其产物是氮、磷等植物营养素,这使水生生物特别是藻类不断得到营养,大量繁殖。水体受到人、畜粪便污染后,水中微生物数量可大大增加,若含病原体的粪便污染了水源,畜禽饮用或接触被病原体污染的水后,可引起某些传染病的传播和流行,形成介水传染病,如猪丹毒、猪瘟、副伤寒、马鼻疽、布鲁氏菌病、炭疽病、钩端螺旋体病等。同时病原菌会通过水体的流动在更大范围内传播和扩散,导致疫病在更大范围内暴发和流行。

(三)土壤污染

近些年来,随着饲料工业的发展,一些含铜、砷、汞、硒等重金属元素的新型饲料添加剂相继问世,对土壤造成严重危害。如一个万头猪场,若连续使用含砷饵料 5~8 年,将可能向猪场周边排放 1 t 砷;16 年后,土壤中砷含量将高达 1 mg/kg,农作物内砷含量上升至 0.28 mg/kg。这将导致农产品不符合国家食品卫生标准、最终不能使用和耕地报废的严重后果。更为严重的是这些超标的重金属被动植物吸收后,进入餐桌,被人食入体内,长期“富集”可致人慢性中毒或癌变,甚至危害子孙后代健康,后果不堪设想。

(四)疫病传播

畜禽粪便含有多种病原体,其中许多病原微生物在较长时间内可以维持感染性,如禽流感病毒在 4℃的粪便中其传染性可保持 30~35 d;马利克病毒在室温条件下的粪便中其传染性可维持 100 d 左右。如果不对畜禽粪便进行无害化处理,病原微生物会传播扩散,导致疫病发生,危害久控不止。

(五)损害畜禽业自身安全

畜禽排泄物含有大量有害、有毒物质,可使畜禽的生产环境遭到严重破坏,畜禽发病率、死亡率升高,生产性能下降,畜禽产品质量降低。例如,畜禽舍中氨气含量过高,使鸡呼吸道发病率增多,机体抵抗力下降,继发感染其他疾病,使疾病的预防与治疗受到影响。

二、处理与利用

畜禽粪尿中含有大量的营养物质,如经无害化处理后,不仅能化害为利,变废为宝,同时也起到保护环境,防止环境污染的作用。畜禽粪尿含粗蛋白质、粗脂肪、粗纤维等物质,它们在自然界易于分解,并参与物质的再循环过程。畜禽粪尿由于土壤、水和大气的理化和生物作用,经扩散、稀释和分解,逐渐得到净化,进而通过微生物、动植物的同化、异化作用,又重新形成蛋白质、脂肪和糖类,也就是再变为饲料,再被畜禽利用。充分利用这种循环途径,采用农牧结合、相互促进的方法,是当前处理畜禽粪尿的基本原则。

(一)能源化

即利用畜禽粪尿及其他有机废物(如秸秆、垫料、杂草等)进行厌氧发酵而产生沼气(主要成分为甲烷,占60%～70%),作为燃料利用。在沼气生产过程中,产生的沼气可作为生活、生产用燃料,也可用于发电;同时,因厌氧发酵可杀灭病原微生物和寄生虫,发酵后的沼渣又是很好的肥料,因此,这是综合利用畜产废弃物、防止污染环境和开发新能源的有效措施。

目前,随着环境保护意识的加强和生态农业的发展,运用生物工程技术对畜禽粪尿进行综合处理与利用,合理地将养殖业与种植业结合起来,形成物质的良性循环模式。粪尿的综合利用工程技术目前主要有两大类型,即物质循环利用型生态工程和健康与能源型综合系统。

1. 物质循环利用型生态工程

物质循环利用型生态工程是一种按照生态系统内能量流和物质流的循环规律而设计的一种生态工程系统。其原理是某一生产环节的产出(如粪尿及废水)可作为另一生产环节的投入(如圈舍的冲洗),使系统中的物质在生产过程中得到充分的循环利用,从而提高了资源的利用率,预防了废弃物对环境的污染。

在物质循环利用型生态工程中,种植业—养殖业—沼气工程三结合的物质循环利用型生态工程是其代表,也是最常见的一种,该类型的显著特点是将养殖业与种植业有机连接起来。

在该生态系统中,沼气工程起到了一个枢纽作用,它将畜禽养殖业与种植业连接起来:规模化养殖场排出的粪便污水进入沼气池,经厌氧发酵产生沼气,作为燃料供民用(如炊事、照明、采暖及发电);沼渣可用作培养食用菌、蚯蚓(用作畜禽饲料);也可作农肥,用于种植业(如农田和果园);沼液可用作优质饵料,用于喂鱼、虾等,或用作速效肥料,用于作物、果园和蔬菜的施肥。

除上述类型外,还可形成种植业—养殖业—加工业—沼气工程四结合的生态工程和养殖业—渔业—种植业三结合的生态工程以及养殖业—渔业—林业三结合的生态工程等类型。

在物质循环利用型生态工程系统中,养殖业得以发展,物质和能量得以充分利用,环境得到有效的保护,因此,生产成本低,产品质量优,资源利用率高,收到了经济效益与生态效益同步增长的效果。按照这种生态农业模式进行规划、设计和改造养殖场,将成为我国现代化养殖业发展的必然走向。

2. 健康和能源型综合工程系统

该系统的运作方式是将畜禽粪尿进行厌氧发酵,形成气体、液体和固体三种成分。现在已有一种简单的气体分离装置可以把沼气中的甲烷和二氧化碳分离,沼气中的甲烷可以作为燃料或用以发电,获得再生能源,二氧化碳用于培养螺旋藻等经济藻类。沼气池中的上层液体经过一系列的沼气能源加热管消毒处理后,可作为培养藻类的营养液,沼气池下层的泥浆与其他肥料混合后,作为有机肥料可改良土壤。由沼气发电产生的电能,可用来照明,还可带动藻类养殖池的搅拌设备,也可给蓄电池充电。过滤后的螺旋藻等藻体含有齐全而丰富的营养元素,既可以直接加入鱼池中喂鱼,拌入饲料中喂猪、鸡、牛、羊等,也可经小型的干燥设备烘干、灭菌,作为廉价的蛋白质和维生素源,供人们食用,以补充人体所需的必需氨基酸、稀有维生素等营养要素。该系统的其他重要环节还包括一整套的净水系统和植树措施。这一系统的实施和运用,可有效地改善养殖场周围的卫生和生态环境,提高人们的健康和营养水平。同时,养殖场还可以从混合肥料、沼气燃料、沼气发电、鱼虾养殖和螺旋藻养殖中获得经济效益,增加收入。该系统的具体运作非常灵活，各地区、各养殖场可根据实际情况加以调整。

(二)饲料化

畜禽粪便中含有较丰富的营养物质，将畜禽粪便经加工处理后，掺入饲料中喂畜禽，已获得肯定结果。利用畜禽粪便作饲料，不仅开辟了饲料资源，有利于物质和能量的良性循环，还可防止粪便污染环境。

在畜禽粪便中，以禽粪作饲料最普遍，效果也最好，因禽粪中的营养物质含量明显高于其他畜禽粪便(表 3-17)。特别是用禽粪饲喂牛羊，其中的非蛋白态氮可被瘤胃中的微生物利用并合成菌体蛋白，再被牛羊吸收，利用率更高。

表 3-17　几种畜禽粪便的营养物质含量(干物质中)

营养成分	粪便种类				
	产蛋鸡粪	肉仔鸡粪	犊牛粪	乳牛粪	猪粪
粗蛋白质/%	28	31.3	20.33	12.7	23.5
可消化蛋白质/%	14.4	23.3	4.7	3.2	
粗纤维/%	12.7	16.8	31.4	37.5	14.78
总能/(kJ/kg)	14 768	—	19 763	—	19 103
可消化能/(kJ/kg)	7 838	10 199	—	—	—
代谢能/(kJ/kg)	4 974	9 117	—	—	—
可消化养分总量/%	52.3	72.5	48	45	48
灰分/%	28	15	11.5	16.1	15.32
Ga/(mg/kg)	8.8	2.37	0.87	—	2.72
P/(mg/kg)	2.5	1.8	1.6	—	2.13
Mg/(mg/kg)	0.67	0.44	0.40	—	0.93
Na/(mg/kg)	0.94	0.54	—	—	—
Fe/(mg/kg)	2 000	451	1 340	—	—
Cu/(mg/kg)	150	98	31	—	62.83
Mn/(mg/kg)	406	225	147	—	—
Zn/(mg/kg)	463	235	242	—	530

畜禽粪便用作饲料的方法主要有以下几种。

1. 新鲜粪便直接利用

用新鲜粪便(以禽粪、兔粪为主)直接饲喂畜禽，简便易行，效果也较好。有研究表明，用鲜兔粪按 3∶1 代替麸皮拌料喂猪，平均每增重 1 kg 活重可节省 0.96 kg 饲料，且猪的增重、屠宰率和肉品质均与对照猪无明显差异；用新鲜鸡粪直接饲喂奶牛与肉牛，效果也很好，用新鲜粪便直接饲喂畜禽，应注意做好防疫卫生，避免疾病传染。

2. 青贮

将新鲜畜禽粪便或干粪便与其他饲草、糖麸、玉米粉等按一定比例混合装入塑料袋或其他容器内，压实、封严，在密封条件下进行青贮，一般经 20～40 d 即可使用。例如，用鸡粪青贮时，可按干鸡粪 50%、青饲料 30%、麸皮 20%的比例，再加少许食盐青贮。

3. 干燥

利用高温使畜禽粪中的水分迅速减少，以减少臭气，并便于运输和贮存。

(1)自然干燥　将粪便摊在水泥地或塑料薄膜上晒干，即可贮存备用。自然干燥简便易行，节省能源，但效率低，粪中营养物质损失多，不能杀灭某些病原菌和寄生虫卵。

(2)人工干燥　效率高，较好地保存了粪中养分，杀菌灭虫彻底，适合规模生产。人工干燥设备种类很多，我国采用的微波烘干技术处理鸡粪，其工艺是将鲜粪先脱水 20%，然后置于传送带上，通过微波加热器干燥，脱水效率高而速度快。意大利的高温干燥技术是将热气通至鲜粪，初期热气温度为 500～700℃，使鸡粪表面水分迅速蒸发；中期热气温度降至 250～300℃，使粪内水分不断分层蒸发，以防止粪内有机物被高温破坏；末期热气温度降至 150～200℃，使粪中水分进一步减少。这种高温干燥处理，可杀灭所有的病原菌和寄生虫卵，能有效防止疾病的传染，安全可靠。

用干燥鸡粪喂牛、猪和鸡，可分别代替 25%～30%、10%～30%和 10%～15%的日粮。干燥鸡粪也可喂鱼。

4. 生物处理

即用畜粪培养蝇蛆和蚯蚓，再将蝇蛆、蚯蚓加工成粉或浆，饲喂畜禽，是营养价值很高的蛋白质饲料。

5. 氧化发酵

氧化发酵是利用好氧微生物发酵分解粪便固形物，产生单细胞蛋白的加工处理方法。较常见的是用氧化池对猪粪进行处理利用。氧化池设于猪舍漏缝地板下或舍外，池内装有搅拌器，使固体粪便加速分离并充分进行氧化发酵。经氧化发酵的混合液，其氨基酸含量提高 1～2 倍，可作为营养液直接喂猪。当发现氧化池混合液中有虫卵时，可先使池内缺氧一周，然后启动搅拌器供氧，在此过程中，即可杀灭多数病原菌和寄生虫卵。近年来，我国已开始用“充氧动态发酵机”处理鸡粪，能自动完成混合、发酵、除臭、杀菌等工序，发酵效率高、速度快，鸡粪中养分损失少，适合规模化、自动化生产畜粪饲料的要求。但发酵机价格昂贵，限制了其推广应用。

(三)肥料化

畜禽粪尿是优良的有机肥料，在改良土壤结构、提高土壤肥力方面具有化肥所不能代替的作用。为防止病原微生物污染土壤和提高肥效，应经生物发酵或药物处理后再利用。

1. 生物发酵处理

堆肥发酵就是生物发酵处理的一种。即将畜粪和垫草等固体有机废弃物按一定比例堆积起来，在微生物作用下进行生物化学反应而自然分解，随着堆内温度升高，杀灭其中的病原菌、虫卵和蛆蛹，达到无害化，并成为优质肥料。堆肥必须提供好氧环境、适宜的温度(50～60℃)、合适的含水量(40%左右)和适当的氮碳比[1∶(26～35)]。为提高氮碳比和通气性，制作时可在粪便中加入秸秆、垫草等。

堆肥发酵方法简单，处理费用低，但发酵时间长，每次堆肥量不可能很多。而畜禽粪便发酵设备的研制成功，解决了传统堆肥发酵处理的不足。其发酵工艺是：将一定量的高效生物发酵菌种(真菌、酵母菌、放线菌等)与畜禽粪污混合搅拌后置入密闭的发酵塔内,经过一定的温度和时间(7 d左右),将粪污物料快速腐熟成无臭、无害、活性物质增多、含水率降低(约为30%),可用于农业需求的上等有机肥料。发酵采用密闭式多层塔结构,发酵塔大小可根据原料的多少设计,年处理量在5 000～20 000 t不等。塔层一般为6层,处理周期为7 d。由于采用优化筛选菌种发酵,物料转化率高,其发酵过程的自发热可以充分利用,能耗低,只在严寒季节补充少许发酵用热。采用自动化控制,操作简便,处理量大,生产环境条件大为改善,对周边环境无污染,便于工业化连续生产。近年在北京昌平、大兴、顺义、密云等地已采用该技术处理畜禽粪便,收到了良好的经济效益和社会效益。

2. 药物处理

在急需用肥的季节或血吸虫病、钩虫病流行的地区,为在短时间内使粪肥达到无害化,可采用药物处理,选用的药物应对农作物和人、畜无害,不损肥效,灭虫卵效果好、价格低,使用方便。常用的药物有:敌百虫、尿素、硝酸铵等。

任务2　污水处理与利用

畜牧业的集约化发展,畜禽的饲养密集化,水冲式清粪应用愈来愈广,这不仅使污水的排放量增加,也使用水量大增。据统计,规模化养猪场每生产1头肥猪,约产生4 t重的污水;一个年出栏1万头的肥猪生产线,每天清洁地面、冲洗粪沟及猪饮水时浪费而产生的污水总量为100～150 m^3;污水中污染物的浓度也很高,全冲洗方式产生的污水COD平均在1 500 mg/L,BOD_5为1 200～1 300 mg/L。在当今水资源日趋紧缺,环保意识逐渐提高的情况下,提出对畜牧场污水处理后进行再利用,不仅保护了环境,而且减少了水资源的浪费,同样具有经济、社会双重效益。

一、污水排放要求

为控制畜禽养殖业产生的废水、废渣和恶臭对环境的污染,促进生产工艺和技术进步,加强污染治理,维护生态环境,国家环保总局组织制定了畜禽养殖业污染物排放标准。该标准除规定化学需氧量、生化需氧量、氨氮以外,还增加悬浮固体、磷酸盐及粪大肠菌群数、蛔虫卵等卫生标准。其中氨氮为15 mg/L、化学需氧量为100 mg/L,生化需氧量为60 mg/L,另外,该标准对畜禽废渣的排放提出无害化环境标准,其指标为蛔虫卵的死亡率≥95%,粪大肠菌群数≤10^5个/kg。

二、污水处理与利用方法

(一)物理处理

一般畜禽场排放出来的污水悬浮物(SS)含量很高,如猪场污水SS高达160 000 mg/L,

其有机物含量也高，通过固液分离后，可使液体部分污染物符合鉴定；固液分离可防止大的固体物进入后续处理环境，避免设备的堵塞损坏等。固液分离技术有筛滤、离心、浮出、沉淀和絮凝等。

1. 筛选

(1)原理　以机械处理为主的筛选时最常用的固液分离法，它通常是根据固体颗粒大小的分级，将固液分离。大于筛孔尺寸的固相物留在网筛表面，而液体和小于筛孔尺寸的固体则通过筛孔流出。

(2)设施　筛网是筛滤所用的设施，最简单的筛网形状是固体倾斜的或呈曲线形的。污水从网中的缝隙慢慢流过，液体流出，而固体部分则凭借机械或其本身的重量，截留下来或推移到筛网的排出边缘。常用于畜禽粪便固液分离的筛网有固定筛、振动筛和转动筛三种类型。

2. 沉淀分离

(1)原理　沉淀分离法是利用污水中各种物质密度不同而进行固液分离的方法。沉淀分离方法自古以来就被广泛使用。总之，比水密度大的物质沉淀下来，比水密度小的则上浮。沉淀方法除用于固体分离外，还可用于处理液体和活性泥的分离。据报道，将鸡粪或牛粪以3∶1或10∶1的比例用水稀释，放置24 h后，其中80%～90%的固形物沉淀下来。污水中的固形物一般只占1/6～1/5，将这些固形物分出后，一般能成堆，便于储存，可做堆肥处理；即使施于农田，也无难闻气味。剩下的是稀薄的液体，水泵易于抽送，并可延长水泵的使用年限。

分离出的液体中有机物含量下降，可用于灌溉农田或排入鱼塘。如粪水中有机物含量仍高，有条件时，再进行生物处理；经沉淀后澄清的水便于下一步处理，减轻了生物降解的负担。沉淀一段时间后，在沉淀池的底部，会有一些直径小于10 μm的固性颗粒沉降而成淤泥。这些淤泥无法过筛，可以用沥水柜再沥去一部分水。沥水柜底部的孔径为50 mm的焊接金属网，上面铺以草捆，淤泥在此柜沥干需1～2周，剩下的固形物也可以堆起，便于储存和运输。

(2)设施　粪水沉淀池可采用平流式或竖流式两种。平流式沉淀池是长方形。粪水在池一端的进水管流入池中，经挡板后，水流以水平方向流过池子，粪便颗粒沉于池底，澄清的水经挡板(便于挡住浮渣)再从位于池另一端的出水口流出。池底呈1%～2%的坡度，前部设一个粪斗，沉淀与池底的固形物可用刮板刮到粪斗内，然后将其提升到地面堆积。竖流式沉淀池为圆形或方形。粪水从池内中心管下部流入池内，经挡板后，水流向上，粪便颗粒沉淀的速度大于上升水流的速度，则沉落于池底的粪斗中，清水由池周的出口流出。这种沉淀池处理粪水的方法，在我国目前各类畜禽场中可采用。

国外许多畜禽场多使用分离机，将粪便固形物与液体分离。对分离机的要求是：粪水可直接流入进料口，筛孔不易堵塞，省电，管理简便，易于维修，能长期正常运转。

3. 浮除技术

浮除原理利用微小气泡的产生，且气泡能与所遇到混合悬浮物完全混合在一起。由于这些细小的微气泡具有很强的表面张力，会倾向附着于固体或油和脂的球滴上，结果使凝集物的浮力增加。并使这些颗粒被带到浮除槽的表面上。当这些上浮凝集物彼此推挤到槽面时，即被压挤缩成上浮团(污泥)，就可以用除沫器将它去除。如果能有足够的微小气泡存在，并捕捉了大部分的悬浮固体颗粒，那么由浮除槽流出的排出液，就会是清澈的。

(二)生物处理

利用微生物生命过程的代谢活动,将有机物分解为简单的无机物从而去除有机物的过程称为污水的生物处理。根据处理过程中氧气的需求与否,可把微生物分为好氧微生物和厌氧微生物两类。高质量浓度的有机废水必须先行酸化水解厌氧处理之后方可进行好氧或其他处理。

1. 活性污泥法

活性污泥法是在污水中加入活性污泥并通入空气进行曝气,使其中的有机物被活性污泥吸附、氧化和分解,达到污水净化的目的。活性污泥由细菌、原生动物及一些无机物和尚未完全分解的有机物所组成。当通入空气后,好氧微生物大量繁殖,其中以细菌含量最多,大量细菌及其分泌的胶体物质和悬浮物黏附在一起,形成具有很强吸附和氧化分解能力的絮状菌胶团,且易于沉淀。因此,在污水中投入这种活性污泥,即可使污水净化。活性污泥法的主要构筑物是曝气池和二次沉淀池。

污水进入曝气池,与回流污泥混合,靠设在池中的叶轮旋转、翻动,使空气中的氧进入水中,进行曝气,有机物即被活性污泥吸附和氧化分解。从曝气池流出的污水与活性污泥的混合液,再进入沉淀池,在此进行泥水分离,沉淀池底部的活性污泥一部分回流入曝气池,剩余的污泥再进行脱水、浓缩、消化等无害化处理或厌氧处理后利用(方法同生产沼气)。沉淀池上部的清液引出消毒后再利用(主要用于冲洗地面、清粪)。

氧化沟是一种简易的活性污泥污水处理设施。在狭长形的沟中设置一曝气转筒,曝气转筒两端固定,顺水流方向转动,沟中曝气作用在转筒附近发生,转筒旋转使污水和沟内活性污泥混合,从而使污水净化。

2. 生物膜处理法

生物膜处理法是使污水通过一层表面充满生物膜的滤料,依靠生物膜上大量微生物的作用,并在氧气充足的条件下,氧化污水中的有机物。生物过滤的设施又分普通生物滤池、生物滤塔、生物转盘和生物膜接触氧化池等。

(1)普通生物滤池　生物滤池内设有用碎石、炉渣、焦炭或轻质塑料板、蜂窝纸等铺设的滤料层,污水由上方进入,被滤料截留其中的悬浮物和胶体物质,使微生物大量繁殖,逐渐形成菌胶团、真菌菌丝和部分原生动物组成的生物膜。生物膜大量吸附污水中的有机物,并在通气良好的情况下进行氧化分解,达到污水净化的目的。

(2)生物滤塔　滤塔分层设置承有滤料的格栅,污水在滤料表面形成生物膜,因塔身高,使污水与生物膜接触的时间延长,更有利于生物膜对有机物质的吸附和氧化分解。据试验,猪场污水经处理后,其 COD 从 5 300～32 500 mg/L 降为 900～1 400 mg/L;因此,生物滤塔具有效率高、占地少、造价低的优点。

(3)生物转盘　由装在水平轴上的许多圆盘和氧化池槽组成的。盘片材料可用聚乙烯塑料、玻璃钢、金属板等制成。圆盘的一半浸在氧化槽内的污水中,上半部露在大气中。污水从氧化池中流过时,微生物即在盘表面形成生物膜,当圆盘缓慢转动时,生物膜交替接触空气和水,使污水中的有机物不断被微生物氧化分解,污水得以净化。据测定,污水 BOD_5 为 1 300 mg/L 时,经一级转盘处理后,BOD_5 降为 310 mg/L;经二级处理后,BOD_5 只有 33 mg/L,去除率为 90%。

(4)生物接触氧化池法　在生物氧化池内设置填料，经过充氧的污水以一定速度流经填料，使填料上长满生物膜，污水与生物膜接触，在生物膜的吸附和氧化分解下，污水得以净化。接触氧化法具有生物膜法的基本特点，但又与上述一般生物膜法不尽相同。一是供微生物栖附的填料全部浸在污水中，所以这种生物滤池又称淹没式生物滤池。二是采用机械设备向污水中充氧，不同于一般生物滤池靠自然通风供氧。三是污水中同时存在2%～5%的悬浮态活性污泥，对污水也起净化作用。因此，接触氧化法是一种具有活性污泥特点的生物膜，兼有生物膜法和活性污泥法的优点，对污水的净化效果更好。

3. 生物稳定塘处理系统法

生物稳定塘又称为氧化塘，是指污水中污染物在池塘处理过程中反应速率和去除效果达到稳定的水平。稳定塘是粪液的一种简单易行的生物处理方法，可用于各种规模的畜禽场。稳定塘工程是在科学理论基础上建立的技术系统，是人工强化措施和自然进化功能相结合的新型技术。稳定塘对污水的进化过程和天然水体的进化过程很接近，它是一个菌藻共生的生态系统。

根据稳定塘类溶解氧的来源和有机污染物的降解形式可分为好氧塘、兼性塘、厌氧塘和曝气塘、水生植物塘等组合。实际上，大多数稳定塘严格地讲，都是兼性塘，塘内同时进行着好氧反应和厌氧反应。

(1)曝气塘　是利用曝气机将氧气充入生物塘，使粪便中好氧微生物生长，繁殖，对其中有机物进行分解。生物塘的池深一般为3～4 m，池面上设置曝气机，曝气机运转时充气并与塘水混合，因此可是氧气遍布塘内，但较重的固体物仍沉积于塘底，进行厌氧分解。曝气机的设置有几种：一种是浮在水面上的曝气机从塘中抽水向四周喷水携带氧入水内，也可由曝气机的顶端抽气，然后喷气入池的中层；另一种是在池的一侧安装空气压缩机，将空气压入池底的扩散管中，从管上孔眼充氧入池。这几种设备都是在充气的同时使水混合，后两种即在冰冻时仍适用。充气塘的深度至少3 m，深些有利于水的混合，粪水在池中一般储存10 d，结冰时为20 d。这种充气生物塘无臭味，较适用于经沉淀处理后的畜禽场污水或稀释度较大的粪水，近些年来，在畜禽场适用日趋增多。

(2)厌氧生物塘　无大气中氧的输入，有机物的分解分两步：第一步是分解，由嗜热性细菌将有机物分解为不稳定的酸；第二步由甲烷菌发酵，产生二氧化碳与甲烷。使用厌氧生物塘实质上是使之产生沼气或作沉淀池用，减少后续好氧处理的负荷。

(3)兼性生物塘　即生物塘表层为好氧带，底层为厌氧带，好氧菌与厌氧菌均对有机物进行分解发酵。在未结冰时期，塘内有一条界线分明的热分界线，可防止上下塘水混合。好氧带中氧的含量随昼夜转换而变化，有阳光时可达饱和，夜间则为零；如好氧带不能维持，有时可能有气味散发。粪便固形物可同时进行好氧、厌氧分解，因此，由塘中流出的水中没有细菌与藻类，这也是兼性生物塘的优点。兼性生物塘至少深1 m，一般为2 m，如表层设置动力机器，可增加表层水的混合，使兼性生物塘效能更好。

稳定塘上层藻类光合作用比较旺盛，溶解氧较为充足，呈好氧状态，氧气是由藻类和水生植物在光合作用中释放，而藻类光合作用所需的二氧化碳则由细菌在分解有机物的过程中产生。中层呈缺氧状态，污水中的可沉固体沉积于塘底，构造污泥，呈厌氧状态。它们在产酸细菌的作用下分解为有机酸、醇、氨等，其中一部分可进入好氧层而被氧化分解；另一部分则被污泥中产甲烷菌分解成沼气。

4. 人工湿地或人工绿地处理系统法

人工湿地处理系统法是一种新型的废水处理工艺。这种人工湿地的规模可大可小，最小的仅为一家一户排放的废水处理服务，面积约 40 m^2；大的可达 5 000 m^2。它具有处理效果好（对 BOD_5 的去除率可达 85%～95%，COD 去除率可达 80%以上）；去除氮、磷能力强（对 TN 和 TP 的去除率可分别达 60%和 90%）；运转维护方便、工程基建和运转费用低（分别为传统二级活性污泥法工艺的 1/10 和 1/2）以及对负荷变化适应性强等特点。这种湿地系统是在一定长宽比及底面坡度的洼地中，由土壤和按一定坡度填充一定级别的填料（如砾石等）混合结构的填充料床组成，深 60～100 cm，并在床体表面种植处理性能好、成活率高、抗水性强、生长周期长、美观及具有经济价值的水生植物（如芦苇等），形成一个独特的植物生态环境。污水可以在填料床床体的填料缝隙中流动，或在床体的表面流动，从而实现对污水的净化处理，最后经集水管收集后排出。当床体表面种植芦苇时，则常称其为芦苇湿地系统。

（三）化学处理

在污水中投加某些化学混凝剂，它与污水中可溶性物质反应，产生难溶于水的沉淀物，或混凝吸附水中的细微悬浮物及胶体杂质而下沉。这种净化方法可降低污水浊度和色度，可去除多种高分子物质、有机物、某些金属毒物以及导致富营养化的物质（磷等可溶性无机物）。常见的混凝剂有：石灰、硫酸铝、三氯化铁、碱式氯化铝、有机高分子化合物和聚丙烯酰胺等。

【学习要求】

识记：畜禽场粪尿污物对外界环境造成的危害。

理解：粪便的资源化利用、饲料化利用及肥料化利用方法；污水的物理、生物处理、化学处理方法。

应用：结合实际情况，对畜禽场粪尿污物进行有效处理，避免排放到外界，对环境造成污染。

【知识链接】

1. NY/T 1168—2006《畜禽粪便无害化处理技术规范》。

2. NY/T 1169—2006《畜禽场环境污染控制技术规范》。

模块四
畜禽遗传

项目九　畜禽遗传的物质基础

【学习目标】

● 掌握染色体的形态结构特征，理解染色体的动态变化与生物性状遗传变异的关系；了解DNA的结构及蛋白质的合成过程；了解中心法则及其发展；掌握基因的概念。

【学习内容】

任务1　染色体的形态结构与数量

一、染色体形成

在光学显微镜下，处于分裂间期的细胞核，其核质一般是均匀一致的。用洋红、苏木精等碱性染料染色处理后，核质则显示出不同的反应，其中极易吸收碱性染料，着色较深的物质，称为染色质；其他不着色或着色极浅的物质，就是核液。当细胞分裂时，核内细长的染色质逐渐变短变粗，高度螺旋化，形成一定数目的圆柱状的染色体。当细胞分裂结束时，染色体又逐渐恢复为染色质。因此，染色质和染色体实际上是同一物质在细胞分裂周期的不同阶段所表现出的不同形态。

二、染色体形态、结构与数量

(一)染色体形态

染色体一般呈圆柱形。一个典型的染色体可以分成下面几个部分。

1. 着丝粒

在染色体上的一定位置,有一个染色较浅的区域,称为着丝粒。每一条染色体有一个着丝粒。当细胞分裂时,纺锤丝就附着在这个地方,因而着丝粒的功能与细胞分裂时染色体的移动有关。着丝粒所在的地方,染色体直径较小,所以也称主缢痕。着丝粒将染色体分为两条臂,长的一端称为长臂,短的一端称为短臂。着丝粒在每条染色体上的位置是恒定的,因此,根据着丝粒的位置可以把不同的染色体区分开来。

2. 次缢痕

有的染色体还有另一直径较小的地方,染色较浅,称为次缢痕。次缢痕在染色体上的位置和大小也是恒定的,常用于鉴别特定的染色体。

3. 随体

有的染色体的末端还有一个圆形或略伸长的突出物,称为随体。随体的直径可以与染色体直径相等,随体的大小变化较大,有的甚至小到难以分辨。但是,一定染色体所具有的随体,其形态和大小是恒定的。

染色体的形态结构如图 4-1 所示。

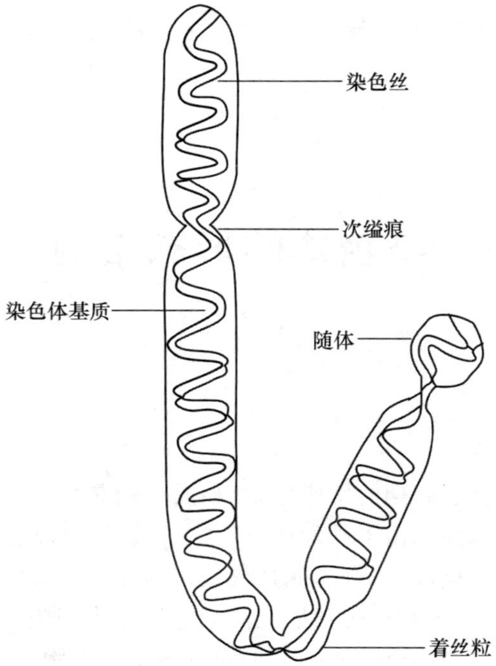

图 4-1　染色体的形态

(二)染色体结构

染色体外有表膜,内有基质。在化学结构上,染色体是由脱氧核糖核酸(DNA)和蛋白质组成的复合物,由 DNA 紧密复合到蛋白质中去,形成了核蛋白纤丝即染色丝,它是染色体结构的主要基础。每一条染色体有 2 条平行而相互缠绕的染色丝,纵贯于整个染色体。这 2 条染色丝各自呈小螺旋状而又相互盘旋成大螺旋状。

(三)染色体数量

在真核生物中，每一物种染色体都有其特定的数目。同一物种的染色体数目则是恒定的，而且每一种生物个体中的每一个细胞其染色体数目也是相同的。一定形态和数目的染色体，常成为各种生物的细胞学特征。在其世代的延续中，染色体的数目一般保持不变。这对维持物种的遗传稳定性有着重要的意义。

常见畜禽体细胞染色体数目见表 4-1。

表 4-1 常见畜禽体细胞染色体数目

种类	二倍体数($2n$)	种类	二倍体数($2n$)
猪	38	驴	62
牛	60	兔	44
水牛	48	犬	78
牦牛	60	猫	38
山羊	60	鸡	78
绵羊	54	鸭	80
马	64	鹅	82

一个成年动物体含有几百亿至几千亿个细胞。其中，构成动物体各种组织器官的细胞称为体细胞，动物睾丸和卵巢中产生的精细胞与卵细胞称为性细胞。

在大多数生物的体细胞中，染色体是成对存在的，数目用 $2n$ 表示，称为二倍体；而在性细胞中染色体是成单存在的，数目用 n 表示，称为单倍体。

各种生物体细胞中的染色体大都成对存在，即在一个体细胞中相同的染色体各有两条，这两条染色体的形状、大小、着丝粒的位置相同，一条来自父方，一条来自母方，通常把这些成对的染色体称为同源染色体。

同源染色体中有一对特殊的染色体，其大小、形状不同，一条来自父方，一条来自母方，且与性别发育有关，这对染色体称为性染色体。在哺乳动物中，雌性的两条性染色体的形态、大小、着丝粒位置均相同，性染色体的组成为 XX；雄性的两条性染色体只有一条与雌性 X 染色体相同，而另一条与 X 染色体存在着很大的差异，称为 Y 染色体，即雄性的性染色体组成为 XY。在家禽和鸟类中，性染色体的情况与哺乳动物刚好相反，即雄性的体细胞中两条性染色体相同，性染色体组成为 ZZ；雌性中有一条 Z 性染色体和一条 W 性染色体，即雌性的性染色体组成为 ZW。在体细胞中，除一对性染色体以外的其他所有同源染色体雌雄个体都一样，统称为常染色体。

上述概念之间的相互关系如图 4-2 所示。

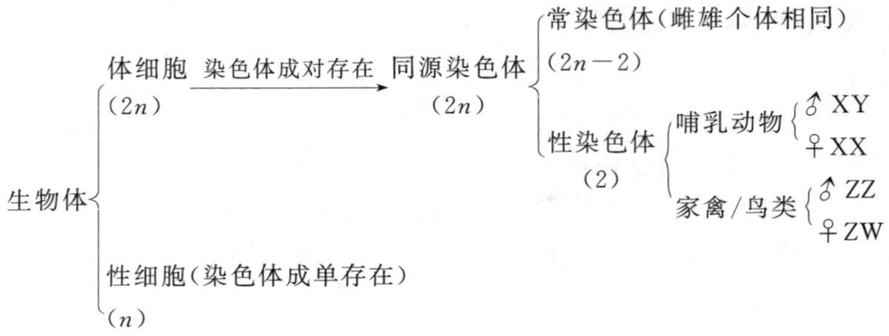

图 4-2　同源染色体、常染色体、性染色体之间的关系

三、染色体分析技术

每一物种所含染色体的形态、结构和数目都是一定的，而不同物种之间在染色体形态和数目上都有差异。因此，染色体的形态和数目可以反映物种的特征。为了研究和分析物种之间的关系，产生了染色体分析技术。

(一)染色体组型分析

对某一物种细胞核内所有染色体的长度、长短臂的比率、着丝粒的位置、随体的有无等特征进行分析，称为染色体组型分析。在有丝分裂中期，首先对细胞进行特殊的处理、染色并制片；然后进行镜检、显微照相和测微长度；最后把照片上的染色体逐个剪下来，按照一定的顺序贴在纸上，分别予以编号。牛的染色体组型如图 4-3 所示。染色体组型广泛应用于动物染色体数目和结构变异的分析、染色体来源的鉴定、通过细胞融合得到的杂种细胞的研究以及基因定位研究中单个染色体的识别等方面。

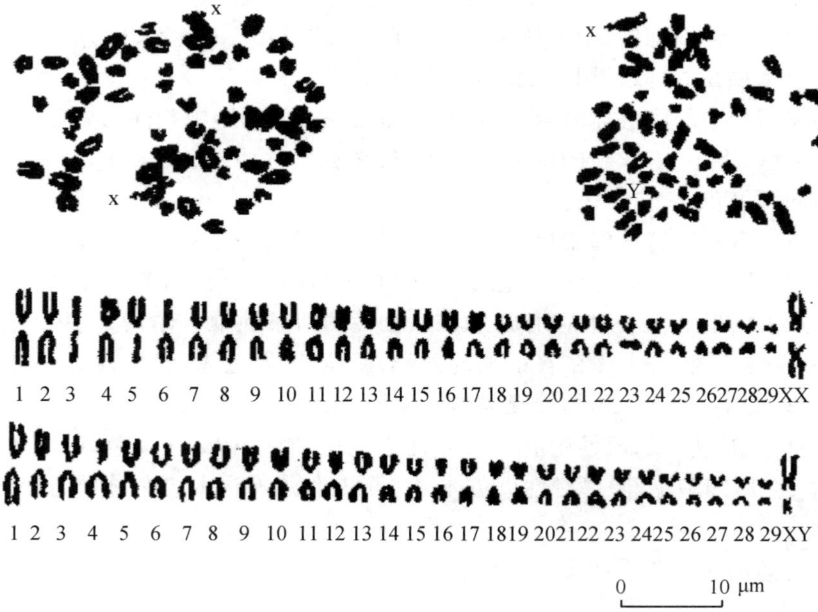

图 4-3　牛的染色体组型图

(二)荧光带型分析

染色体组型分析虽然很有用途,但对那些染色体数目多、染色体小、形态相似、彼此不易区分物种的染色体组型进行分析就比较困难。20 世纪 70 年代,国外有人首次发现中国大鼠和蚕豆的染色体经荧光染料芥子喹吖因染色以后,由于常染色质、异染色质的分布不同,在荧光显微镜下,经紫外线照射后,在染色体的一定部位上显示出荧光带型。这种技术在动物上很快得到应用,特别是在人的染色体研究上,已初步确定了各个染色体的标准带型,以此来研究各种遗传病因。

(三)吉姆萨带型分析

1970 年,在动物染色体研究中,发现了吉姆萨分带法。由于各种生物的染色体被染上的带纹不一,近年来这种分带技术已应用到染色体组型分析上。对分析物种之间的亲缘关系、染色体结构变异以及远缘杂交的鉴定等起了很大作用。

任务 2　细胞分裂

一、细胞周期

生物细胞的生长、分裂是有其周期性的。通常把细胞从上一次分裂结束到下一次分裂结束所经历的时间,称为细胞周期。一个细胞周期可以分为间期和分裂期两个阶段。

(一)间期

细胞从一次分裂结束到下一次分裂开始前的一段时间,称为间期。在光学显微镜下,经固定处理的间期细胞核,出现网状结构和易被碱性染料染色的细丝。间期细胞核处于高度活跃的状态,进行着一系列的生化反应,包括 DNA 复制、RNA 转录和蛋白质的合成,为子细胞的形成进行物质和能量的准备。

(二)分裂期

细胞一旦完成间期的准备,便进入有丝分裂期。有丝分裂的遗传学意义在于,把加倍的 DNA 以染色体的形式平均分配到两个子细胞中去。使每个子细胞得到一套和母细胞完全相同的遗传物质。

二、细胞的有丝分裂

由于在分裂过程中出现纺锤丝,故称为有丝分裂。有丝分裂是高等生物体细胞增殖的普遍方式。

有丝分裂是一个连续的动态变化过程。通常根据染色体的形态变化特征，将其分为前、中、后、末4个时期。各时期的主要特征如下，参见图4-4。

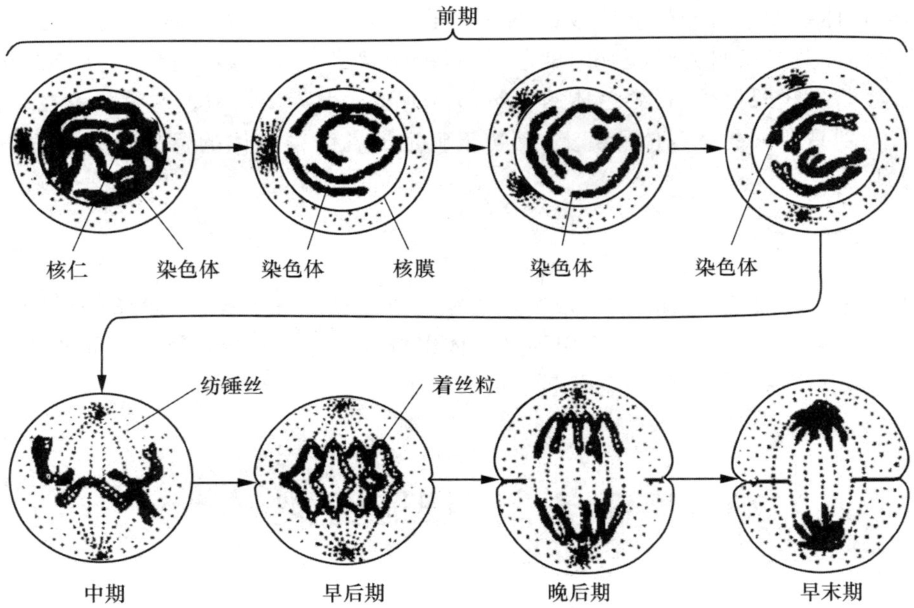

图4-4　动物细胞有丝分裂模式

(一)前期

细胞核膨大，染色质逐渐高度螺旋化，变粗变短，形成具有一定形态、数目的染色体。此时可以看到每条染色体由两条染色单体组成。两条染色单体并不完全分开，仍由着丝粒相连。接着核仁逐渐变小而消失，核膜也逐渐消失。一对中心粒彼此分开，向细胞两极移动。每个中心粒周围出现许多放射状的细丝，形成星体。在两个中心粒之间出现纺锤丝，纺锤丝与星体连接形成纺锤体。

(二)中期

染色体形态清晰，有规律地排列在细胞两极间的赤道平面上，形成赤道板。纺锤体也变得清晰可见。每个染色体的两条染色单体分别由纺锤丝与细胞两极相连。

此时，染色体高度螺旋化形成最典型的形状，适宜进行染色体形态和数目的考察，是核型分析的最佳时期。

(三)后期

两条染色单体从着丝粒处分开，由各自的纺锤丝牵引分别向细胞两极移动。由于各个染色体上的着丝粒的位置不同，使后期的染色体呈现出V形、L形和棒形。染色体向两极移动与着丝粒和纺锤丝有密切关系。如果用药物(如秋水仙素)处理细胞使纺锤体解体，那么染色体的运动就不会发生；若染色体没有着丝粒也不能向两极移动。

(四)末期

当两组染色体移动到细胞两极后，纺锤丝逐渐消失，染色体开始解螺旋，逐渐变成细长而盘绕的染色质丝，核膜、核仁重新出现，形成新的细胞核。与此同时，细胞质也开始逐渐分裂为两部分，最后形成两个子细胞，完成了有丝分裂全过程。

细胞在有丝分裂过程中，染色体复制一次，细胞分裂一次，由一个母细胞分裂为两个子细胞，复制纵裂后的染色体均等而准确地分配到两个子细胞中，子细胞和母细胞在染色体数目、形态结构方面保持相同，保证了个体的正常生长发育，也保证了物种的稳定性和连续性。

三、细胞的减数分裂

性细胞(精细胞、卵细胞)形成过程是一种特殊的有丝分裂，由于分裂以后形成的性细胞(精细胞、卵细胞)中染色体的数目比性母细胞(初级精母细胞和初级卵母细胞)中染色体的数目减少了一半，故这种分裂方式称为减数分裂。减数不仅指形态上的染色体数目减半，而且表现在遗传上的基因含量减半。

减数分裂(图 4-5)分为减数第一次分裂和减数第二次分裂，根据染色体的形态变化特征，两次分裂各分为前、中、后、末 4 个时期，习惯上以前期Ⅰ、中期Ⅰ、后期Ⅰ、末期Ⅰ、前期Ⅱ、中期Ⅱ、后期Ⅱ、末期Ⅱ来表示。

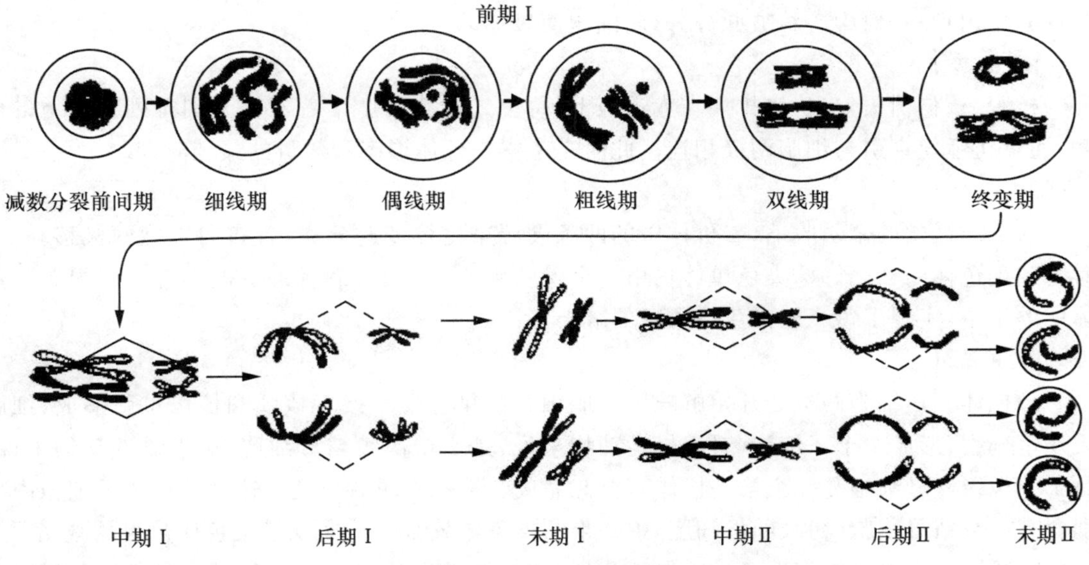

图 4-5　减数分裂模式

(一)减数第一次分裂

减数第一次分裂，由初级精母细胞(初级卵母细胞)形成次级精母细胞(次级卵母细胞)，细胞内染色体数目减半，由二倍体($2n$)变为单倍体(n)。

1. 前期

此期在减数分裂过程中耗时最长，染色体发生一系列的复杂变化。此期又分为细线期、偶线期、粗线期、双线期和终变期 5 个时期。

(1)细线期　第一次分裂开始，染色质逐渐浓缩呈细线状，盘绕成团，此时每个染色体已复制为 2 条姊妹染色单体，但在细线期难以识别。

(2)偶线期　每对同源染色体开始互相靠拢，两两并列在一起，在各对应位点上准确地配对，这种现象称为“联会”，是减数分裂特有的现象之一。配对具有严格的选择性，只有同源染色体才能联合在一起。配对时先在两端靠拢配对。或在染色体上的任何部位开始配对，最后扩展到整个染色体。

(3)粗线期　染色体不断缩短变粗，此时可以清楚地看到同源染色体的配对，一对相互配对的同源染色体称为二价体。此时二价体的每一条染色体已复制为 2 条姊妹染色单体，但着丝粒尚未分开，所以每个二价体都包含有 4 条染色单体，故又称四分体，一条染色体的 2 条姊妹染色单体对其同源染色体的 2 条姊妹染色单体来说彼此互称为非姊妹染色单体。

(4)双线期　染色体继续缩短，比粗线期更短更粗。组成二价体的 2 条同源染色体之间开始彼此分离，由于同源染色体 2 对染色单体互相缠绕在一起，所以分离时并不是完全分开，在某些部位上仍有一处或几处保持接触，称为交叉现象。之后交叉处断裂，二价体的非姊妹染色单体之间发生染色体片段的互换。染色体片段的互换是减数分裂的另一个特有现象，它导致了遗传性状的重组，是引起生物变异的原因之一。

(5)终变期　或称浓缩期，染色体继续螺旋化变得更加粗短，此时适宜在显微镜下观察染色体的形态和数目。二价体开始向赤道板移动。核仁还依然存在，但核膜开始变得模糊。纺锤丝开始出现，一对中心粒彼此分开，向细胞两极移动。

2. 中期Ⅰ

核膜、核仁消失，二价体排列在赤道板上，每个二价体的 2 个着丝粒分别排列在赤道的两侧，通过纺锤丝牵引与细胞两极相连。此时是考察染色体形态和数目的最佳时期。

3. 后期Ⅰ

由于纺锤丝的牵引收缩，二价体中的两条同源染色体彼此分离，各自向细胞两极移动，这时每条染色体的 2 个姊妹染色单体仍由一个着丝粒连在一起，最后每一极只有 1 对同源染色体中的 1 条，实现了每一极染色体数目的减半。

4. 末期Ⅰ

染色体到达细胞两极后开始解螺旋变成细长的染色质。接着核膜和核仁重新形成，细胞质发生分裂，形成 2 个子细胞(对于雄性动物来说，是 2 个次级精母细胞；对于雌性动物来说，是 1 个次级卵母细胞和 1 个第一极体)，至此完成了第一次减数分裂。这时的 2 个子细胞内分别含有初级精母细胞(初级卵母细胞)中一半的染色体数目(n)，实现了染色体数目的减半。

减数第一次分裂结束后经过短促的分裂间期，即进入减数第二次分裂。在减数分裂间期不像有丝分裂间期那样发生 DNA 的复制。

(二)减数第二次分裂

1. 前期Ⅱ

历时很短，有些生物根本没有。此时染色体由线状重新变短变粗，每条染色体由 2 条姊妹染色单体组成。

2. 中期Ⅱ

核仁、核膜消失，纺锤丝出现。染色体排列在赤道板上，通过纺锤丝牵引与细胞两极相连。

3. 后期Ⅱ

每条染色体的着丝粒一分为二，在纺锤丝的牵引下，2 条姊妹染色单体彼此分开向两极移动。

4. 末期Ⅱ

2 组染色体到达细胞两极后开始解螺旋变成细长的染色质。纺锤丝消失，核仁、核膜出现。接着进行细胞质分裂，形成 2 个子细胞(对于雄性动物来说，是 2 个精细胞；对于雌性动物来说，是 1 个卵细胞和 1 个第二极体)。至此，整个减数分裂过程全部完成。

细胞在减数分裂过程中，染色体复制 1 次，细胞分裂了 2 次，第一次分裂是同源染色体之间彼此分开，第二次分裂是姊妹染色单体之间彼此分开，由 1 个初级精母细胞(初级卵母细胞)经过连续的 2 次分裂，形成 4 个精细胞(1 个卵细胞和 3 个第二极体)，每个精细胞(卵细胞)的染色体数目只有初级精母细胞(初级卵母细胞)的一半。

减数分裂方式在遗传学上具有重要的意义。达到性成熟的动物体首先通过减数分裂，使产生的性细胞染色体数目减半，成为单倍体(n)，再经过受精结合形成下一代受精卵，恢复成二倍体($2n$)。受精卵经过有丝分裂，发育为一个成年的动物体。如此周而复始，保证了同一物种子代和亲代间染色体数目的恒定。使物种在世代繁衍过程中具有相对的稳定性(图 4-6)。

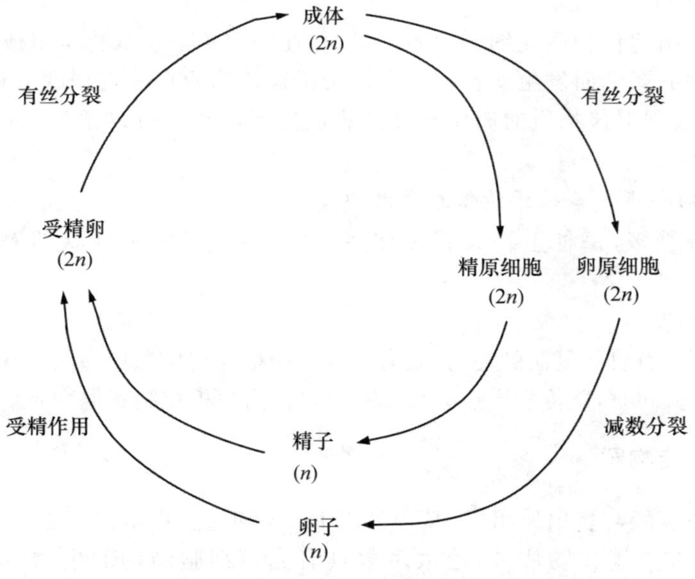

图 4-6 染色体周期变化示意图

其次，在前期Ⅰ的双线期，一对同源染色体的非姊妹染色单体之间可以发生片段的互换，从而使同源染色体上的基因进行重新组合形成具有不同基因的性细胞；一对同源染色体的 2 个成员在后期Ⅰ彼此分开时移向细胞哪一极是完全随机的，这样非同源染色体可以随机地自由组合在一起进入同一性细胞中。这些特有的现象为生物的变异创造了条件，为人工选择提供了丰富的材料，有利于生物的适应与进化。

四、高等动物性细胞的形成

动物性成熟以后，雄性动物睾丸里的精原细胞（雌性动物卵巢里的卵原细胞）首先以有丝分裂方式进行若干代的增殖，产生出许多的精原细胞（卵原细胞），这一阶段称为繁殖期。最后一代精原细胞（卵原细胞）不再进行有丝分裂，而进入生长期，细胞质增加，细胞体积变大。经过生长期以后，每一个精原细胞（卵原细胞）形成一个初级精母细胞（初级卵母细胞），然后进入成熟期，开始减数分裂过程。

任务3 遗传信息的传递

一、遗传物质

（一）遗传物质应具备的条件

1. 高度的稳定性与可变性

高度稳定性是指遗传物质在细胞中的含量、存在的位置以及其化学组成是恒定的，不会轻易受内外环境条件的影响而发生变化。可变性是指遗传物质在一定程度上具有可以变化的潜力。否则，生物就会因遗传物质的僵化而被自然选择所淘汰。可以说生物进化史就是遗传物质突变的历史。

2. 复杂的结构和携带各种遗传信息的潜力

地球上的物种繁多，每种生物又有许许多多的性状，而每个性状的表现都是有遗传基础的。

3. 自我复制的能力

遗传物质必须具有自我复制的能力，只有这样才能把遗传信息传递给子代，使子代具有与亲代相似的遗传性状。同时，遗传物质还必须具有以自己为模板控制其他物质新陈代谢的能力。

（二）核酸是遗传物质

染色体主要由核酸与蛋白质组成，其中又以 DNA 和组蛋白最多。除少数不含 DNA 的生物（如病毒）以 RNA 为遗传物质外，绝大多数具有完整细胞结构的生物，都以 DNA 为遗传物质。

二、遗传信息与遗传密码

（一）遗传信息

在 DNA 分子中，一种碱基对的排列顺序就是一种遗传信息。DNA 分子的碱基有 4 种，A

(腺嘌呤)-T(胸腺嘧啶)和C(胞嘧啶)-G(鸟嘌呤)2种核苷酸对。核苷酸数量一般有上万对。假设某一段DNA分子链含有1 000对核苷酸，则该段就可有$4^{1\,000}$种不同的排列组合方式，可反映$4^{1\,000}$种遗传信息，这是一个庞大的数字。DNA分子的这种特殊结构完全可以蕴藏地球上所有生物的遗传物质。RNA的碱基对A-U和C-G，U是尿嘧啶。

(二)遗传密码

遗传密码是核酸的碱基序列和蛋白质的氨基酸序列的对应关系。DNA分子中碱基对的排列顺序，决定信使RNA的碱基的排列顺序，决定氨基酸的序列。进一步研究证明，以DNA为模板形成的RNA上，每三个按顺序排列的碱基决定一种氨基酸的合成，称为密码子。4种碱基可以组合成$4^3=64$种密码子，而动物体内只有20种氨基酸，故存在多个密码子代表一种氨基酸的情况。除甲硫氨酸和色氨酸外，其他的氨基酸均有两种以上的密码子。多种密码子编码一种氨基酸的现象称为简并，代表一种氨基酸的多种密码子称为同义密码子。三联体密码子AUG和GUG为蛋白质合成起点密码子。UAA、UAG、UGA是终止密码。具体见表4-2。

表4-2　20种氨基酸的遗传密码

第一位置碱基	密码子的第二位								第三位置碱基
	U		C		A		G		
U	UUU	苯丙氨酸	UAU	丝氨酸	UAU	络氨酸	UGU	半胱氨酸	U
	UUC		UAC	丝氨酸	UAC	络氨酸	UGC	半胱氨酸	C
	UUA	亮氨酸	UAA	丝氨酸	UAA	终止密码	UGA	终止密码	A
	UUG	亮氨酸	UAG	丝氨酸	UAG	终止密码	UGG	色氨酸	G
C	CUU	亮氨酸	CCU	脯氨酸	CAU	组氨酸	CGU	精氨酸	U
	CUC	亮氨酸	CCC	脯氨酸	CAC	组氨酸	CGC	精氨酸	C
	CUA	亮氨酸	CCA	脯氨酸	CAA	谷氨酸	CGA	精氨酸	A
	CUG	亮氨酸	CCG	脯氨酸	CAG	谷氨酸	CGG	精氨酸	G
A	AUU	异亮氨酸	ACU	苏氨酸	AAU	天冬氨酸	AGU	丝氨酸	U
	AUC	异亮氨酸	ACC	苏氨酸	AAC	天冬氨酸	AGC	丝氨酸	C
	AUA	异亮氨酸	ACA	苏氨酸	AAA	赖氨酸	AGA	精氨酸	A
	AUG	甲硫氨酸(起始)	ACG	苏氨酸	AAG	赖氨酸	AGG	精氨酸	G
G	GUU	缬氨酸	GCU	丙氨酸	GAU	天冬氨酸	GGU	甘氨酸	U
	GUC	缬氨酸	GCC	丙氨酸	GAC	天冬氨酸	GGC	甘氨酸	C
	GUA	缬氨酸	GCA	丙氨酸	GAA	谷氨酸	GGA	甘氨酸	A
	GUG	缬氨酸(起始)	GCG	丙氨酸	GAG	谷氨酸	GGG	甘氨酸	G

三、中心法则及其发展

中心法则阐述了生物界遗传信息流动方向的问题。我们把遗传信息从 DNA 传递给 RNA,再从 RNA 传递给蛋白质以及 DNA 传递给 DNA 的过程称为中心法则。其内容概括为以下几点。

(1)DNA 链上的碱基序列就是遗传信息,是产生具有特异性蛋白质的模板。

(2)DNA 双股链打开,以每条单链为模板,按照碱基配对原则,合成新的互补链。

(3)以 DNA 双链中的一条链为模板,转录成 mRNA。然后根据 mRNA 上的遗传密码翻译成蛋白质。

这三点说明,遗传信息由 DNA 传向 DNA,或由 DNA 传向 RNA,然后,决定蛋白质的特异性;蛋白质是遗传信息的受体,遗传信息不能由蛋白质传向蛋白质,或由蛋白质传向 DNA 或 RNA。即遗传信息从 DNA 传给 DNA 的复制过程,以及遗传信息以 DNA 传递给 RNA,再由 RNA 通过转录和翻译确定蛋白质特异性过程,这是分子生物学的中心法则。

中心法则自 1958 年提出以后,科学家又陆续发现那些只含有 RNA 而不含 DNA 的病毒,在感染宿主细胞后,RNA 与宿主的核糖体结合,形成一种 RNA 复制酶,在这种酶的催化作用下,以 RNA 为模板复制出 RNA。也就是说,RNA 的遗传信息可以传向 RNA。近年来又研究发现,路斯肿瘤病毒是 RNA 病毒,存在反转录酶,它能以 RNA 为模板合成 DNA。

由此可见,遗传信息并不一定是从 DNA 单向地传向 RNA,RNA 携带的遗传信息同样也可以复制和传向 DNA,这就是补充和完善后的中心法则。

修正前后的中心法则见图 4-7。

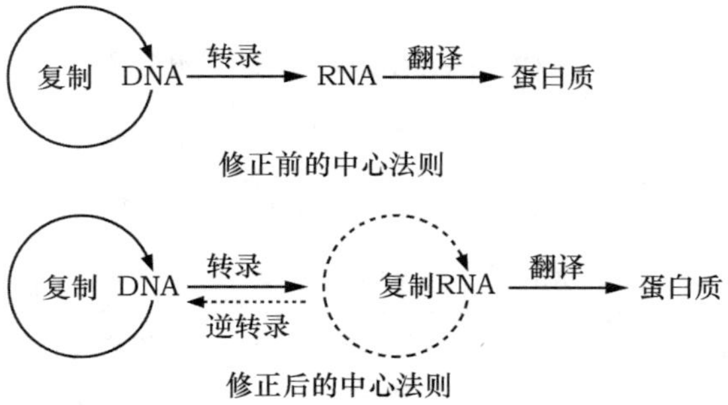

图 4-7　修正前后的中心法则

四、基因的概念

基因是遗传的基本单位,是有功能的 DNA 片段,它含有合成有功能的蛋白质多肽链或 RNA 所必需的全部核苷酸序列。基因具有 4 个方面的特点。

(1)基因是一个突变单位,突变的本质是基因的改变,最终导致生物遗传性的改变。

(2)基因是一个功能单位,以遗传密码的方式携带遗传信息,发出指令产生各种生物表型。

(3)基因是一个重组单位,由于重组促进了生物的进化和生物的多样性。

(4)基因是一个调控的和可调控的单位,受反式调控元件和顺式调控元件等多个因素调控,因此,基因既是一个调控单位,又是一个可调控单位。

【学习要求】

识记:染色体、同源染色体、性染色体、基因、细胞周期、联会、遗传信息、密码子、中心法则。

理解:染色体数量及细胞的减数分裂对于生物性状遗传的重要意义;遗传信息传递的过程。

应用:讨论分析染色体分析技术在畜牧生产中的应用前景如何?

项目十　畜禽遗传的基本规律

【学习目标】

● 了解性状分离、自由组合、连锁互换的试验现象；能解释性状分离现象、自由组合现象、连锁互换现象；掌握分离规律、自由组合规律、连锁互换规律的主要内容及应用；理解数量性状及数量性状遗传参数的概念，掌握遗传参数在生产中的应用。

【学习内容】

任务1　分离规律

一、一对相对性状的杂交试验

杂交，在遗传学上指的是具有不同遗传性状的个体之间的交配。杂交所得到的后代称为杂种。

性状是生物体形态、结构和生理、生化等特性的统称。我们又可以把性状区分为各个单位，以便加以研究。例如，家畜的毛色、耳型等。这些被区分开的每一具体性状称为单位性状。每一单位性状在不同个体间又有各种不同的表现。例如，牛的毛色有黑色和红色，猪的耳型有立耳和垂耳等。这种同一单位性状的相对差异称为相对性状。

现以猪的毛色杂交试验为例来说明一对相对性状的遗传。

采用纯种的白色猪和黑色猪杂交，试验过程和结果如图4-8所示，图中的符号“×”代表杂交，它的前面一般写母本，其后写父本，P代表亲本，F_1、F_2分别代表杂种一代和二代，“⊗”代表自交，即植物自花授粉或动物的高度近交。

试验发现，白色猪无论是作为父本还是作为母本，F_1杂种全都为白色，黑色性状似乎是被白色性状掩盖了。在杂交时两亲本的相对性状能在子一代中表现出来的称为显性性状，不表

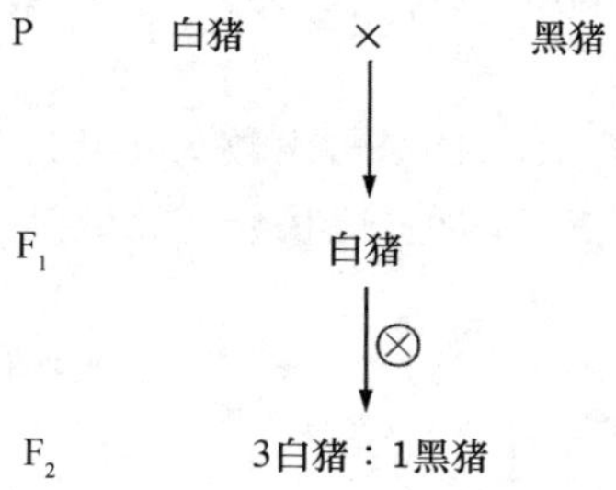

图 4-8　猪的毛色遗传现象

现出来的性状称为隐性性状。这样，白色对黑色是显性性状，黑色对白色是隐性性状。子一代中不出现隐性性状，只出现显性性状的现象，称为显性现象。

让 F_1 自群繁殖，得到的下一代即 F_2。F_2 中既有白色的也有黑色的。也就是说，在 F_2 中既出现显性性状，又出现隐性性状，这种现象称为分离现象(或性状分离)。经过统计分析发现：白色猪和黑色猪的数量比值接近于 3∶1。

上述试验结果显示了 3 个有规律性的共同现象：

(1)F_1 只表现出一个亲本的某个性状，即显性性状。

(2)杂交亲本的相对性状在 F_2 中又分别出现。

(3)F_2 具有显性性状的个体数和具有隐性性状的个体数常表现为一定的分离比例，即接近 3∶1。

现在知道，显性现象和分离现象在生物中是普遍存在的。在家畜家禽中还有许多相对性状呈现显隐性关系。一对相对性状杂交，F_2 的性状分离比也是 3∶1。

二、分离现象的解释与验证

(一)解释

亲代两性配子结合发育成为个体，所以，个体性状的表现必定与配子有关。

(1)假设白猪的雌、雄配子里都有一个白色基因，用 R 表示(大写字母表示具有显性作用的基因)。

(2)假设黑猪的雌、雄配子里都有一个黑色基因，用 r 表示(小写字母表示具有隐性作用的基因)。

(3)在体细胞中基因成对存在，即 RR 和 rr，在配子形成时，成对基因彼此分离，每个配子只得到成对基因中的一个。即白猪的配子中只含有一个 R，黑猪的配子中只含有一个 r。

(4)白猪与黑猪杂交时，雌雄配子结合，则 F_1 代为体细胞中含有一个 R 和一个 r 的个体(Rr)，恢复了基因成对的状态，R 和 r 虽然在一起，但不融合，保持各自的完整性，只不过由于 R 对 r 的显性作用，即 R 控制的性状表现了出来，而 r 所控制的性状没有表现出来，因此，F_1 只表现白色性状，但 r 因子并没有消失。

(5)当 F_1(Rr)形成配子时，这两个因子相互分离，各自进入一个配子，即 F_2 可形成一种带

R、另一种带 r 的两种配子，且两种配子数目相等，F_1 在自群繁殖时，形成的雌雄配子，每种雌、雄性配子结合的机会均等。

(6)在 F_2 中有 3 种基因的组合 RR、Rr、rr，比数为 1∶2∶1。又由于 R 对 r 为显性，因此按性状的表现来说，只表现白色和黑色两种，性状分离比数是 3∶1(图 4-9)。

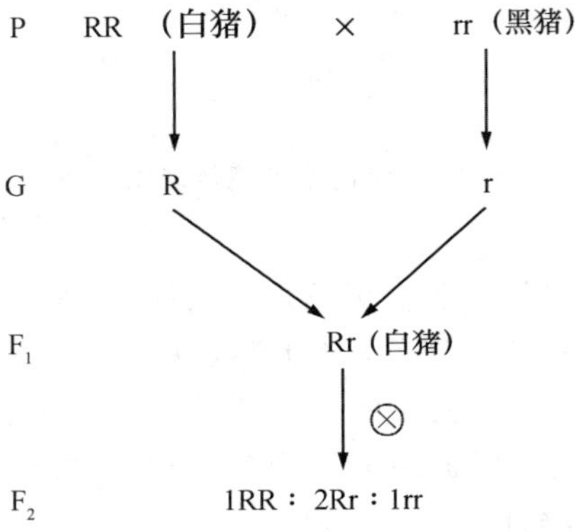

图 4-9 一对相对性状遗传分析

(二)分离规律的要点

(1)遗传性状由相应的等位基因所控制。等位基因在体细胞中成对存在，一个来自母本，一个来自父本。

(2)体细胞内成对等位基因虽同在一起，但并不融合，各保持其独立性。在形成配子时分离，每个配子只能得到其中之一。

(3)F_1 产生不同配子的数目相等，即 1∶1。由于各种雌雄配子结合是随机的，即具有同等的机会，所以 F_2 中等位基因组合比数是 1RR∶2Rr∶1rr，即基因型之比为 1∶2∶1；显隐性的个体比数是 3∶1，即显隐表型之比为 3∶1。

(三)验证

孟德尔采用测验杂交的方法对假设进行了验证。测验杂交简称测交或回交，就是把 F_1 和隐性亲本个体交配。孟德尔之所以要使用隐性亲本的理由是：它是纯合体，只能产生一种含隐性基因的配子，这种配子与 F_1 所产生的两种配子结合，就会产生 1/2 的显性性状个体和 1/2 的隐性性状个体。进行测交时，隐性亲本可以用作父本，也可以用作母本，正反测交的结果是一致的，证明符合孟德尔的预期结果。

三、分离比实现的条件

(1)用来杂交的亲本必须是纯合体。

(2)显性基因对隐性基因的作用是完全的。

(3)F_1 形成的两种配子数目相等，配子的生活力相同，两种配子结合是随机的。

(4)F_2 中三种基因型个体存活率相等。

四、分离规律在畜禽育种实践中的应用

(一)通过分离规律的应用可以明确相对性状间的显隐性关系

在家畜育种工作中,必须搞清楚相对性状间的显隐性关系,例如,我们要选育的性状哪些是显性的,哪些是隐性的,以便我们采取适当的杂交育种措施,预见杂交后代各种类型的比例,从而为确定选育的群体大小、性状提供依据。

(二)判断家畜某种性状是纯合体或杂合体

在畜牧业生产中,常常需要培育优良的纯种,这就需要首先选择出某些性状上是纯合体的种公畜(禽)。例如,在鸡的育种中,如果我们需要矮脚纯合体的种公鸡,而对现有的或引进的矮脚公鸡究竟是纯合体还是杂合体不清楚的话,这时我们可以把这个待检定的矮脚种公鸡与正常脚母鸡(正常脚是隐性)进行交配。交配后代如果全部是矮脚,说明此公鸡是纯合体;否则,就是杂合体。

(三)淘汰带有遗传缺陷性状的种畜

种用畜禽应是没有遗传缺陷的。遗传缺陷性状大多数是受隐性基因控制的,因此在杂合体中表现不出来,这样杂合体就成为携带者,可在畜群中扩散隐性基因。尤其是种公畜(禽),如果是携带者,将会给畜牧业带来不可估量的损失。所以在育种工作中,我们不仅要把具有遗传缺陷性状的隐性纯合体淘汰,而且还要采用测交的方法,检测出携带者,并把它们从畜群中淘汰。

任务2 自由组合规律

分离规律只涉及一对相对性状的遗传,但在动物育种中,经常涉及两对和多对相对性状的杂交,希望通过杂交把双亲的优良性状结合在一起,育成一个比双亲都优秀的新品种。例如,猪的甲品种肉质好但生长速度慢,乙品种肉质一般但生长速度快,因此,可以通过甲、乙两个品种的杂交,育成一个肉质好且生长速度快的新品种。这就有必要了解两对和多对相对性状的遗传规律。孟德尔在研究一对相对性状的遗传现象后,进一步对两对和两对以上相对性状的遗传现象进行了分析研究,发现了遗传的第二个规律—自由组合规律。

一、两对相对性状的杂交试验

例如,纯种的平耳白猪与纯种的立耳黑猪杂交。F_1 全部是平耳白猪;F_1 代自群繁育得到的 F_2 共有4种表现型,分别是平耳白猪、平耳黑猪、立耳白猪和立耳黑猪,它们的比数是

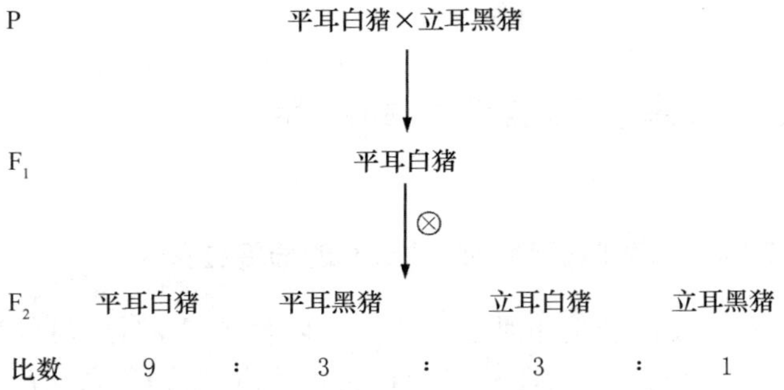

图 4-10　平耳白猪与立耳黑猪杂交遗传现象

9∶3∶3∶1(图 4-10)。

上述试验结果中，F_2 代的 4 种类型，其中有两种类型是亲本原有性状的组合，即平耳白猪和立耳黑猪，称为亲本型；另外两种类型是亲本原来没有的组合，即平耳黑猪和立耳白猪，称为重组型。

在家畜中也有不少类似的现象。例如牛的黑毛与红毛是一对相对性状；有角与无角是另一对相对性状。从杂交试验得知，黑毛对红毛是显性，无角对有角是显性。让纯合体的黑毛无角的安格斯牛与纯合体的红毛有角的海福特牛杂交，不论谁作父本、母本，F_1 全是黑毛无角牛。由 F_1 群内公、母牛交配产生的 F_2，也同样分离出 4 种类型：黑毛无角、黑毛有角、红毛无角、红毛有角。而且 4 种类型的分离比也符合 9∶3∶3∶1。

二、自由组合现象的解释与验证

(一)解释

(1)假设两对性状是由两对基因控制的，以 Y 和 y 分别代表控制耳形的平耳和立耳的基因，以 R 和 r 分别代表决定颜色的白色和黑色的基因。

(2)已知 Y 对 y 为显性，R 对 r 为显性，平耳白猪的亲本基因型应为 RRYY，立耳黑猪的亲本基因型为 rryy。

(3)根据分离规律，在亲本形成配子时，同源染色体上等位基因分离，即 R 与 R、Y 与 Y 分离，独立分配到配子中去，因此 R 和 Y 组合在一起，只形成一种配子 RY。同样，rr、yy 分离也只组合成一种配子 ry。

(4)杂交后，RY 和 ry 结合形成基因型为 RrYy 的 F_1，由于 R、Y 为显性，所以 F_1 表现型都是平耳白猪。

(5)杂合体的 F_1 自交，在产生配子的时候，按照分离规律，同源染色体上的等位基因要分离，即 Rr 必定分离，Yy 也必定分离而各自独立分配到配子中去，因此两对同源染色体上的非等位基因可以同等的机会自由组合。

(6)R 可以和 Y 组合在一起形成 RY，r 可以和 Y 组合在一起形成 rY；R 也可以和 y 组合在一起形成 Ry，r 也可以和 y 组合在一起形成 ry。

(7)这样子一代 RrYy 可能形成含有 2 个基因的 4 种配子：RY、Ry、rY、ry 配子，而且这 4

种类型配子的数目相等。

(8)雌雄配子各有 4 种不同的类型，且这 4 种类型的雌雄配子结合是随机的。

(9)因此，子二代就应有 16 种组合的 9 种基因型的合子，其表现型将为平耳白猪、平耳黑猪、立耳白猪和立耳黑猪 4 种表现型，而且比率为 9∶3∶3∶1，具体见图 4-11。

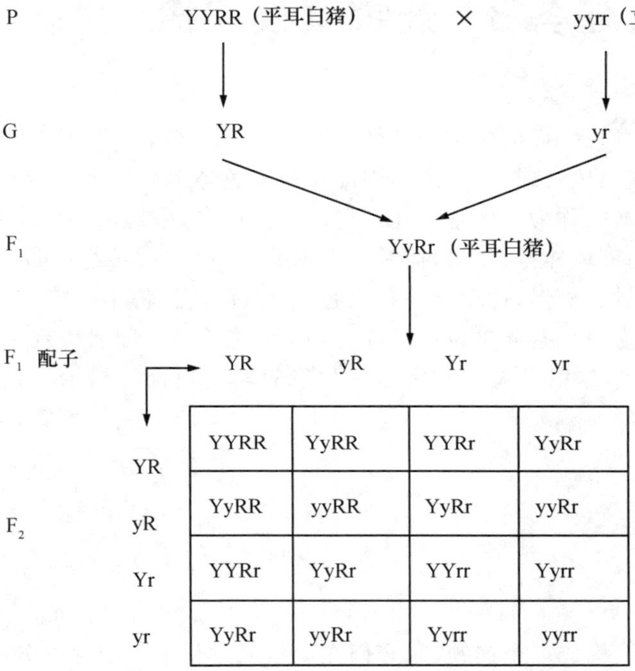

图 4-11 两对相对性状遗传分析

(二)自由组合规律的要点

(1)位于不同染色体上的两对或两对以上的非等位基因在形成配子时，同一对基因各自独立、互不影响，分别进入不同配子；不同对基因之间的组合是完全自由的、随机的。

(2)雌雄配子在结合时也是自由组合的、随机的。

(三)自由组合理论的验证

自由组合理论能否成立，同样需要采用测交来进行检验，方法是用 F_1 与纯合体隐性亲本回交。以两对相对性状而言，F_1 就应该产生 4 种类型的配子，和隐性纯合体亲本测交时。由于它只产生一种具有隐性基因的配子，所以应该得出 4 种表现型的后代而且数目相等，其比率为 1∶1∶1∶1。测交的结果与预期的完全相符。说明自由组合理论是正确的。

三、自由组合规律在畜禽育种实践中的意义

在畜禽育种工作中，应用自由组合规律，选择具有不同优良性状的品种或品系进行重新组

合，逐步使之纯化，可以培育出符合育种要求的优良新品种或品系。例如，猪的一个品种适应性强，但生长速度慢，另一个品种生长速度快，但适应性差，让这两个品种杂交，在杂种后代中就有可能出现既生长速度快，又适应性强的类型。通过选择，就有可能育成新品种。

任务3 连锁互换规律

染色体是基因的载体，但是，任何生物染色体的数目都是有限的，而生物体的性状有成千上万个，决定这些性状的基因也有成千上万个，因此每条染色体上必然聚集着成群的基因。位于同一对同源染色体上的基因称为一个基因连锁群。例如，普通果蝇的染色体是4对，已知的基因有500个以上，人类的染色体是23对，而基因数目有3万个左右，这些都说明了基因的数目大大超过了染色体的数目。显然，位于同一条染色体上的基因，将不可能进行独立分配，它们必然随着这条染色体作为一个共同单位而传递，从而表现了另一种遗传现象，即连锁遗传。美国生物学家与遗传学家摩尔根在孟德尔之后，用果蝇作试验材料，揭示了这一重要的遗传现象。

一、连锁与互换

（一）完全连锁

同一条染色体上的基因构成一个连锁群，它们在遗传的过程中不能独立分配，而是随着这条染色体作为一个整体共同传递到子代中去，这就称为完全连锁。在生物界中完全连锁的情况是很少见的，典型的例子是雄果蝇和雌家蚕的连锁遗传，现以果蝇为例来说明。

果蝇的灰身(B)对黑身(b)是显性，长翅(V)对残翅(v)是显性。用纯合体的灰身长翅雄果蝇与纯合体的黑身残翅雌果蝇杂交，F_1 全部是灰身长翅(BbVv)。用 F_1 中的雄果蝇与双隐性亲本雌果蝇进行测交，按照分离规律和自由组合规律，F_1 雄果蝇应产生 BV、Bv、bV、bv 四种精子，双隐性雌果蝇只产生一种 bv 卵子，因此测交后代应该出现灰身长翅、灰身残翅、黑身长翅、黑身残翅4种类型，而且是1∶1∶1∶1的比例。可是实验的结果与理论分离比数不一致，后代只出现灰身长翅和黑身残翅两种亲本型果蝇，其数量各占50%，并没有出现灰身残翅和黑身长翅的果蝇。这表明 F_1 形成的精子类型可能只有 BV 和 bv 两种，两对基因之间没有重新自由组合。如何解释这个问题呢？

假设B和V这两个基因连锁在同一条染色体上，用符号BV来表示，b和v连锁在另一条对应的同源染色体上，用符号bv来表示。如果用纯合体灰身长翅果蝇与纯合体黑身残翅果蝇杂交，F_1 是灰身长翅果蝇。用 F_1 雄果蝇再与隐性亲本雌果蝇测交时，由于杂合的 F_1 代雄果蝇在形成配子时只能产生两种配子(BV 和 bv)，雌果蝇只产生一种配子(bv)，所以测交后代只有灰身长翅和黑身残翅两种类型，比例是1∶1. 这就是完全连锁的遗传特点，如图4-12所示。

（二）不完全连锁（互换）

不完全连锁指的是连锁的非等位基因，在形成配子的过程中发生了交换，这样就出现了和

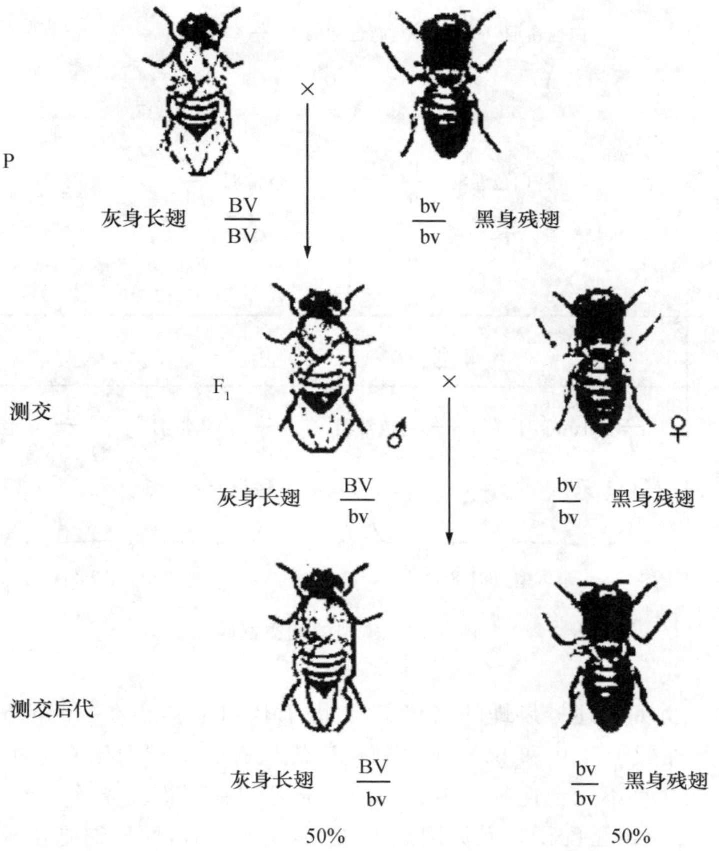

图 4-12 雄果蝇完全连锁图解

完全连锁不同的遗传现象。

在家鸡中有一种白色卷羽鸡。实验得知，鸡羽毛的白色(I)对有色(i)为显性，卷羽(F)对常羽(f)为显性。用纯合体白色卷羽鸡(IIFF)与纯合体有色常羽鸡(iiff)杂交，F_1 全部是白色卷羽鸡，用 F_1 代母鸡与双隐性亲本公鸡进行测交，产生了 4 种类型的后代，其比例数不是预期的 1∶1∶1∶1，而是亲本型大大超过重组型，如图 4-13 所示。

从图 4-13 可以看出，F_1 形成的 4 种类型的配子数目确实是不相等的，亲本型(白色卷羽和有色常羽)个体数占 81.8%，重组型(白色常羽和有色卷羽)个体数只占 18.2%。我们知道，在自由组合情况下，亲本型和重组型应该各占 50%，或者说 4 种类型配子各占 25%，上述测交的结果与这个理论数相差很大。现在的问题是 F_1 所产生的 4 种类型的性细胞数目为什么不相等？为什么亲本型性细胞总是出现的多，而重组型性细胞总是要少些呢？这要从基因和染色体的关系上来寻求答案。

二、连锁互换遗传的解释

我们知道，染色体是基因的载体，每一条染色体上必定有许多基因存在。存在于同一条染色体上的非等位基因，在形成配子的减数分裂过程中，如果没有发生交叉互换，就会出现完全

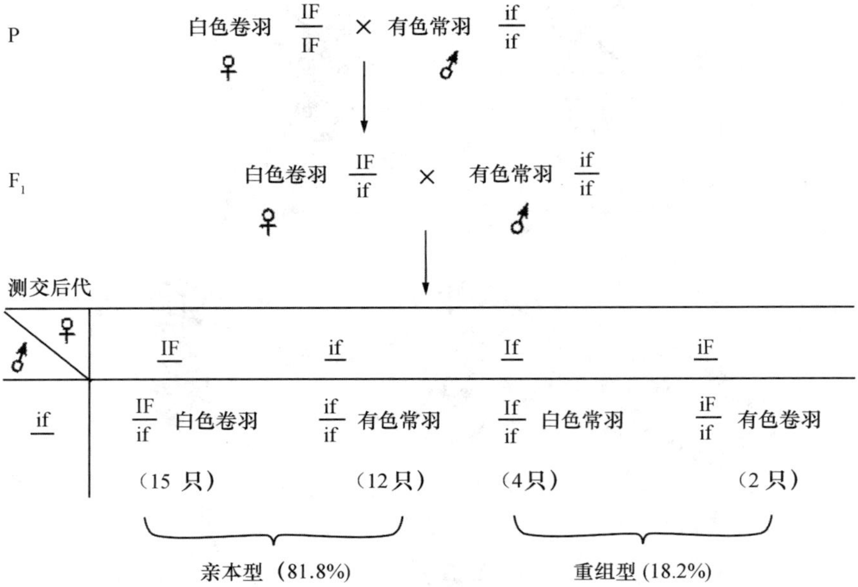

图 4-13　家鸡的测交试验

连锁遗传的现象。例如上述雄果蝇的测交实验，由于 B 和 V 连锁在一起。b 和 v 连锁在一起，因此，F_1 只产生两种配子（BV 和 bv），所以测交后代只有亲本型而没有重组型。但是，在大多数生物中见到的往往是不完全连锁遗传。当两对非等位基因不完全连锁时，F_1 不但产生亲本型配子，而且也产生重组型配子。其原因是 F_1 在形成配子时，性母细胞在减数分裂的粗线期，非姊妹染色单体之间发生了 DNA 片段的互换，基因也随之发生了互换，由此形成的 4 种基因组合的染色单体分别组成 4 种不同的配子，其中两种配子是亲本型组合，两种是重组型组合。

三、性别决定与伴性遗传

性别是动物中最容易区别的性状。在有性生殖的动物群体中，包括人类，雌雄性别之比大都是 1∶1。这是一个典型的一对基因杂合体测交后代的比例，说明性别和其他性状一样，也和染色体及染色体上的基因有关。但生物的性别是一个十分复杂的问题，因此，性别决定也因生物的种类不同而有很大的差异。在多数二倍体真核生物中，决定性别的关键基因位于一对染色体上，这对染色体称为性染色体，除此之外的染色体称为常染色体。常染色体的各对同源染色体一般都是同型的，但性染色体却有很大的差别，它是动物性别决定的基础。

（一）性染色体类型

动物的性染色体类型常见的有 XY、ZW、XO 和 ZO 四种类型，分别见于各个门、纲、目、科中。

1. XY 型

包括人类在内的全部哺乳动物、某些两栖类、硬骨鱼类、昆虫等的性染色体属于这种类型。雌性是一对形态相同的性染色体，用符号 XX 表示；雄性只有一条 X，另一条比 X 小，并且形态也有很大不同，用符号 Y 来表示，因此，雄性是 XY。

2. ZW 型

家禽（如鸡、火鸡、鸭、鹅等）和全部鸟类、若干鳞翅目类昆虫、某些鱼类等的性染色体属于这种类型。这种类型的性别决定方式刚好和 XY 类型相反，雌性为异型性染色体，雄性为同型性染色体。为了和 XY 相区别，用 Z 和 W 代表这一对性染色体，雌性用符号 ZW 表示，雄性用符号 ZZ 表示。

3. XO 型和 ZO 型

许多昆虫属于这两种类型。在 XO 型中，雌性是 XX；雄性只有一条 X 染色体，没有 Y 染色体，用 XO 代表。在 ZO 型中，雌性只有一条 Z 染色体，用 ZO 表示；雄性是两条性染色体，用 ZZ 表示。

(二)性别决定

生物类型不同，性别决定的方式也往往不同。XY 型染色体，当减数分裂形成生殖细胞时，雄性产生两种类型的配子，一种是含有 Y 染色体的 Y 型配子，另一种是含有 X 染色体的 X 型配子，两种配子的数目相等，雌性只产生一种含有 X 染色体的卵子。受精后，若卵子与 X 型精子结合形成 XX 合子，则将来发育成雌性；若卵子与 Y 型精子结合形成 XY 合子，则将来发育成雄性，Y 染色体决定着个体向雄性方向发育。人的 XY 型性别决定如图 4-14 所示。

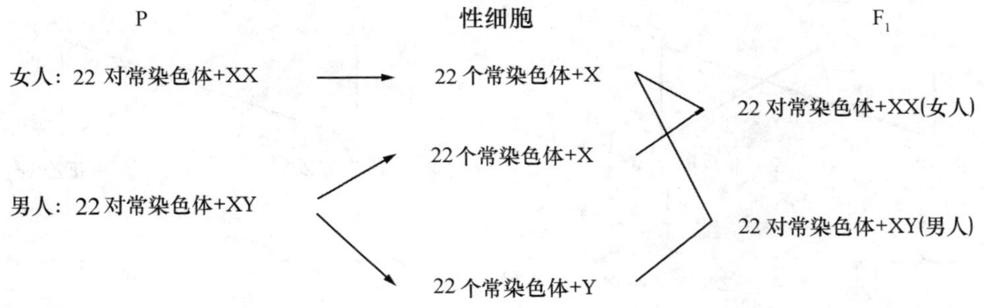

图 4-14　人的性别决定图解

ZW 型与 XY 型相反，雄体只产生一种含 Z 染色体的 Z 型精子，而雌体可产生两种类型卵子，一种是含有一条 Z 染色体的 Z 型卵子，另一种是含有一条 W 染色体的 W 型卵子，两种卵子的数目相等。通过受精，若 Z 型卵子与 Z 型精子结合形成 ZZ 合子，则将来发育成雄体；若 W 型卵子与 Z 型精子结合形成 ZW 合子，则将来发育成雌体。

各种两性生物中，雌性和雄性的比例大致接近 1∶1，其原因在于雄性（或雌性）个体可产生两种类型配子，而雌性（或雄性）个体只产生一种类型配子。这种比数和一对相对性状杂交时，F_1 的测交后代比数完全相同。

(三)伴性遗传

性染色体是性别决定的主要遗传物质，性染色体上也有某些控制性状的基因，这些基因伴随着性染色体而传递。因此，这些基因所控制的性状，在后代的表现上，必然与性别相联系。

在遗传学上，把性染色体上基因的遗传方式称作伴性遗传（性连锁遗传）。两性生物体中，不同性别的个体所带有的性染色体是不同的，因此，伴性遗传和常染色体遗传也是不同的。常染色体遗传没有性别上的差别，而伴性遗传则有如下特点：性状分离比数与常染色体基因控制的性状分离比数不同；正反交结果不一样，表现为交叉现象；两性间的分离比数也不同。现举例说明如下。

芦花鸡的毛色遗传是伴性遗传。芦花鸡的绒羽为黑色，头上有白色斑点，成羽有横斑，是黑白相间的。如果用芦花母鸡与非芦花公鸡交配，得到的 F_1 中，公鸡都是芦花，而母鸡都是非芦花。让 F_1 自群繁殖，产生的 F_2 中，公鸡中一半是芦花，一半是非芦花，母鸡也是如此。这个遗传现象如何解释呢？可假设芦花基因(B)对非芦花基因(b)为显性，B 和 b 这对基因位于 Z 染色体上，常用 Z^B 和 Z^b 来表示，在 W 染色体上不携带它的等位基因。这样，芦花母鸡的基因型是 Z^BW，非芦花公鸡的基因型为 Z^bZ^b。两者交配，F_1 公鸡的羽毛全是芦花，基因型是 Z^BZ^b，母鸡的羽毛全是非芦花，基因型是 Z^bW。F_2 中，母鸡一半是芦花，基因型是 Z^BW，一半是非芦花，基因型是 Z^bW；公鸡的一半也是芦花，基因型是 Z^BZ^b，另一半是非芦花，基因型是 Z^bZ^b。芦花母鸡与非芦花公鸡杂交（正交）如图 4-15 所示。

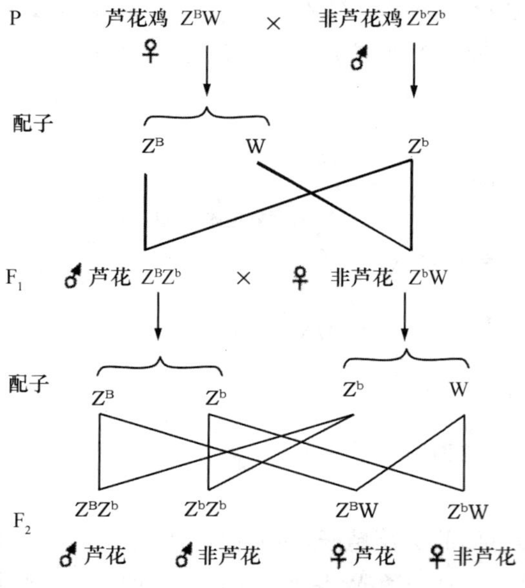

图 4-15 芦花母鸡与非芦花公鸡的杂交

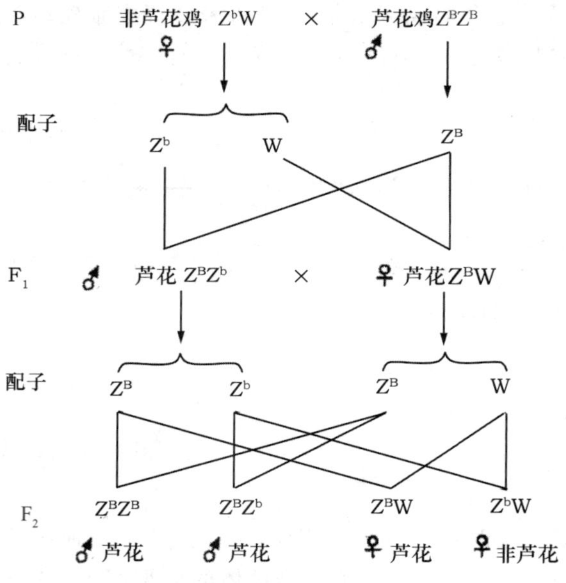

图 4-16 非芦花母鸡与芦花公鸡杂交

如果以非芦花母鸡（Z^bW）与芦花公鸡（Z^BZ^B）杂交（反交），结果就大不相同了，F_1 公鸡和母鸡的羽毛全是芦花。F_1 公母鸡相互交配，F_2 的公鸡全是芦花，母鸡则一半是芦花，一半是非芦花。这说明，正交和反交结果是不相同的，两性间的分离比数也是不相同的。非芦花母鸡与芦花公鸡杂交（反交）结果如图 4-16 所示。

除伴性遗传外，还有一种限性遗传。限性遗传是指某些性状只限于雄性或雌性上表现。控制这些性状的基因或处在常染色体上或处在性染色体上。限性遗传与伴性遗传不同，限性遗传只局限于一种性别上表现，而伴性遗传既可以在雄性上也可以在雌性上表现，只是表现的频率有所不同。限性遗传的性状多与性激素的存在与否有关。例如，哺乳动物的雌性有发达的乳房、公孔雀有美丽的尾羽、母鸡产蛋、公畜阴囊疝等。限性性状是一个普通名词,它既可以指极为复杂的单位遗传性状,例如公畜的隐睾症或单睾症,也可以指极为复杂的性状综合体,例如产仔性状、产蛋性状、泌乳性状等。由此可知,控制限性性状的基因极为复杂。

另外,还有一种从性遗传或性影响遗传,决定从性遗传的基因称为从性基因,一般位于常染色体上,由从性基因控制的性状称为从性性状(又称影响性状)。从性性状是指那些在雌性为显性,在雄性为隐性,或在雄性为显性,在雌性为隐性的性状。从性性状在两个性别中都可以得到表达,但同一基因的表达在不同的性别中显隐性关系不同。例如,陶赛特公母羊都有角,其基因型为HH,雪洛夫羊公母羊都无角,其基因型为hh。这两种羊杂交,F_1基因型为Hh,则公羊有角,而母羊无角,这表明H在公羊为显性,而h在母羊为显性,而且正反交结果完全相同。

(四)伴性遗传在生产上的应用

伴性遗传原理在养鸡业中被广泛应用。鸡的Z染色体较大,包含的基因较多,已有17个基因位点被精确定位于Z染色体上,其中有3对伴性性状(慢羽对快羽、芦花羽对非芦花羽、银色羽对金色羽)在育种中被用来进行初生雏鸡的自别雌雄,例如:用芦花母鸡和非芦花(洛岛红)公鸡杂交,在F_1雏鸡中,凡是绒羽为芦花羽毛(黑色绒毛,头顶上有不规则的白色斑点)的为公鸡,全身黑色绒毛或背部有条斑的为母鸡;褐壳蛋鸡商品代目前几乎全都利用伴性基因——金银色羽基因(s/S)来自别雌雄,凡绒羽为银色羽的为公鸡,反之为母鸡;褐壳蛋鸡父母代也可以利用快慢羽基因(k/K)来自别雌雄,公鸡皆慢羽,母鸡皆快羽;白壳蛋鸡目前可用于自别雌雄的基因只有快慢羽基因。

任务4 数量性状的遗传

家畜的性状可分为两大类,一类为质量性状,其差异大多是明显的不连续差异,它的遗传比较容易地可由孟德尔定律和连锁规律来分析;另一类为数量性状,这些性状的变异呈连续状态,界限不清楚,不易分类。家畜的经济性状大多是数量性状,如泌乳量、日增重、饲料利用率等,都属于数量性状。数量性状的遗传要比质量性状的遗传复杂得多,它是由许多基因控制的,而且它们的表现容易受环境条件变化的影响。因此,在研究数量性状遗传时,往往要分析多对基因的遗传,并要特别注意环境的影响。

一、数量性状的一般特征

数量性状是指那些计量的性状,其基因作用大多表现为群体性而缺乏个体性,并只能用称、量、数等方法对它们加以度量。因此,有关数量性状的观察研究结果都是一系列的数字材料,只有对这些数字资料用生物统计方法进行分析,估算一些遗传参数,才能反映其遗传变异的特点并洞察其中的规律。一般而言,数量性状的特点可归纳为以下4点:①数量性状是可以度量的;②数量性状呈连续性变异;③数量性状的表现容易受到环境的影响;④控制数量性状的遗传基础是多基因系统。

动物育种所重视的许多经济性状都是数量性状，例如产蛋数、蛋重、饲料转化率、断奶窝重、哺育率等。从理论方面来说，亲缘关系较近的种群间差异，大多数表现为数量性状的差异。非连续性变异在自然界发生的频率很低，在生物进化上的意义有限；而大量的、经常发生的是一些微小的连续性变异，这些变异才是进化的主要材料。因此，了解数量性状的遗传规律，为进一步掌握家畜育种与遗传改良的原理和方法，以及了解生物进化规律具有十分重要的意义。

二、数量性状的遗传力

(一)遗传力的概念

我们研究数量性状的遗传必须采用统计方法。为了说明某种性状的特性以及不同性状之间的表型关系，可以根据表型值计算平均数、标准差、相关系数等，统称表型参数。为了估计个体的育种值和进行育种工作必须用到的统计常量(参数)称为遗传参数。常用的遗传参数有三个，即遗传力、重复率和遗传相关。遗传力则是最常用、最重要的基本遗传参数。

性状的表现型是遗传与环境共同作用的结果，所谓遗传力就是指遗传方差在总表型方差中所占的比率。遗传力估计值可以用百分数或者小数来表示。如果遗传力估计值是1(即100%)，说明某性状在后代畜群中的变异原因完全是遗传所造成的；相反，如果遗传力估计值是0，则说明这种变异的原因是环境造成的，与遗传无关。事实上，没有任何一个数量性状的变异与遗传或与环境完全无关。所以，数量性状的遗传力估计值介于0～1。

遗传力估计值只是说明对后代群体某性状的变异来说，遗传与环境两类原因影响的相对重要性。并不是指该性状能遗传给后代个体的绝对值。例如，有一个鸡群中平均蛋重60 g，蛋重遗传力为0.6(60%)。在此，不是指平均蛋重60 g中只有60%（36 g)能遗传给后代，而其余一半不能传给后代。而是指蛋重的变异部分，有60%来自遗传原因，其余则是由环境条件造成的。

根据性状遗传力的大小，可将其大致划分为三等，即0.5以上者为高遗传力；0.2以下者为低遗传力。

(二)遗传力的应用

遗传力这个概念在育种工作中具有十分重要的指导意义。其主要用途有：

1. 估计种畜的育种值

我们知道，育种值是表型值中能真实遗传给后代的部分。故利用性状的遗传力来估计育种值，再根据育种值来选种准确有效。

2. 确定繁育方法

遗传力高的性状上下代的相关大，通过对亲代的选择可以在子代得到较大的反应，因此选择效果好。这一类性状适宜采用纯繁来提高。遗传力低的性状一般说来杂种优势比较明显，可通过经济杂交利用杂种优势。但有些遗传力低的性状，品种间的差异很明显，而品种内估测的遗传力却因随机环境方差过大而呈低值，这一类性状可以通过杂交引入优良基因来提高。

3. 确定选择方法

遗传力中等以上的性状可以采用个体表型选择这种简便又有效的选择方法。遗传力低的性状宜采用均数选择的方法。均数选择有两种，一种是根据个体多次度量值的均数进行选择，这样能选出好的个体，但需时较长，影响世代间隔；另一种是根据家系均值进行选择，谓之家系选择。近几十年来，鸡的产蛋量遗传进展很快，主要是采用家系选择的结果。

4. 应用于综合选择指数的制订

在制订多个性状同时选择的“综合指数”时，必须用到遗传力这个参数。此外，还可用于预测遗传进展。

三、数量性状的重复率

(一)重复率的概念

同一个体，同一性状，常常度量很多次，每次都有度量记录。如一头母猪，每个胎次都有一个产仔数记录，一生就有好几胎产仔数记录。很多性状都可以多次重复度量，可以在时间上重复，也可以在空间上重复。在评定种畜品质时，究竟应当依据那次记录？一般地讲，依据那一次都行，但不如依据多次度量的综合资料进行评定更为可靠。因为度量次数越多，信息量越大，取样误差越小，也就越可靠。但到底需要度量多少次合适，这决定于该性状各次度量间的相关程度。相关度等于 1，说明每次度量的结果一样，这时只要度量一次就可代表各次的度量；随着相关程度的减小，需要度量的次数就增加。我们把各次度量值之间的相关称为重复率(用符号 r_e 表示)。

重复率受性状的遗传方差、一般环境方差和总方差的影响，所以性状的群体遗传特性和畜群所处的环境条件都能影响重复率。特定条件下测定的重复率，只能反映特定条件下的情况。

一般说来，重复率 $r_e \geqslant 0.60$ 称为高的重复率；$0.30 \leqslant r_e < 0.60$ 称为中等重复率，而 $r_e < 0.30$ 称为低的重复率。

(二)重复率的应用

1. 确定性状需要度量的次数

重复率高的性状，说明各次度量值间相关程度强，只需要度量几次就可正确估计个体生产性能；相反，重复率低的性状，则需要多次度量才能做出正确的估计。根据计算结果，当 $r_e = 0.9$ 时，度量一次即可；$r_e = 0.7 \sim 0.8$ 时，需度量 2～3 次；$r_e = 0.5 \sim 0.6$ 时，需度量 4～5 次；$r_e = 0.25$ 时，需度量 7～8 次。如母猪窝产仔数的重复率 $r_e = 0.122\ 9$，说明其相关程度低，选种时要根据母猪 8～9 胎窝产仔数资料，才能确定该性状表现的优劣。

2. 估计畜禽个体最大可能生产力

有了重复率参数，可以从家畜早期生产记录资料估计其一生可能达到的最大可能生产力，以评定其品质优劣，从而能在早期确定去留。

四、数量性状的遗传相关

(一)遗传相关的概念

家畜作为一个有机的整体,它所表现的各种性状之间必然存在着内在的联系,这种联系的程度称为性状间的相关,用相关系数来表示。造成这一相关的原因很多而且十分复杂。一般而言,可将这些原因区分为遗传原因和环境原因。所以性状间的表型相关同样可剖分为遗传相关和环境相关两部分。

从育种角度来看,重要的是遗传相关,因为只有这部分是遗传的。

(二)遗传相关的应用

性状间的遗传相关系数,主要用于下列几个方面。

1. 进行间接选择

利用两性状间的遗传相关,选择容易度量的性状,间接提高不易度量的性状。间接选择在家畜育种实践中具有很重要的意义;有些性状是用作种用前不能度量到的,如种猪瘦肉率、公畜繁殖性能;还有些性状本身的遗传力很低,直接选择效果不好。在这些情况下,都有必要采用间接选择。

2. 比较不同环境下的选择效果

遗传相关可用于比较不同环境条件下的选择效果。我们可以把同一性状在不同环境下的表现作为不同的性状看待。这就为解决育种工作中的一个重要实际问题提供了理论依据,即在条件优良的种畜场选育的优良品种,推广到条件较差的其他生产场如何保持其优良特性的问题。

【学习要求】

识记:显性性状、隐性性状、等位基因、纯合体、杂合体、测交、质量性状、数量性状、遗传力、重复率、遗传相关。

理解:自由组合规律和连锁互换规律的实质。

应用:根据猪场生产记录提供的信息,分析与配公、母猪和仔猪的毛色遗传现象,并能做出解释。

项目十一　变　异

【学习目标】

● 了解基因突变的概念、原因及突变的应用；理解变异在生物进化中的作用；掌握整倍体变异和非整倍体变异的类型、表示方法及其在生产中的应用。

【学习内容】

任务1　基因突变

一、变异的普遍性

变异是生物界普遍存在的现象，是生物的共同特征之一。

根据观察研究，生物的变异不仅表现在外部和内部构造上，而且表现在生物体的生理生化、新陈代谢及性格和本能等方面。例如，鸡有善啼的，好斗的，这表示性格的变异。奶牛食量有大有小，产奶量有高有低，这是新陈代谢与生理生化的变异。变异不仅见于有性生殖的情况下，而且也见于无性生殖的情况下。例如，芽变，就是无性生殖产生的变异。变异不仅在家养条件下可以发生，而且在野生状态下也能观察到，不过家养生物的变异比野生生物的变异大得多。例如，野猪的类型很少，而家猪却有许多不同的品种，在体形、毛色及生产性能等方面差别很大。

以上现象都说明了生物是能发生变异的，而且生物变异的表现是多方面的，变异是生物界的普遍现象。

二、变异的类型和原因

(一)变异的类型

生物界形形色色的变异大致上可划分为遗传的变异和表现型的变异。

1. 遗传的变异

遗传的变异是指基因型的变异,是生物体遗传物质发生改变而引起性状的变异,这种变异是能真实遗传的,故称遗传的变异。例如,家畜毛色和抗病力的差异;果蝇的残翅和常态翅等,都是由于等位基因不同,引起的遗传的变异。在畜牧业的历史中,发生过山羊的有角基因突变为无角基因的现象,马头山羊就是这种突变体通过选育形成的,这种突变后的无角性状能够遗传给后代。遗传的变异是广泛存在的,如果没有遗传的变异,生物就不会进化。

2. 表现型的变异

表现型的变异是指由于环境条件的改变,引起生物的外表变化,即获得性。这类变异并没有引起遗传物质的相应改变,因而它是不能遗传的。例如,同一品种的奶牛因饲料营养成分不同,引起泌乳量高低的变异;瘦肉型猪由于饲养粗放,生长速度减慢,瘦肉率降低;犊牛的人工去角和羔羊断尾等等,这类变异都属于表型变异。

遗传的变异和表现型的变异,在实践中不是都很容易区分的。因为同一变异可能是遗传的,也可能是不遗传的,甚至同一个体同时可以有遗传的变异和表型的变异。要准确地区分这两种变异,首先要弄清变异个体的来源;其次进行遗传对比试验时,对所试验的生物环境条件要尽量保持稳定一致。现举例如下:有大小不同的菜豆种子,大小的差别是很明显的。这种差异可能是遗传的,也可能是不遗传的。怎样进行判断呢?如果知道菜豆种子的来源,大、小菜豆种子来自两个不同品种,那么可认为种子大小的差异是遗传的。如果不知道菜豆种子的来源,那么可以做试验:把大小不同的种子播种在同一土壤条件下,看它们所结的种子平均是否有大小之分?如果没有,那就是说,菜豆种子大小的差异是表型变异。

(二)变异的原因

生物的性状(表型)是遗传和环境共同作用的结果。所以生物表型的变异不外乎起源于两方面的原因:一是基因型的变异,二是环境条件的变异。也就是说,基因型和环境任何一方的变化,都可能引起表型的变化(变异)。所以,变异既有遗传的原因,也有环境的原因。如果变异的原因是遗传的差异,即基因型的差异,那么变异是遗传的。如果其原因是环境的差异,那么变异是不遗传的。

虽然环境条件的改变,一般不能引起遗传的变异,但是遗传性的充分发挥则需要有一定的环境条件。例如,黄脚的来航鸡所以表现黄脚,除了鸡体内含有黄脚基因外,还需要从饲料中供给黄色素,才能表现黄脚;如果鸡饲料中长期缺乏黄色素,来航鸡脚的颜色就会表现为白色;但是如能供给充足的黄色素,鸡的黄色又能恢复。所以,在畜牧业生产中,要获得高产,必须重视培育良种(高产的基因型),同时,还要注意提供良好的饲养管理条件。

关于基因型变化的原因,分析起来不外乎两种:一是通过有性杂交引起基因重组和互换,产生多种多样的基因型;二是由于突变,包括基因突变和染色体畸变两种,这是产生新的遗传基础的最基本方式。

三、基因突变

(一)基因突变的概念和原因

1. 基因突变的概念

基因突变就是一个基因变为它的等位基因,是指染色体上某一基因位点内发生了化学结构的变化,所以也称为“点突变”。基因突变在生物界中是很普遍存在的,而且突变后所出现的性状与环境条件间看不出对应关系。

2. 基因突变的原因

基因突变的原因和过程,一般认为是由于内外因素引起基因内部的化学变化或位置效应的结果,也就是 DNA 分子结构的改变。染色体或基因的复制通常是十分准确的,但正像其祖代在进化过程中经历的那样有时也会发生改变,并且会进一步发展改变它的遗传结构,换句话说,一个基因仅是 DNA 分子的一个小片段,如果某一片段核苷酸任何一个发生变化,或在这一片段中更微小的片段发生位置变化,即所谓发生位置效应,就会引起基因突变。

(二)基因突变的种类及其影响因素

基因突变可分为自然突变和诱发突变两种。凡是在没有特设的诱变条件下,由外界环境条件的自然作用或生物体内的生理和生化变化而发生的突变,称为自然突变,而在专门的诱变因素,如各种化学药剂、辐射线、温差剧变或其他外界条件影响下引起的突变,称为诱发突变。

引起自然突变的因素:一般认为除了自然界温度骤变、宇宙线和化学污染等外界因素以外,生物体内或细胞内部某些新陈代谢的异常产物也是重要因素。

引起诱发突变的因素:一是物理诱变因素,包括电离辐射线,如 X、γ、α 和 β 射线、中子流等,非电离射线,包括紫外线、激光、电子流及超声波等;二是化学诱变因素,有烷化剂,如乙烯亚胺、硫酸二乙酯、亚硝酸、亚硝基甲基脲等,5-溴尿嘧啶、2-腺嘌呤等某些碱基结构类似物,还有能引起转录和转译错误的吖啶类染料等。

四、基因突变的特性

(一)突变的频率

突变发生的频率是指生物体(微生物中的每一个细胞)在每一世代中发生突变的概率,也就是在一定时间内突变可能发生的次数。不同生物以及不同基因的突变频率是不同的,一般高等动植物中的基因突变频率平均为 10^{-5}～10^{-8},即 10 万～1 亿个配子中有一个发生突变;细菌和噬菌体的突变率为 10^{-4}～10^{-10},即 1 万～100 亿个细胞中就有一个突变体。

(二)突变发生的时期和部位

从理论上讲,突变可以发生在生物个体发育的任何一个时期,在体细胞和性细胞中都可以发生。实验表明,发生在生殖细胞中的突变频率往往较高,而且是在减数分裂晚期、性细胞形成前较晚的时期为多。性细胞突变可以通过受精而直接遗传给后代。体细胞突变,由于突变细胞在生长能力上往往不如周围的正常细胞,所以一般长势较弱甚至受到抑制而得不到发展。在家畜中,体细胞突变的一个例子是海福特牛的红毛部分出现黑斑,但这种突变在生物的育种或进化上都是没有意义的。

(三)突变的多方向性

基因突变可以向多个方向进行,一个基因可以突变为 a^1、a^2、a^3 等,即突变成为它的复等位基因。例如,人类的 ABO 血型是复等位基因的典型例证之一。一个基因突变的方向虽然不定,但并不是可以发生任意的突变,这主要是由于突变的方向首先受到构成基因本身的化学物质的制约,同时受内外环境的影响,所以它总是在同样的相对性状的范围内突变,如家兔毛色的变异。

(四)突变的重演性

同种生物中相同基因突变可以在不同的个体间重复出现,称为突变的重演性。例如,20世纪在挪威也重新出现过短腿安康羊,果蝇的白眼突变等。

(五)突变的可逆性

基因突变的过程是可逆的。显性基因可以突变为隐性基因,如 A→a,称之为正突变;反之,隐性基因也可以突变为显性基因,如 a←A,称为反突变。突变的可逆性从事实上表明基因突变毕竟是以基因内部化学组成的变化为基础的,实验证明,作为遗传物质的 DNA 分子中一个碱基的改变,就可以导致一个基因发生突变。由此可知,突变不是遗传物质(如基因)的缺失造成的,否则便不可能回复突变了。

(六)突变的有害性和有利性

多数事例表明,突变大多数不利于生物的生长发育。因为每种生物都是进化过程的产物,和环境条件已取得了高度的协调。如果发生突变,就可能破坏或削弱这种均衡状态。严重时,有的突变可以阻碍生物体的生存或传代。

也有少数突变能促进或加强某些生命活动,是有利于生物生存的,如作物的抗病性、早熟性和茎秆的矮化坚韧、抗倒以及微生物的抗药性等。有些突变虽对生物本身有害,而对人类却有利,短腿羊的短腿突变就是一例。所以突变的有利或有害是相对的。

五、基因突变的应用

诱变能提高突变率,扩大变异幅度,对改良现有品种的某一性状常有显著效果;诱变性状稳定较快,可缩短育种年限;诱变的处理方法简便,有利于开展育种工作。因此,在动植物中,已作为一项常规育种技术广泛应用,而且已在生产上取得了显著成果。

在微生物选种中,现在已广泛应用诱变因素,来培育优良菌种。例如,青霉菌的产量最初是很低的,生产成本也很高。后来交替地用 X 射线和紫外线照射,以及用芥子气和乙烯亚胺处理，再配合选择，结果得到的菌种，不仅产量从 250 IU/mL 提高到 3 000 IU/mL，而且去掉了黄色素。在植物方面，应用诱变育种，已培育出许多优良品种，这个方法特别有利于改进高产品种的个别不良性状。

在动物方面，诱变试验首先是用果蝇做的，以后对家蚕、兔、皮毛兽等也作了一些试验，证明诱变有一定效果。但家畜家禽因身体结构复杂，生殖腺在体内保护较好，所以诱发突变比较困难，至今尚未取得理想的结果。

任务 2 染色体畸变

在细胞分裂进程中，如果染色体活动异常，在数量和结构上发生变化，称为染色体畸变。引起染色体畸变的因素，和基因突变一样，有自然因素与理化因素两大类。按畸变的性质，可以把染色体畸变分为数目畸变和结构畸变。

一、染色体结构的变异

在性细胞减数分裂时，由于染色体断裂并以不同的方式重新粘接起来，造成染色体上基因的反常排列，称为染色体结构的变异。染色体结构的变异包括缺失、重复、倒位和易位四种类型。

（一）缺失

缺失是指染色体上某一区段及其带有的基因一起丢失，从而引起变异的现象。丢失的区段如发生在两臂的内部，称为中间缺失，这种情况比较稳定而常见；如果缺失的区段在染色体的一端，称为顶端缺失。最初发生缺失的细胞内常伴随着断片存在，这种断片即染色体的一段，有时可以粘连到其他染色体上，进一步组合到子细胞核中，有的则以断片或以小环的形式暂时存在于细胞质中，经过一次或几次细胞分裂而最后消失。

缺失，主要是影响生物的正常发育和配子的生活力。影响的程度决定于缺失片段的长短和基因的重要性。体细胞内某一对同源染色体中一条具有缺失，另一条正常的个体，称为缺失杂合体；而具有缺失了相同区段的一对同源染色体的个体，则称为缺失纯合体。一般地说，缺失纯合体往往不能成活，缺失杂合体有时能成活，但在遗传上有反常的表现。缺失的遗传效应是破坏了正常的连锁群，影响基因间的交换和重组。如果染色体上显性基因丢失，会使隐性基因决定的性状像显性性状那样表现出来，这种现象称为假显性现象。

（二）重复

重复是指正常染色体上增加了相同的一个区段。重复区段如按原来顺序相接的称为顺接重复，如按颠倒顺序相接的称为反接重复。重复和缺失往往同时发生，一对同源染色体彼此发生非对应的交换，其中一条染色体重复，另一条染色体就发生缺失。

重复的遗传效应，同样可破坏了正常的连锁群，影响交换率。同时还可造成重复基因的

“剂量效应”,使性状的表现程度加重,如控制玉米糊粉层颜色的基因 c 的区段重复,颜色便会相应地加深。

(三)倒位

倒位是指染色体上某一段发生断裂后,倒转 180°又重新连接起来,它上面的基因在数量上虽无增减,但位置改变了。

倒位并没有改变染色体上基因的数量,但是改变了基因序列和相邻基因的位置,因而在表现型上产生了某些遗传变异,这种现象称为位置效应。倒位的遗传效应,也是改变了正常连锁群,影响交换率。当大段染色体倒位时,倒位杂合体表现高度不育。倒位纯合体的生活力并无影响。

(四)易位

易位是指两对非同源染色体之间发生某区段的转移。如果是一个染色体的区段,转移到另一个非同源染色体上,称为单向易位;如果两个非同源染色体互相交换某区段,称为相互易位。易位发生在非同源染色体上,造成了基因交换,但这和正常的同源染色体基因交换有本质的区别。

易位的遗传效应主要表现为改变了正常的连锁群,使原来同一染色体上的连锁基因经易位而表现独立遗传,反之,原来的非连锁基因也可能出现连锁遗传现象。相互易位染色体的个体,产生的 2/3 的配子是不育的。易位杂合体与正常个体杂交,其 F_1 有一半是不育的。

二、染色体数目的变异

染色体数目的变异是指染色体数目发生不正常的变化。这种变化又可归纳为两种类型,即整倍体的变异和非整倍体的变异。

(一)整倍体的变异

自然界中,多数物种的体细胞内含有两个完整的染色体组,即二倍体,但也有单倍体生物。雄蜂就是由未受精卵发育而成的单倍体生物。在植物方面如水稻、小麦等也曾发现过天然的单倍体,但其出现的频率很低。高等植物的单倍体和二倍体比较起来一般体形弱小,生活力差,并高度不育。在植物育种方面,把单倍体植物用人工处理变为二倍体,这样就能很快获得稳定的纯系,缩短育种年限,创造出新品种,这就是单倍体育种法。

生物体细胞内含有多于两个染色体组的称之为多倍体。例如,含有三个染色体组的称三倍体($3n$),含有四个染色体组的称四倍体($4n$),等等。凡含有来源相同并超过二个染色体组的统称为同源多倍体,来源不同并超过二个以上染色体组的个体称为异源多倍体。如两个不同物种的二倍体生物杂交,它们的杂种再经过染色体加倍,就可能形成异源四倍体,我国已培育出异源四倍体小黑麦、异源八倍体小黑麦。

多倍体物种在植物界是很普遍的。因为大多数植物是雌雄同体或同花的,其雌雄配子常常可能同时发生不正常的减数分裂,使配子中染色体数目不减半,因而通过自体受精而自然形成多倍体。据估计,高等植物中多倍体物种占 65%以上,禾本科植物中约占 75%。由此说明多倍体的形成在物种进化上的重要作用。

高等动物大多数是雌雄异体，而雌雄性细胞同时发生不正常的减数分裂机会极少，且染色体稍不平衡，就会导致不育，故动物界的多倍体是很少的。

(二)非整倍体的变异

非整倍体是指在正常体细胞的基础上发生个别染色体的增减现象。按其变异情况又分为以下几种：

1. 单体

单体是指二倍体染色体组中某对染色体缺少一个的生物，故又称二倍减一($2n-1$)。如先天性卵巢发育不全的女人，其染色体组成是AA+XO，即性染色体缺少一条。

2. 多体

多体是指对于一个完整的二倍体染色体组，增加了一条或多条染色体的生物。如果二倍体中某一对染色体多一条($2n+1$)，称为三体。如人类的“21三体综合征”，即21号染色体多了一条，表现为先天愚型等综合征。如果二倍体某一对染色体多两条染色体($2n+2$)，称为四体。如果二倍体中某两对染色体各增加一条染色体($2n+1+1$)，称为双三体。

3. 缺体

缺体是指有一对同源染色体全部缺失($2n-2$)的生物。

以上所介绍的染色体数目变异类型，如表4-3所示。

表4-3 染色体数目的类型

类别	名称	符号	染色体组
整倍体	单倍体	$1n$	(ABCD)
	二倍体	$2n$	(ABCD)(ABCD)
	三倍体	$3n$	(ABCD)(ABCD)(ABCD)
	同源四倍体	$4n$	(ABCD)(ABCD)(ABCD)(ABCD)
	异源四倍体	$4n$	(ABCD)(ABCD)(A′B′C′D′)(A′B′C′D′)
非整倍体	单体	$2n-1$	(ABCD)(ABC)
	三体	$2n+1$	(ABCD)(ABCD)(A)
	四体	$2n+2$	(ABCD)(ABCD)(AA)
	双三体	$2n+1+1$	(ABCD)(ABCD)(AB)
	缺体	$2n-2$	(ABC)(ABC)

三、染色体数目变异在育种上的意义

利用染色体数目的变异进行育种，在植物方面已广泛应用。我国利用多倍体育种方法，已培育出许多农作物新品种，如三倍体无籽西瓜、多倍体小黑麦等。在动物育种方面，有人应用秋水仙素处理青蛙、鲫鱼、鲤鱼、兔子等动物的性细胞，获得了二倍体个体，但它们往往不育。

所以目前多倍体育种方法在家畜生产实践中还没有得到实际应用。

利用染色体结构的变异在家蚕育种上，曾以 X 射线处理蚕蛹，使其第 2 号染色体上载有斑纹基因的片段易位到决定雌性的 W 染色体上，成为限性遗传。因而该易位品系的雌体与任何白蚕的雄体杂交，后代都是雌蚕有斑纹，雄蚕为白蚕，这样，可以做到早期鉴别雌雄，以便选择饲养，有利于提高蚕丝的产量和质量。

研究染色体畸变对诊断染色体病有重要意义。据报道，在西门塔尔牛、夏洛来牛、瑞典红白花牛中，已鉴定出 1/29 易位(即第 29 对染色体易位到第 1 对染色体上)。染色体易位的公牛常常生殖力下降。

【学习要求】

识记：基因突变、染色体畸变、缺失、重复、倒位、易位。

理解：染色体结构变异的类型及产生的遗传效应。

应用：列举生产中动物性状的变异现象并分析变异的原因。

模块五
畜禽育种

项目十二　畜禽的品种资源保护

【学习目标】

● 了解品种的起源，掌握品种的概念、特性及分类；理解并掌握家畜品种资源的保存原理和方法，掌握引种需要注意的问题；了解品系的概念、作用及类别。

【学习内容】

任务1　畜禽品种资源概述

一、品种的概念

品种是人们为了某种经济目的，在一定的自然和经济条件下，通过长期的选育而形成的具有某种经济价值的动物类群。品种是畜牧学上的概念，是人类的农业生产资料，是人工选择的结果。作为一个家畜品种应具备以下条件：

(一)具有较高的经济价值

一般来说，作为一个品种应具备较高的经济价值，能够满足人们的需要。如太湖猪具备高繁殖性能，以产仔数多闻名于世；金华猪以肉质好著称；牦牛耐高寒气候。

(二)来源相同

凡属于同一个品种的家畜，都具有基本相同的血统来源。同一品种的家畜，个体之间有着血统上的联系，故其遗传基础也非常相似。

(三)外貌相似

作为同一个品种的家畜，在体形结构、生理机能、重要经济性状、对自然环境条件的适应性等方面都很相似，它们构成了该品种的基本特征，据此很容易与其他品种相区别。没有这些共同特征也就谈不上是一个品种。

(四)遗传稳定，种用价值高

品种必须具有稳定的遗传性，才能将其典型的特征遗传给后代。这不仅使品种得以保持下去，而且当它与其他品种杂交时能起到改良作用，具有较高的种用价值，这是纯种家畜与杂种家畜的最根本区别。

(五)有一定的结构

在具备品种基本共同特征的前提下，一个品种的个体可以分为若干各具特点的类群，称为品系或亲缘群。这些类群可以是自然隔离形成的，也可以是育种者有意识地培育而成的，它们构成了品种内的遗传异质性，这种异质性为品种的遗传改良和提供丰富多样的畜产品提供了条件。

(六)有足够的数量

数量是决定能否维持品种结构、保持品种特性、不断提高品种质量的重要条件，数量不足不能成为一个品种。只有当个体数量足够多时，才能避免过早和过高的近亲交配，才能保持个体的适应性、生命力和繁殖力，并保持品种内的异质性和广泛的利用价值。例如，规定新品种猪至少应有分属 5 个不同亲缘系统的 50 头以上生产公猪和 1 000 头以上生产母猪，绵、山羊新品种的特级、一级母羊数应在 3 000 只以上。

(七)被社会、政府或品种协会认可

作为一个品种必须在社会生产实践中被生产者所接受，得到较大范围的推广。它的名称及其使用的范围反映它在社会的知名度和接受程度，其独立存在的特征要由政府或品种协会进行命名或认可，只有这样才能正式成为品种。

二、畜禽品种的分类

目前畜禽生产中较常用而且实用的分类方法主要有三种，即按品种的体形外貌特征、品种的培育程度和品种的经济用途来分类。

(一) 按体形和外貌特征分类

(1)按体形大小分类　可将畜禽分为小型、中型、大型三种。例如，家兔有小型品种(成年体重 2.5 kg 以下)、中型品种(成年体重 3～5 kg)、大型品种(成年体重 5 kg 以上)；马有小型马或矮马(中国云南的矮马和阿根廷的微型马)、中型马(蒙古马)、重型马(重挽马)；猪也有小型猪(中国的香猪)、中型猪和大型猪。

(2)按尾的长短或大小分类　绵羊有大尾品种(大尾寒羊)、小尾品种(小尾寒羊)以及脂尾品种(乌珠穆沁羊)等。

(3)按毛色或羽色分类　猪有黑、白、花斑、红等品种；鸡的芦花羽、白羽、红羽等都是重要

的品种特征;某些绵羊品种的黑头、喜马拉雅兔的八点黑等也都是典型的品种特征。

(4)按角的有无分类 根据角的有无可将牛、绵羊分为有角品种和无角品种。

(5)按鸡的蛋壳颜色分类 有褐壳(红壳)品种、青壳(绿壳)品种和白壳品种等。

(6)按骆驼的峰数分类 有单峰驼和双峰驼。

(二)按培育程度分类

1. 原始品种

原始品种一般都是较古老的品种,是驯化以后,长期放牧或饲养管理粗放的条件下,未经严格、系统的人工选择而形成的品种。例如蒙古牛、天祝白牦牛、藏羊、哈萨克羊、民猪、藏猪、仙居鸡等都属于这类品种。原始品种通常按其原产地或自身特征命名,其共同特点是:

(1)晚熟,体格相对较小。

(2)体形结构协调,生长发育慢,生产水平低但较全面。

(3)体质粗糙,耐粗耐劳,有很强的适应自然的能力,抗病力强。

因此,对当地自然条件具有很强适应性的原始品种,是培育能适应当地自然条件且又高产的新品种所必需的原始材料。有些原始品种也就是地方品种,这类品种一般只生活于一定的地理区域和气候环境内,所以又称其为土著品种或土种。在地方品种中,有不少是原始品种经过系统选育而成的,其培育程度较高,生产性能也较好,这些地方品种也称为地方良种。

2. 培育品种

培育品种是人们有明确的育种目标,在遗传育种理论和技术指导下,经过较系统的人工选择过程而育成的品种。例如,各种专门化的肉牛、奶牛、肉羊、瘦肉型猪、肉鸡、蛋鸡等都属于这类品种,其生产性能和育种价值都较高。培育品种大多具有下述特点:

(1)分布广泛,往往超出原产地范围。如荷斯坦牛、长白猪、来航鸡等已遍布全球。

(2)生产性能水平高,而且比较专门化。

(3)体形较大,早熟,即能在较短时期内达到成熟。

(4)品种结构复杂。一般来说,原始品种的结构只有地方类型,而培育品种因人工选择,除地方类型和育种场类型外,还有许多品系和类群。

(5)育种价值高,与其他品种杂交时,能起到改良作用。

(6)对饲养管理条件和育种技术要求较高。

(7)适应性、抗病力和抗逆性均比原始品种差。

(三)按经济用途分类

由于现代培育品种多为定向培育而成,故常用此法进行分类,一般分为专用品种和兼用品种。专用品种又称专门化品种,经人类长期选择和培育,品种的某些特征获得了显著发展或某些组织器官产生了突出的变化,从而形成了专门的生产力。兼用品种也称综合品种,即兼有两种以上生产力方向的品种。

(1)牛 分为乳用、肉用、乳肉兼用、肉乳兼用、役用等。

(2)马 分为乘用、驮用、挽用、竞技用、乳用、肉用和兼用品种。

(3)绵羊 分为肉用、羔皮用、裘皮用、毛用(细毛、半细毛、粗毛、长毛、短毛)以及侧重点不同的各种兼用品种。

(4)山羊　分为肉用、毛皮用、乳用、绒用和兼用品种。

(5)猪　分为脂肪型、鲜肉型、瘦肉型和兼用型等。

(6)鸡　分为肉用、蛋用、药用、观赏用和兼用品种。

(7)兔　分为毛用、裘皮用、肉用和兼用品种等。

(8)鸽　分为肉鸽、信鸽等。

在生产实际中，人们常常根据需要将这三个分类方法结合起来使用，但究竟用哪种更合适，要视畜禽品种和有关情况而定。

任务2　品种资源保护与利用

一、我国家畜品种资源

1. 猪

我国猪品种资源丰富，按地区大体可分为华北、华南、华中、江海、西南、高原六大类。每一类型中又有许多独特的猪种类型，如产仔数多的太湖猪，耐寒体大的东北民猪，早熟快长的陆川猪，适于腌制优质火腿的金华猪，以及能适应高海拔条件且具有特别抗寒、耐粗饲的藏猪等。

2. 牛

我国也有极其丰富的牛种资源，分布着牦牛、黄牛、水牛等不同种属的牛，而且还形成了许多著名的地方良种或类型。如产于呼伦贝尔盟市的以乳肉兼用著称的三河牛，体高力大、步伐轻快、性情温驯的南阳牛，行动迅速、水旱两用的延边黄牛，以及湖南的滨湖水牛，江苏的海子水牛，四川的德昌水牛，云南的德宏水牛等大型役用水牛。

3. 绵羊

绵羊类型复杂，其中也有不少世界著名的品种资源。如具有特别良好生态适应性的蒙古羊、哈萨克羊和藏羊，以快长速肥和“脂尾”著称的小尾寒羊，我国独特的二毛裘皮羊品种滩羊，繁殖力强、适于舍饲、羔皮品质优良的湖羊等。

4. 家禽

在家禽方面，我国是品种资源最丰富的国家之一。如蛋大、壳厚、体形较大的成都黄鸡、辽宁大骨鸡等；骨细、肉嫩、味鲜的北京油鸡等；体小省料，年产蛋达200枚以上的浙江仙居鸡；生长快、产蛋多的北京鸭；体形大的狮头鹅等。

二、保种的意义和任务

保种就是保护人们需要的畜禽品种资源，使之免遭混杂或灭绝，也就是说，要妥善保存畜禽品种资源的基因库，使其中优良基因不致丢失。从这个意义上说，保种要求闭锁繁育和防止近交，而不强调品质的提高。当然保种也不是把地方品种毫无选择地全部保存下来，而仅对某些具有某种优良特性，或适于作杂种优势利用的品种，加以保存。对那些低劣的、没有保留价值的品种，则不必过分强调保种。

目前世界上随着商品畜牧业的发展，大量地方品种遭到排挤或濒于灭绝，出现了品种资源枯竭的危机。为了今后的新品种、新畜种的选育，以及杂种优势利用有足够的原始材料，必须加强保种。此外，对新育成的良种，为使其不致退化，也要采取适当的保种措施。

在理论上，有效的保种办法是在品种繁殖过程中防止近交和延长世代间隔。家畜品种可采取冷冻精液和冷冻胚胎长期保存的办法。但胚胎的长期保存目前还有一些技术问题亟待解决，活体保存还是当今家畜保种的主要形式。从现实出发，要使品种不致混杂退化必须采取保种与选育利用相结合的措施，着重使群体主要优良基因经过大量世代能够保存而不丢失。

保种的主要技术措施包括成立保种的组织机构，建立保种场和核心群，确定选种选配制度以及搞好经营管理等。保种要有一定群体含量，而且要控制近交系数的增加。如果群体近交系数不断增加，群体基因库内某些基因可能由于遗传漂变而丢失掉。同时，由于近交，某些原来在群体中处于隐蔽状态的不良隐性基因，被纯合而表现出来，群体就可能出现退化现象，这些都不利于品种的保存。

三、保种原理和方法

保种工作是当前家畜育种工作中的一项重要任务，根据群体遗传学原理，在一个闭锁的有限群体内，特别是小群体内，任何一对等位基因都有可能因遗传漂变而使其中一个基因固定为纯合子，另一个消失掉。近交不但能引起衰退，而且由于它具有使基因趋向纯合的作用，故在选择和漂变的配合下，也能使某些基因消失。要想妥善地保存现有畜禽品种，必须考虑以下因素。

(一)群体有效含量

群体近交系数增加的快慢，主要受群体大小和留种方式的影响。一般来说，群体越大，近交系数增量越小；相反，群体越小，近交系数增量就越大。但是，同样数量的群体，由于公母比例不同，近交系数增量亦不同。因此，在进行群体比较时，常常以群体有效含量（N_e）来表示群体大小。所谓群体有效含量，是指在近交增量的效果上群体实际头数所相当的“理想群体”的头数，而理想群体是指规模恒定、公母各半、没有选择、迁移、突变，也没有世代交替的随机交配群体。显然，群体有效含量越大，近交系数增加也越慢，可见，要保持一个品种的优良性状不丢失，必须保持群体有适当的有效含量。群体有效含量与公母比例关系密切。同样数量的群体，公畜数量越多，群体有效含量越大；相反，公畜数量越少，有效含量越小。因此，一个保种群建立的开始就应保留一定数量的家系，在以后世代中也应采取各家系等量留种的方法，特别是每个家系必须留下公畜，以保持更多的血缘来源。

(二)留种方式

1. 随机留种

所谓随机留种就是将群体内所有公畜的后代放在一起，根据个体的表型值高低来选留后备种畜。这样，优良种畜的后代选留就多，劣等公畜的后代可能被排除在外，使以后各代群体内个体间亲缘关系越来越近，群体有效含量减少，近交系数增量加快。采用随机留种计算群体有效含量的公式是：

$$N_e=\frac{4N_S\times N_D}{N_S+N_D}$$

计算每世代近交系数增量的公式是：

$$\Delta F=\frac{1}{2N_e}=\frac{1}{8N_S}+\frac{1}{8N_D}$$

式中：N_e 为群体有效含量；ΔF 为每世代近交系数增量；N_S 为实际参加繁殖的公畜数；N_D 为实际参加繁殖的母畜数。

2. 各家系等量留种

实行这种留种方式，就是在每世代中，各家系选留的数量相等，而公母数量保持原比例，这时计算群体有效含量的公式为：

$$N_e=\frac{16N_S\times N_D}{N_S+3N_D}$$

计算每世代近交系数增量的公式为：

$$\Delta F=\frac{1}{2N_e}=\frac{3}{32N_S}+\frac{1}{32N_D}$$

不同的留种方式对群体有效含量和近交系数的增量有明显的影响。家系等量留种比随机留种近交系数增量要小；同样实行家系等量留种，公畜数多，近交系数增量相对较小。所以群体的公畜数量的多少对保种起着重要作用，在畜禽品种的保种过程中，如果因某种原因必须减少群体头数的话，不应公、母等量减少，而应尽量多留公畜，才有利于保种。

四、保种群规模的确定

要保持一个优良品种的特性，必须有一个合理的保种群体含量，群体含量愈大，对保种愈有利。但是群体的增大要增加相应的饲养管理设施，会给保种工作带来许多困难。保种群体含量的大小与群体的公、母比例、留种方式、每世代控制的近交系数增量密切相关。确定基础群最低含量的方式如下。

(一)确定每世代近交系数的增量

基础群在繁殖过程中，必须使其中每一世代的近交系数增量，不要超过使畜群可能出现衰退现象的危险界限。一般认为，家畜每世代近交系数的增量不应超过 0.5%～1%；家禽则不应超过 0.25%～0.5%。否则，就有可能出现不良现象。

(二)确定群体公、母比例

群体中公畜数过少，如只留 2～3 头，是难以保持品种不因近交而造成退化的。群体必须有适当的公、母比例。根据实际情况，各种家畜的保种的公、母比例是：猪、鸡 1∶5，牛、羊 1∶8。

(三)计算最低需要的公、母数量

确定了群体的适宜近交系数增量和公、母比例后,可按下列公式计算一个基础群所需的最低公畜数量,然后再按比例计算母畜数。

在随机留种时,计算需要公畜数的公式是:

$$N_S = \frac{n+1}{\Delta F \times 8n}$$

在家系等量留种时,计算公畜数公式是:

$$N_S = \frac{3n+1}{\Delta F \times 32n}$$

式中:N_S 为最低需要的公畜数;n 为公、母比例中的母畜数;ΔF 为每世代适宜的近交系数增量。

例如,某一品种猪群,在保种过程中,确定每世代近交系数增量为 0.005(0.5%),公、母比例为 1∶5。试问:(1)实行随机留种群体需要多大?(2)实行家系等量留种群体又应有多大?

将已知 $\Delta F = 0.005$,$n=5$,代入

①随机留种计算公畜数的公式,得:$N_S=30$,$N_D=150$。

②家系等量留种计算公畜数的公式,得:$N_S=20$,$N_D=100$。

五、保种的基本措施

根据上述群体遗传学的基本原理,为了在整体上保存一个品种的遗传结构稳定,一般应采用以下的措施。

(一)制订保种计划

保种只保护生产性能优良、具有特殊性能和潜在价值的品种,保种计划中包括保种的目的、保种地点、保种群大小、保种的年限及繁育方法等。

(二)品种调查

摸清各品种的数量、分布及生产性能,尤其是特殊性能和潜在价值的性能,并对品种资源进行评估。

(三)选择保种基地

保种基地一般选择在主产地区。该基地有明确的地理界限,基地内不能饲养相同畜种的其他品种,便于生殖和地理隔离,基地内饲料资料应丰富,有足够的面积支撑载畜量。

(四)建立适度规模的保种核心群

选择符合品种条件的优秀纯种组成核心群,个体之间无亲缘关系。保种规模可根据各代近交系数增量的要求进行确定,一般要求每代近交系数增量小于 0.5%,猪、羊等中等大小家

畜的群体有效含量应为 200 头，牛、马等大家畜的群体有效含量应为 100 头，并且要保证有足够的公畜，以维持一定的性别比例。

(五)实行各家系等量留种

在每一世代留种时，实行每一公畜后代中选留一头公畜，每一母畜后代中选留相同数量的母畜，并且尽量保持每个世代的群体规模一致。

(六)制定合理的交配制度

在保种群体中避免全同胞、半同胞交配的不完全随机交配制度，或采取非近交的公畜轮回配种制度，可以降低群体近交系数增量。也可以采用划分亚群，并结合亚群间轮回交配的方式。

(七)适当延长世代间隔

延长世代间隔可以降低群体近交系数增量。

六、家畜遗传资源的开发与利用

家畜遗传资源保存的最终目的是现在和将来的利用，一些目前尚未得到充分利用的畜禽品种资源需要不断地发掘其潜在的利用价值，特别是一些独特性能的利用，以便为提高我国未来畜牧业市场竞争能力打下基础。我国许多地方畜禽品种具有许多特殊的优良遗传特性，主要表现在抗病力强，适应特殊自然环境，耐粗饲，肉质好等方面。如药用的乌骨鸡、裘皮用的湖羊、烤鸭用的北京鸭、适用制作火腿的金华猪等。一般而言，家畜品种资源可以通过直接和间接 2 种方式进行开发利用。

(一)直接利用

一些地方良种以及新育成的品种，一般都具有较高的生产性能，或者在某一性能方面有突出的生产用途，它们对当地的自然生态条件及饲养管理方式有良好的适应性，因此可以直接用于生产畜产品。一些引入的外来良种，生产性能一般较高，有些品种的适应性也较好，可以直接利用。

(二)间接利用

对于地方品种而言，由于生产性能较低，作为商品生产的经济效益较差，可以在保存的同时，创造条件来间接利用这些资源，主要有两种方式：

1. 作为杂种优势利用的原始材料

地方品种内非保护部分可以直接用作生产杂交优势的母本，提高该品种的利用价值，使人们认识到保种的重要意义和作用。在杂种优势利用中，要求母本繁殖能力好、母性强、泌乳力高、对当地条件的适应性强。对父本的要求，主要是有较高的增重速度和饲料利用率，外来品种一般可作父本。由于不同品种的杂交效果是不一样的，应进行杂交试验确定最好的杂交组合，配套推广使用。在地方品种杂交利用中尤其要注意不能无计划地杂交。

2. 作为培育新品种的原始材料

在培育新品种时,为了使育成的新品种对当地的气候条件和饲养管理条件具有良好的适应性,通常都需要利用当地优良品种或类型与外来品种杂交,通过适当的育种方法和手段培育适应需要的新品种。

任务3　品种与品系选育

一、本品种选育

(一)本品种选育的意义和作用

本品种选育指在本品种内部通过选种选配、品系繁育、改善培育条件等措施,以提高品种性能的一种方法。一些古老品种,在特定的自然选择和人工选择的长期作用下,已经形成了稳定的遗传性,能够将其优良性状稳定地遗传给后代。本品种选育的目的,不仅要保持这些优良特性、特点及生产性能,而且还要在此基础上进一步发展和提高,使之更适合于国民经济和市场经济的需要。

本品种选育的基础在于品种内存在差异。品种内存在异质性,也可以说是遗传多样性,为本品种选育,即不断选优提纯,全面提高品种的质量提供了素材和可能性。本品种选育的目的是保持和发展一个品种的优良特性,增加品种内优良个体的比例,克服该品种的缺点,提高整个品种的质量。

本品种选育一般包括地方良种的选育和培育品种(包括引进良种)的选育,广泛用于地方良种、新品种、育成品种的保纯和改良提高。一般在一个品种的生产性能基本上能满足国民经济需要,不必作重大方向性改变时使用。如国内地方优良品种秦川牛、小尾寒羊、太湖猪、湖羊等,都可采取本品种选育的方法。我国从国外引进的大量畜禽优良品种,以及通过杂交育种培育出的新品种,也需要进行本品种选育,以便保持和不断提高其生产性能和适应性。

(二)本品种选育的基本措施

根据品种的选育程度,将本品种选育大体分为3类:第一类是选育程度较高,类型整齐,生产性能突出的良种;第二类是选育程度较低,群体类型不一,性状不纯,生产性能中等,但具有某些突出经济用途的地方品种;第三类是导入外血培育成的新品种,但其遗传性还不稳定,后代有分离现象,有待进一步选育。本品种选育的基本措施如下。

1. 建立选育机构,确定选育目标

畜禽品种的选育是集技术、组织管理为一体的系统工程,具有长期性、综合性、群众性的特点,因此必须要加强领导。成立育种领导小组,组织科研院所、大专院校、生产场站协作,共同做好本品种选育工作。选育机构成立后,相关专家首先要根据国民经济发展的需要,结合当地的自然条件和社会经济条件,以及原品种具有的优良特性和缺点综合确定选育目标后,制订科学合理的选育方案，指导和协调整个选育工作。

2. 划定选育基地，建立良种繁育体系

在地方良种的主产区，应划定良种选育基地，建立完善的良种繁育体系。良种繁育体系由专业育种场、良种繁殖场和一般繁殖饲养场3级场组成。专业育种场的主要任务是集中进行本品种选育工作，培育大量优良种畜。良种繁殖场的主要职责是扩大繁育良种数量，供应一般繁殖饲养场合格种畜。一般饲养场主要是饲养商品畜禽。

3. 健全生产性能测定和严格选种选配

在选育过程中，一项重要的技术措施就是定期进行生产性能测定。要拟定简易可行的良种鉴定标准和办法，实行专业选育与群众选育相结合，不断精选育种群和扩大繁殖群。育种场必须固定技术人员定期按全国统一的技术规定，及时、准确地做好性能测定，建立健全种畜档案，并实行良种登记制度。做好选种选配，加大公畜的选择强度，正确使用近交。

4. 科学饲养与合理培育

任何畜禽品种都是在特定自然环境和社会经济条件下形成的，适宜的饲养条件和科学的管理是充分发挥畜禽生产性能的前提。因此，在本品种选育过程中，各级育种场应创造适宜该品种生长发育的环境条件，科学管理，合理饲养，这样才能使良种有更好的表现。

5. 开展品系繁育

在本品种选育过程中，积极创造条件，开展品系繁育，有利于品种的全面提高。一般来说，地方良种由于地理和血缘上的隔离，往往形成了若干不同类型，为品系繁育提供了有利条件。

6. 适当导入外血

如采用上述选育措施进展不大，还不能有效地克服一个品种的个别严重缺陷时，则可考虑采用引入杂交。引入杂交时引入的外血量应控制在1/4～1/8，这样基本上没有改变本品种的特性，所以仍属于本品种选育的范畴。

二、引种与风土驯化

(一)引种与风土驯化的意义

所谓引种，即把外地或外国的优良品种、品系引进当地，直接推广或作为育种材料的工作。引种时可以直接引入种畜，也可以引入良种公畜的精液或优良种畜的胚胎。

风土驯化指家畜适应新环境条件的复杂过程。其标准是家畜在新的环境条件下，不但能生存、繁殖、正常生长发育，而且能够保持其原有的基本特征特性。这不仅包括育成品种对于不良生活条件的适应能力，也包括原始品种对于丰富的饲料和良好的管理条件的反应，还包括家畜对某些疾病的免疫能力。

家畜风土驯化主要是通过以下两种途径实现的。

1. 直接适应

从引入个体本身在新环境条件下直接适应开始，经过后代每一世代个体发育过程中不断对新环境条件的直接适应，直到基本适应新环境条件为止。

2. 定向地改变遗传基础

当新迁入地区环境条件超越了品种家畜的反应范围，引入家畜会发生种种反应。通过选择的作用和交配制度的改变,淘汰不适应的个体,留下适应的个体繁殖,从而改变群体中的基因频率,使引入品种家畜在基本保持原有特性的前提下,遗传基础发生改变。

(二)引种应注意的问题

在引种前,应认真研究引种的必要性,必须切实防止盲目引种。在确定需要引种以后,必须做好以下几个方面的工作。

1. 正确选择引入品种

首先必须考虑国民经济的需要和当地品种区域规划的要求。选择引入品种的主要依据是该品种具有良好的经济价值和育种价值,并有良好的适应性。

为判断一个品种是否适宜引入,最可靠的办法是首先引入少量个体进行引种试验,实践证明其经济价值及育种价值高,能适应当地的自然和饲养管理条件后,再大量引种。

2. 慎重选择个体

除应注意品种特性,体质外形以及健康、发育状况外,还应特别加强系谱的审查,注意亲代或同胞的生产力高低,防止带入有害基因和遗传疾病。引入个体间一般不宜有亲缘关系,公畜最好来源于不同家系。此外,选幼畜有利于引种的成功。

随着冷冻精液及胚胎移植技术的推广,采用引入良种公畜精液和母畜的胚胎的方法更利于引种的成功。

3. 妥善安排调运季节

注意原产地与引入地的季节差异,使家畜适应气候变化。

4. 严格执行检疫制度

加强种畜检疫,严格实行隔离观察制度,防止疫病传入。

5. 加强饲养管理和适应性锻炼

引种后的第一年是关键性的一年,必须加强饲养管理。做好接运工作,并根据原来的饲养习惯,创造良好的饲养管理条件,选用适宜的日粮类型和饲养方法,采取必要的防寒或降温措施,预防地方性的寄生虫病和传染病。

加强适应性锻炼和改善饲养条件,二者不可偏废。单纯注意改善饲养管理条件而不加强适应性锻炼,其效果有时适得其反。

6. 采取必要的育种措施

不同个体对新环境的适应性也有差异。在选种时,选择适应性强的个体,淘汰不适应的个体。在选配时,为了防止生活力下降和退化,避免近亲交配。

此外,为了使引入品种对当地环境条件更容易适应,也可考虑采取级进杂交的方法,使外来品种的成分逐代增加,拉长迁移的时间,缓和适应过程。

在环境十分艰苦的地区,引入外地品种确有困难时,可通过引入品种与本地品种杂交的办法,培育适应当地条件的新品种。

三、品系繁育

(一)品系的概念

品系的概念随着畜禽业的发展而发展,随着科学的进展而不断延伸和扩展。

(1)狭义的品系　传统狭义的品系指来源于同一头优秀种公畜(又称系祖)的后代畜群，通常多指“单系”。

(2)广义的品系　现代广义的品系指一群具有共同突出优点的种畜群，该种畜群能将其共同突出优点相对稳定地遗传给后代。

(二)品系的作用

1. 促进新品种的育成

在新品种培育工作中，最重要的一项工作就是在新培育的品种内部建立各具特色的品系，以丰富新品种的结构和特色、促进新品种的育成、提高新品种的种质和各项性能。

2. 丰富品种内部结构

在品种内部建立各具特色的品系，才能完善品种的内部结构，使品种基因库的遗传资源更加丰富、品种内主要优良特色性状更为突出。

3. 加快种畜群的遗传进展和改良

在家畜选育工作中，只有在品种内部建立各具特色的品系，才能加快畜群的遗传进展、加大品种改良、提高群体水平。

4. 进行品系的开发利用

建立各具特色的品系后，有利于系间杂交和开发利用(特别是配套系)，有利于有计划地、科学地、可持续地、最大限度地获取杂种优势，从而为人类创造更多的畜产品，为企业创造更大的经济效益。

(三)品系的类别

1. 地方品系

同一家畜品种，由于分布在相对不同的自然条件和饲养管理条件以及社会经济条件里，人们对家畜的要求有所区别，所以对种畜的选留标准亦有些不同，从而形成了一些具有不同特点的地方类群。这种在同一品种内经长期选育而形成的具有不同特点的地方类群称为地方品系。例如：紫金猪有兰塘和龙窝两个地方品系。

从国外引入的品种，通常按输入国分系，例如：荷斯坦奶牛有荷系、日系、美系、加系。这种分系不能与地方品系完全等同对待。因为一个畜种，由于所在国的环境、选育要求和方法不同，往往会形成差异明显的不同类型。例如，美系荷斯坦奶牛发展成乳用型，而荷系荷斯坦奶牛则已偏向乳肉兼用型。由此可见，不同输入国的品系，它们之间的差异有些已超过一般地方品系。

2. 单系

这种品系的形成是以一头理想的优秀祖先为中心，以它为理想型标准选留后代，采用近交，巩固该祖先的优良性状，扩大具有理想型的个体数量，从而使原来仅为个体所特有的优良品质转变为群体所共有。这种由一头优秀祖先形成的具有突出优点的有亲缘关系的畜群，称为单系。

由于以一两项突出的生产性能或体形外貌为标志，单系形成快，特点明显且比较稳定，遗传优势较强，育种价值较高。但以后由于过分注重血统，强调优秀祖先的作用，忽视了性状，对品种的改良产生了不利影响。

3. 近交系

连续进行同胞交配，畜群平均近交系数在37.5%以上，这样形成的品系称为近交系。由于高度近交，衰退严重，淘汰率特别高，以致建系成本过高，经济效益不显著，故未能普及。

4. 群系

这是一种选择具有共同优秀性状的个体组群，通过闭锁繁育，迅速集中优秀基因，形成群体稳定的特性。这样形成的品系称为群系，也就是多系祖品系。与单系比较，群系不仅使建系过程大大缩短，品系规模扩大，且有可能使原分散的优秀基因在后代集中，从而使群体品质超出任何一个系祖。

5. 专门化品系和合成系

这是一种具有某方面突出的优点，专门用于某一配套杂交的品系。可分为专门化父本品系和专门化母本品系。例如：在肉畜中既要建立繁殖性能高的母本品系，也要建立育肥和屠宰性能好的父本品系，二者杂交后，杂种优势比一般品种间杂交效果明显。几代以后发展到合成系，即以两个或两个以上的品种或系，通过杂交建立的品系。这种合成系往往生产性能较高，重点突出经济性状，不追求外形的一致，育成快，用于特定品系配套杂交，后代具有明显的杂种优势。如四系配套的荷兰海波尔猪，加拿大的星杂579鸡等，它们的父系和母系都是合成系。这些以专门化品系、配套杂交产生的具有高产性能、品质整齐均匀的杂种被称为“杂优畜禽”。

【学习要求】

识记：品种、保种、群体有效含量、随机留种、引种、品系、单系、近交系。

理解：品种应具备的条件；保种的意义和任务；品系的主要作用。

应用：制订当地某一地方良种畜禽的保种方案。

【知识链接】

1. GB/T 27534.2—2011《畜禽遗传资源调查技术规范》第2部分：猪。

2. GB/T 27534.3—2011《畜禽遗传资源调查技术规范》第3部分：牛。

3. GB/T 27534.4—2011《畜禽遗传资源调查技术规范》第4部分：绵羊。

4. GB/T 27534.5—2011《畜禽遗传资源调查技术规范》第5部分：山羊。

5. GB/T 27534.9—2011《畜禽遗传资源调查技术规范》第9部分：家禽。

项目十三　畜禽选种选配和杂交利用

【学习目标】

● 了解不同生产用途家畜的体质外形特点和种畜的外形鉴定方法；掌握性能测定、系谱测定、同胞测定和后裔测定的方法；了解选配的种类和原则；了解生产中常见的产生杂种优势的杂交方法。

【学习内容】

任务1　选种

选种就是要从畜禽群体中选出符合育种目标的优良个体留作种用，同时淘汰不良个体。选种时，首先要求种畜本身生产性能高、体质外形好、生长发育正常，同时还要求其种用价值高。前三个方面根据畜禽的外观和表型记录资料即可评定，而种用价值的高低是对种畜的遗传鉴定和评估，只有在生产性能测定的基础上采用特定的方法才能对其进行准确评估。

一、选种依据

根据畜禽的生长发育、体质外貌和生产力等资料来评定畜禽的品质称为鉴定。鉴定是选种的基础，根据鉴定成绩，可从畜群中初步选出比较优秀的公、母畜，以满足育种需要。

(一)生长发育

生长是动物达到体成熟前体重的增加，即细胞数目的增加和组织器官体积的增大，它是以细胞分裂增殖为基础的量变过程。而发育则是动物达到体成熟前体态结构的改变和各种机能的完善，即各种组织器官的分化和形成，它是以细胞分化为基础的质变过程。二者互相联系、互相促进、不可分割。生长是发育的基础，而发育又反过来促进生长，并决定生长的方向。

生长发育鉴定是选种的重要依据之一,一般用定期称重和测量体尺来衡量。称重是用各种称量用具称量家畜的体重,一般初生、断奶、初配前后各称量一次,初配至成年每半年一次。体尺测量,是用测杖和卷尺来量家畜的体高、体长、胸围和管围数值。

根据生长发育选种时,种用家畜的体重和体尺测量结果应符合本品种生长发育标准。

(二)体质外形

1. 体质

体质就是人们通常所说的身体素质,是机体机能和结构协调性的表现。家畜有机体是一个复杂的整体,只有在有机体各部分、各器官间以及整个有机体与外界环境间保持一定协调的情况下,畜禽才能很好地发育和繁殖,才能充分发挥其生产性能。

在畜牧生产和育种工作中,通常将畜禽的体质分为结实型、细致紧凑型、细致疏松型、粗糙紧凑型、粗糙疏松型五种类型。

(1)结实型　这种体质类型的畜禽,身体各部分协调匀称,皮、肉、骨骼和内脏的发育适度。骨骼坚实而不粗,皮紧而富有弹性,肌肉发达而不肥胖。外表健壮结实,对疾病抵抗力强,生产性能表现良好。这是一种最为理想的体质类型,种畜应具有这种体质。各种不同生产方向的家畜具有不同的结实型标准。

(2)细致紧凑型　这类畜禽的骨骼细致而结实,头清秀,角蹄致密有光泽,肌肉结实有力。皮薄有弹性,结缔组织少,不易沉积脂肪。外形清瘦,轮廓清晰,新陈代谢旺盛,反应灵敏,动作迅速敏捷。乘用马、乳牛、细毛羊、蛋用型鸡多为此种体质。

(3)细致疏松型　这类畜禽的结缔组织发达,全身丰满,皮下及肌肉内易积贮大量脂肪。它的肌肉肥嫩松软,同时骨细皮薄。体躯宽广低矮,四肢比例小。代谢水平较低,早熟易肥,神经反应迟钝,性情安静。肉用畜禽多为此种体质。

(4)粗糙紧凑型　这类畜禽骨骼粗壮结实,体躯魁梧,头粗重,四肢粗大强健有力,皮肤粗厚,皮下脂肪不多,适应性和抗病力较强,神经敏感程度中等。役畜、粗毛羊多为此种体质。

(5)粗糙疏松型　这类畜禽骨骼粗大,结构疏松,肌肉松软无力,易疲劳,皮厚毛粗,反应迟钝,繁殖力和适应性均差。这是最不理想的一种体质。在选种时应该淘汰。

2. 外形

外形指畜禽的外表形态。外形不仅是畜禽的外部表现,而且能在一定程度上反映出畜禽的内部结构、生产性能、营养水平和健康状况。通过外形观察,不仅可以鉴别品种、年龄,了解畜禽的体质、健康状况、对生活条件的适应性,而且还能判断畜禽的主要生产用途和大致的生产性能。

不同生产用途和不同性别的畜禽,其外形特征差别很大。要想准确地进行外形鉴定,就必须掌握不同生产用途畜禽的外形特征。

(1)肉用型　肌肉和皮下结缔组织发育良好,低身广躯,体形呈长方形或圆桶形。头短宽,颈粗厚,肩宽广,胸宽且深,背腰平直,后躯宽广丰满,四肢短小,皮肤松软有弹性。

(2)乳用型　后躯比前躯发达,中躯相对较长,体形呈三角形。全身清瘦,棱角突出,体大肉不多。头清秀而长,颈长而薄,胸深长,背腰宽平,腹圆大,乳房大呈四方形,乳静脉粗多弯曲,乳井大,皮肤薄而有弹性。

(3)蛋用型　目前蛋用禽主要是鸡、鸭、鹅等,它们外形特征是:头颈宽长适中,胸宽深而圆，腹部相对发达，整个体形小而紧凑，毛紧、腿细，身体呈船形。

(4)毛用型　全身被毛密度大，皮薄有弹性，四肢长，体形窄，呈长方形。头宽大，颈中等长，颈肩结合良好，颈上通常有横皱褶；肋部圆拱，背腰平直，四肢长而结实。目前常见的毛用畜有绵羊，山羊、兔等。

3. 鉴定方法

外形鉴定方法大体上分为两大类：肉眼鉴定和评分鉴定。

(1)肉眼鉴定　通过肉眼观察畜禽的整体及各个部位，并辅助以手摸和行动观察，来辨别其优劣。最后根据观察印象，综合分析，定出等级。

(2)评分鉴定　评分鉴定应先根据各种家畜的理想型标准，制定出评分表，对每一部位对照评分表上的标准逐项评分。最后根据鉴定成绩进行定级，家畜的等级一般分为特级、一级、二级、三级，三级以下不能留做种用。种公畜的等级要在一级以上，母畜要尽量选择等级在二级以上的。

(三)生产力

生产力是指畜禽给人类提供产品的能力。在畜禽育种实践中，生产力是重点选择的性状，是表示畜禽个体品质最现实的指标。

一般情况下，可将畜禽生产力分为六大类，即产肉力、产乳力、产毛力、产蛋力、役用能力和繁殖力。

1. 产肉力

评定产肉力的指标主要有：活重、经济早熟性、日增重、饲料利用率、屠宰率、瘦肉率、膘厚、眼肌面积、肉的品质等。

2. 产乳力

评定产乳力的指标主要有：产乳量、乳脂率、乳蛋白率等。

3. 产毛力

评定产毛力的指标主要有：剪毛量、净毛率、毛的品质(长度、密度、细度)、裘皮和羔羊品质等。

4. 产蛋力

评定产蛋力的指标主要有：产蛋量、蛋重、蛋的品质(蛋形、蛋壳色泽和厚度、蛋黄量、血斑)等。

5. 役用能力

评定役用能力的指标主要有：挽力、速度和持久力。

6. 繁殖力

评定雄性动物繁殖力的指标主要有精液品质指标(射精量、活力、密度等)、性发育指标(初情期、性成熟期)以及配种受胎率等。雌性动物常用指标有受胎率、繁殖率、成活率、增殖率、产仔数、断乳窝重等。

评定家畜的生产力要注意全面性和一致性。全面性是指要兼顾产品的数量、质量和生产效率。在产品数量相近的情况下，应选择品质好的留种，同样在产品质量相似的情况下，则选择产量高的留种；一致性则指在相同条件下评比，必须使家畜所处的环境和饲养管理条件一致，而且性别、年龄、胎次也要尽可能一致。

二、选种技术

(一)性能测定

性能测定又称成绩测验,是根据个体本身成绩的优劣决定选留与淘汰。性能测定的进展取决于被选择性状的基因型与表现型间的相关程度。

目前,世界各国对猪的肉用性能的选择,几乎都是用性能测定来代替后裔测定。有些性状在选种时,公、母畜应有所不同。如乳用性状和毛用性状,母畜宜用性能测定,公畜则宜用后裔测定;而对于产蛋性状,母鸡宜用性能测定,公鸡宜用同胞测定。

种畜性能测定的目的就是要选择出理想的种畜以改良其他畜禽。一个种畜的性能表型值必须与其所在畜群的性能表型均值比较才有意义。因此,性能测定的基本方法是将性状表型值与畜群均值进行比较。

(二)系谱测定

系谱是系统地记载个体及其祖先情况的一种文件。完整的系谱除了记载种畜的名字、编号外,还应记载种畜的生产成绩、外形评分、发育情况、有无遗传缺陷及鉴定结果。

系谱一般记载3~5代。系谱中可以有配种记录、产仔记录、体重及体尺测量记录、畜产品产量记录和饲料消耗记录等。查看一个系谱,除了解血缘关系外,还可根据祖先的生产成绩、发育情况来推断该种畜种用价值的大小,以作为选种的依据和制订选配计划的重要参考。

系谱测定的具体方法是将两头以上的被鉴定家畜系谱放在一起比较,选出祖先较优秀的个体留作种用。比较时两系谱要进行同代祖先比较,即亲代与亲代,祖代与祖代,父系与母系祖先分别比较,重点应放在亲代的比较上,然后是祖代;比较时以生产性能为主,同时也应注意有无近交和遗传缺陷等。

(三)同胞测定

同胞测定就是根据一个个体的同胞成绩,对该个体做出种用价值的评定。同胞测定主要用以某些不能度量或活体难以度量的性状。因此,同胞测定在选种方面具有不可替代的作用。

目前,随着超数排卵和胚胎移植技术(MOET)在育种中的应用,使人们可在短期内获得较多的全同胞和半同胞后代,并可根据同胞的生产性能来评定公畜,以代替传统的后裔测定方法,从而使世代间隔缩短,遗传进展大大加快。

1. 全同胞测定

该方法主要用于猪、禽等多胎动物,而对于牛、马等单胎动物,全同胞出现的机会少,若能使用MOET育种技术,也将具有实际意义。测定时,将后备种畜各自的全同胞成绩排列比较(不包括测定个体本身的成绩),全同胞成绩优秀的留作种用。

2. 半同胞测定

测定时,将后备种畜各自的半同胞资料排列对比(不包括测定个体本身的成绩),其半同胞成绩优秀的个体留作种用。

3. 混合家系测定

在多胎家畜中，更常见的是全同胞和半同胞的混合家系，又称"一公畜家系"。例如，1头公畜A与若干头母畜交配，每头母畜生下若干头仔畜。仔畜中任意2头之间的关系可能是全同胞，也可能是半同胞。若将后备种畜各自的混合家系资料比较分析，按其混合家系的成绩选留种用个体，即混合家系测定。

同胞测定适用于限性性状和胴体性状的选择。同胞测定当代可得到评定结果，可以缩短世代间隔，进行早期选种，所以同胞测定常被用作青年种畜的选择依据。

(四)后裔测定

后裔测定是根据后裔各方面的表现情况作为选择的依据。它是评定种畜最可靠的方法，是种畜优秀性状遗传性能的活证据，多用于种公畜的测定。

1. 女母对比法

这种鉴定方法多用于公畜。将公畜的女儿成绩和其女儿的母亲成绩相比较，以判断公畜的优劣，凡女儿成绩超过母亲的，则认为公畜是"改良者"；女儿成绩低于母亲的，认为该公畜是"恶化者"；母女成绩相差不大，则认为公畜是"中庸者"。

2. 公牛指数法

由于公牛不产乳，不能度量其产乳量，但公牛在产乳量方面和母牛一样对后代具有遗传影响。为了衡量公牛产乳量的遗传性能，有人提出使用"公牛指数"这个指标。这个指数是按照公牛和母牛对女儿产乳量有同等影响的原则制定的，因此女儿的产乳量等于其父母产乳量的平均数，即 $D=1/2(F+M)$，该关系式可以转换为公牛指数公式：

$$F=2D-M$$

式中：D 为女儿的平均产乳量；F 为父亲的产乳量（公牛指数）；M 为母亲的平均产乳量。

用这个指数来测定公牛，其缺点与女母对比法基本相同，优点在于公牛的质量有了具体的数量指标，各公牛间可以相互比较。在饲养管理基本稳定的牛群，这种后裔测定的方法不失为一种既简单易行又比较准确的方法。

3. 同期同龄女儿比较法

该方法广泛用于奶牛业中。在采用人工授精技术的条件下，将同一品种、同一季节出生的几个公畜的女儿分散在饲养管理条件相同的场站，等女儿长大后同期配种，最后按女儿第一胎的平均生产成绩进行比较，来选择女儿的父亲。这种方法可以克服由于年代、季节及饲养管理条件不同对测定结果的影响。

(五)单性状选择

在单性状选择中，除个体本身的表型值以外，最重要的信息来源就是个体所在家系的遗传基础，即家系平均数。因此，在探讨单性状选择方法时，就是从个体表型值和家系均值出发。单性状的选择方法有4种，即个体选择、家系选择、家系内选择和合并选择。

1. 个体选择

也称为大群选择，只是根据个体本身单性状的表型值排队选种，方法简单易行。当性状具有较高遗传力时，这种选种方法也可获得较大的遗传进展。

2. 家系选择

以整个家系为一个选种单位，只根据家系均数的大小决定是否留种。家系是指全同胞和半同胞家系。在家系选择中又有两种情况：其一，当被选个体在家系均数之内的选择称为家系选择。其二，当被选个体不被包括在家系均数之内的，实际上是同胞选择。家系选择更适用于遗传力偏低的性状。

3. 家系内选择

在稳定的群体结构下，不考虑家系均数的大小，只根据个体表型值与家系均数的偏差来选留种畜，在每个家系中选留超过家系均数最多的个体。家系内选择主要应用于遗传力低的性状，在每个家系内选留最好的个体可以避免家系内共同环境效应较大时，所带来的选种偏差。家系内选择还可以在小群体中降低近交系数上升过快的弱点。

4. 合并选择

对于家系均数和个体与家系的偏差，给予不同的加权，一般地，分别用家系间遗传力和家系内遗传力作为二者的加权系数。将加权后的数值合并为一个指数。以此为依据进行的选种，其准确性高于其他各法，因此可获得理想的遗传进展。

(六)多性状选择

在育种工作中，多数情况需同时兼顾选择几个性状。一般情况下，各种畜禽的育种目标均涉及多个重要的经济性状，如奶牛的泌乳量和乳脂率，猪的日增重、瘦肉率、产仔数和断奶窝重，蛋鸡的产蛋量和蛋重等。因此，多性状的选择在实际的畜禽育种中是不可避免的。

1. 顺序选择法

这是对所要选择的性状，先选一个性状，当达到预定要求后，再选择另一性状，如此逐个选择下去。这种方法的优点是每次只选一个性状，遗传进展快，选种效果好；缺点是所需时间长，而且对一些负遗传相关的性状，就有可能是一个性状的提高，导致了另一个性状的下降。

2. 独立淘汰法

独立淘汰法就是对每个所要选择的性状，都订出一个最低的中选标准。一头家畜必须各性状都达到所规定的最低标准才能留种，如果有某一性状不够标准就必须淘汰。这种方法的优点是标准具体，方法简单，容易掌握；缺点是选中者为刚够标准的个体(即中庸者)，而将那些只是某性状没有达到最低标准，其他方面都优秀的个体淘汰掉了。而且同时选择的性状越多，中选的个体就越少。

3. 综合选择指数法

此法是把所要选择的各方面性状，按其遗传特点和经济效果综合成为一个指数，然后按指数高低进行选留，这个指数称为综合选择指数。综合选择指数是多性状选择中一种先进的方法。实践证明，此法在多性状选择中能够获得较快的遗传进展，取得最好的经济效益。

(七)估计育种值选择

任何一个数量性状的表型值，都是遗传效应与环境效应共同作用的结果，只有育种值部分可以真实遗传给后代，也只有选择育种值才能收到实效。用育种值选择比用表型值选择更加可靠。但是，育种值不能直接度量，只能根据表型值进行间接估计。

通常个体育种值的估计选种主要依据的记录资料有 4 种：本身记录、祖先记录、同胞记录

和后裔记录。育种值可根据任何一种资料进行估计,也可以根据多种资料进行复合育种值的计算。估算育种值公式为:

$$A = b_{AP}(P - \bar{P}) + \bar{P}$$

式中:A 为被测个体某性状的育种值;b_{AP} 为育种值 A 对表型值 P 的回归系数;$\bar{P}$ 为某性状群体平均表型值;P 为被测个体某性状的表型值。

估算方法首先必须获得有关记录资料,如个体性状的均值、群体均值、性状遗传力、性状重复率等。其次,根据利用资料的不同,求出不同的加权遗传力系数。

(八)间接选择

利用性状相关关系,通过对 y 性状的选择,来间接提高 x 性状的一种选种方法,就是间接选择。当要改良的某个性状遗传力很低,或难以准确度量,或在活体上不能度量,或在某种性别没有表现时,都可以考虑采用间接选择法。

任务 2 选配

在畜牧生产实践中,只选择出优良的种公、母畜是不够的。能否产生优良的后代,不仅取决于双亲的品质,而且还取决于它们的选配组合是否恰当。因此,在育种过程中,除做好选种工作外,还必须做好选配工作。选配就是有计划地决定公母畜的配对,即根据育种目标有计划地为母畜选择最合适的公畜,或为公畜选择最合适的母畜进行交配,使其产生基因型优良的后代。

一、选配的作用

(一)选配可使基因重组,创造出新的变异类型

选配的公、母双方遗传基础是不同的,有的属于同一品种,有的则是不同品种;有的有亲缘关系,有的没有亲缘关系;有的品质相同,有的则有较大差异。它们交配产生的后代,遗传结构重新组合,为培育优良畜禽提供了选择的素材。通过选配,可使公、母双方的优良基因发生互补作用,产生杂种优势,使后代的生活力、抗病力和生产性能等方面得到进一步提高。

(二)选配可使等位基因纯合,固定理想性状

家畜的遗传基础来源于双亲,如果公、母双方遗传基础相近,那么所生后代的遗传基础就很可能与其父母相差不大。若选择性状特征相近的公、母畜交配,使相同基因型的个体交配的概率增加,会使后代中纯合基因型频率升高,如此下去,控制该性状的基因即可逐渐趋于纯合,相应的性状也就会被固定下来。

(三)选配能把握变异的方向,并加强某种变异

当畜群中出现某种有益的变异时,可通过选种将具有该变异的优良公、母畜选出,然后通过选配强化该变异,它们的后代不仅可能保持这种变异,而且还可能比亲代更加明显和突出。因此,经过多代长时间的选种、选配和培育工作,有益变异就能在畜群中得到突出发展,形成该畜群独具的特点,以致扩大成为一个新的类群,从而培育出新的品种或品系。

(四)选配能控制近交程度

根据交配双方的亲缘关系进行选配,可以有效地控制近交程度。按照育种的要求,合理使用近交,防止过度近交,避免不必要的近交,特别是在小群体中要防止被迫近交。细致的选配工作可使群体近交系数增量控制在较低的水平。

二、选配的种类

选配实际上是一种交配制度。选配可分为个体选配和种群选配两大类。个体选配则根据配偶双方的品质异同和有无亲缘关系,分为品质选配和亲缘选配两种;种群选配按交配双方所属种群特性的不同,可分为纯种繁育和杂交繁育两种。

(一)个体选配

就是根据交配双方的品质异同和亲缘关系的远近进行选配。

1. 品质选配

品质选配是根据交配双方的品质异同进行的选配。所谓品质,既可以指一般品质,如体质外貌、生产性能、生物学特性等方面的品质,也可以指遗传品质,就数量性状而言,是指所估计育种值的高低。根据交配双方的品质异同,又可分为同质选配和异质选配两种。

(1)同质选配　选用性状相同、性能表现相似或育种值相似的优秀公、母畜进行交配,以期获得与双亲相似的优秀后代。选配双方愈相似,愈有可能将共同的优良品质遗传给后代。

同质选配的作用是使亲本的优良性状稳定地遗传给后代,使优良性状得以保持和巩固,并在畜群中增加具有这种优良性状的个体。在育种实践中,为了保持家畜有价值的性状,增加群体中纯合基因型的频率,常采用同质选配;杂交育种到了一定阶段,出现了理想型,也可采用同质选配,使理想类型在群体中得到巩固和扩大。

同质选配的效果与基因型的判断是否准确有密切关系。如果仅根据表型进行选配,表型相同的个体基因型未必相同,如果交配双方都是杂合子,即使是基因型相同,后代也将发生分化,性状不能巩固。所以在同质选配之前,如果能对公、母畜主要性状进行基因型判定,则可以收到良好效果。要提高同质选配的效果,选配中应以1～2个性状为主。对于遗传力高的性状,同质选配的效果一般较好;对于中等遗传力的性状,短期内效果表现不明显,可连续继代进行,使群体逐渐同质化。

(2)异质选配　选用不同品质的公、母畜交配称为异质选配。可分为两种情况:一种是选择具有不同优良性状的公、母畜交配,以期将两个性状结合在一起,从而获得兼有双亲不同优点的后代。例如,选毛长的羊与毛密的羊相配,选产乳量高的牛与乳脂率育种值高的牛相配,

就是从这一目的出发的。另一种是选同一性状但优劣程度不同的公、母畜相配，即所谓以优改劣、以良好性状纠正不良性状，以期后代能取得较大的改进和提高。例如，在毛肉兼用细毛羊中，二级羊一般毛密度大但毛长不够理想，可用特级或一级羊毛密且长的公羊与二级羊进行选配，以提高二级羊后代的毛长。再如，用产毛量高的公羊去配产毛量中等的母羊等。实践证明，这是一种可以用来改良许多性状的行之有效的选配方法。

异质选配的主要作用是综合双亲的优良性状，丰富后代的遗传基础，创造新的类型，并提高后代的适应性和生活力。因此，当畜群处于停滞状态，或在品种培育的初期，为了通过性状的重组获得理想型个体时，需要应用异质选配。但如果长期使用异质选配，可能会使种群的整体结构和原有特性遭到一些损害，使个体之间的变异加大，造成群体参差不齐的现象。有时由于基因的连锁和性状间的负相关等原因，双亲的优良性状不一定都能很好地结合在一起。为了保证异质选配的良好效果，必须考虑性状的遗传规律和遗传相关等。

在育种实践中，同质选配与异质选配往往是结合进行的。长期同质选配能增加群体中遗传性稳定的优良个体，为异质选配提供良好的基础，而异质选配的后代群体，应及时转入同质选配，使新获得的性状得以稳定。在育种的某一阶段，可能同质选配多些，而另一个阶段，可能异质选配多些。一般在育种初期多采用异质选配，当在杂种后代中出现理想类型后可转为同质选配。有时在具体选配时，对某些性状是同质选配，而对另一些性状则是异质选配。例如，有一头产乳量高、乳脂率低的母牛，选一头产乳量和乳脂率育种值都高的公牛与之交配，对产乳量来说是同质的，对乳脂率来说则是异质的。再如，一头母猪产仔数多但腹大背凹，选一头产仔数多、背腰平直的公猪与之交配，以获得产仔数多、背腰比较平直的后代，这里对产仔数这一性状而言是同质选配，对背腰而言则是异质选配。可见，同质选配与异质选配是不能截然分开的，而且只有将这两种方法密切配合，交替使用，才能不断提高和巩固整个畜群的品质。

2. 亲缘选配

根据交配双方的亲缘关系进行选配，称为亲缘选配。

如果交配双方到共同祖先的世代数之和在 6 代及 6 代以内，称为近亲交配，简称近交；如果交配双方到共同祖先的世代数之和在 6 代以上，称为远亲交配，或称远交。

近交有有害的一面，也有有利的一面。无论是繁殖场还是生产性牧场，一般都应避免近交。在育种工作中，为了固定优良性状，往往需要采用近交。近交的应用是一项技术性很强的工作。

远交有利于保持后代较强的生活力。远交的用途很广，在家畜育种过程中，经常采用的是远亲交配。在畜牧业生产中，为了避免近交衰退造成经济损失，更应当完全采用远亲交配。要建立系谱登记和配种记录制度，保证远亲交配的实施。

(二)种群选配

种群选配就是根据交配双方所属种群的异同而进行的选配。所谓种群，是指种用的群体，它可以是动物分类学上的属、种等，也可以是畜牧学上的品种、品系、品群等。

1. 纯种繁育

纯种繁育是指同种群内的选配，即选择相同种群的个体进行交配，简称纯繁，其目的在于获得纯种。在同一种群内长期进行繁育，由于选配个体来源相同，体质外形、生产力及其他性状又比较相似，势必造成纯合基因型频率逐渐升高，所形成的群体具有较高的遗传稳定性。但种群内的纯合都是相对的，没有一个种群的基因型会达到绝对纯合，尤其是比较高产的品种，性状的变异范围更广，遗传基础异质性更大，通过种群内的选种、选配，后代中会出现各种各样的变异，为种群的不断发展、提高提供了可能。因此，纯种繁育具有以下两个作用：一是巩固遗传性，使种群固有的优良品质得以长期保持，并迅速增加同类型优良个体的数量，达到保持种群纯度的目的；二是提高现有品质，使种群水平不断上升，达到提高整个种群质量的目的。当一个种群的生产性能基本上能满足国民经济需要，在生产力方向上不需要作重大改变，为了保持种群的优良特性，为以后的家畜育种工作保留丰富的育种资源时，可以采用纯种繁育的方法。

2. 杂交繁育

杂交繁育是指不同种群间的选配，即选择不同种群的个体进行交配，简称杂交。杂交主要有两方面的作用：一是使基因和性状重新组合，原来不在一个群体中的基因集合到一个群体中来，原来分别在不同种群个体上表现的性状集中到同一些个体上来；二是产生杂种优势，即杂交产生的后代在生活力、适应性、抗逆性以及生产力等方面，都比纯种有所提高。

杂交后代的基因型往往是杂合子，遗传基础很不稳定，所以杂种一般不能再作种畜使用。杂种具有很多的新变异，有利于选择，又具有较大的适应范围，因而是良好的育种材料。另外，杂交还能起到改良作用，能迅速提高低产种群的生产性能，或者使之改变生产力方向。由此可见，杂交在畜牧业生产中具有极其重要的地位。

杂交可以从各种角度进行分类。按杂交双方种群关系的远近，可分为系间杂交、品种间杂交、种间杂交等。按杂交的目的，又可把杂交分为经济杂交、引入杂交、改良杂交和育成杂交等。

要正确处理纯繁与杂交的关系。纯繁可促使更多的等位基因纯合，使种群固有的优良品质得以巩固和稳定；杂交则是促使各对基因的杂合性增加，使原来在不同种群表现的优良性状集中到同一类群或个体上来，并产生杂种优势。两者是互相依存的，没有纯就没有杂，亲本种群愈纯，杂交双方基因频率相差愈大，杂种优势就愈突出。只有把亲本种群提纯，才能取得良好的杂交效果。

三、选配计划的拟订

(一)选配的原则

选配计划又称选配方案。每个育种场在繁殖季节到来之前都要事先制订选配计划，以保证各项工作有条不紊地进行。制订选配计划应遵循以下原则：

1. 根据育种目标进行综合考虑

育种工作应有明确的目标，各项具体工作应按照目标进行。为了更好地完成育种目标规定的任务，不仅应考虑选配个体的品质和亲缘关系，还必须考虑选配个体所隶属的种群对它们后代的作用和影响。在分析个体和种群特性的基础上，考虑采用什么样的选配方式才能保持其优良品质，并克服其缺点。

2. 尽量组织配合力好的家畜配种

在对过去交配结果具体分析的基础上，挑选出产生过优良后代的选配组合，一方面继续维持，另一方面还应增选具有相应品质的公、母畜交配。特别是经济杂交时，更应该重视配合力问题。种群选配时也同样要分析系、族间配合力的大小。

3. 公畜质量要高于母畜

在动物育种中，因公畜具有带动和改进整个畜群的作用，而且选留数量少，所以对其等级和质量的要求都应高于母畜。对特、一级公畜应充分使用，二、三级公畜则是能控制使用。公畜的等级最低等于母畜，绝不能使用低于母畜等级的公畜来配种。

4. 相同缺点或相反缺点者不能交配

选配中绝不能选用具有相同缺点（如绵羊毛短与毛短）或相反缺点（如猪凹背与凸背）的公母畜交配，以免使缺点更加突出。

5. 正确使用近交

近交需控制在育种群中必要时使用。在一般繁殖群，非近交才是长期而又普遍使用的方法。同一公畜在一个畜群的使用年限不能过长，应注意做好种畜交换和血缘更新工作。

（二）选配计划的制订

选配计划没有固定的格式，但其内容一般应包括：互相交配的公母畜的名字或编号及其品质说明、选配目的、选配原则、选配公母畜优缺点、以往选配的效果、需要保留哪些优点和纠正哪些缺点、选配双方有无亲缘关系、选配方法和预期效果等。为了保证选配计划的实施，在计划中还应安排选配的后补公畜。

在制定选配计划时，应千方百计地扩大优良公畜的利用范围，尽量发挥其作用。在选配计划执行中，如发生公畜精液品质变劣或伤残死亡等偶然情况，应及时更换种用公畜并对选配计划做出合理修订。每次的选配计划执行后，应及时总结经验，为下一次的选配计划制定提供有价值的信息。

任务3　杂交

一、杂交的概念和作用

在遗传学上，一般把两个基因型不同的纯合子之间的交配称为杂交。在畜牧业生产中，杂交是指不同种群（种、品种、品系或品群）之间的公母畜的交配。不同品种或品系杂交的后代称为杂种，不同属、种之间的杂交称为远缘杂交。由于不同种属间的遗传结构差异较大，所以远缘杂交能产生杂种优势很强的后代。在畜牧生产实践中，可以用来生产强壮有力的役用畜，也可用于培育畜禽新品种。但是远缘个体之间往往存在着不可（或不易）杂交性和杂种不育性，所以远缘杂交在实际中的应用受到很大的限制。

概括地说，杂交有以下几个方面的作用。

（1）综合双亲本的性状，育成新品种。

(2)改良家畜的生产方向。

(3)产生杂种优势,提高生产力。

二、杂种优势的利用

(一)杂种优势的概念

杂种优势指不同种群(品种、品系或品群)间杂交所产生的杂种,往往在生活力、生长势和生产性能等方面表现优于其亲本纯繁群体的现象。就性状而言,通常以杂种(正反交 F_1)的平均性能优于两亲本的平均性能表示。

(二)杂种优势的表现

凡能进行有性生殖的生物,无论是低等还是高等,都可见到杂种优势现象。杂种优势是生物界的一种普遍现象,但并不是任何两个亲本杂交所产生的杂种或杂种的所有性状都有优势。杂种是否有优势,其表现程度如何,主要取决于杂交用的亲本群体的质量以及杂交组合等是否恰当,也受制于营养水平、饲养制度、环境温度、卫生防疫体系等环境因素,还受制于遗传与环境的互作。如果亲本群体缺少优良基因,或双亲本群体在主要经济性状上基因频率无大差异,或主要性状上两亲本群体所具有的基因非加性效应很小,或者不具备充分发挥杂种优势的饲养管理条件等,这样都不能产生理想的杂种优势。

杂交有时候也会出现不良的效应。由于某些非等位基因间存在负的效应,杂种的基因型值就会低于双亲的平均值,这种现象称为杂种劣势。但总的来说,杂种优势总是多于劣势。

(三)配合力测定与杂种优势的度量

配合力就是种群通过杂交能够获得的杂种优势程度,也即杂交效果的好坏和大小。各种群间的配合力是不一样的,通过杂交试验进行配合力测定,是选择理想杂交组合的必要方法。

1. 配合力的种类及概念

配合力有两种:一般配合力和特殊配合力。一般配合力是指一个种群与其他各种群杂交所能获得的平均效果,如果一个品种与其他各品种杂交都能得到较好的效果,如引进品种大约克夏猪与世界上许多品种猪杂交效果都很好,就说明它的一般配合力好。特殊配合力是指两个特定种群之间杂交所能获得的超过一般配合力的杂种优势。这两种配合力可用图 5-1 加以说明。

$F_{1(A)}$ 为 A 种群的一般配合力,$F_{1(B)}$ 为 B 种群的一般配合力,$F_{1(AB)}-1/2(F_{1(A)}+F_{1(B)})$ 为 A、B 两种群的特殊配合力。

2. 配合力的测定方法

通常通过杂交试验进行的配合力测定,主要是测定特殊配合力。特殊配合力一般以杂种优势值表示:

$$H=\overline{F}_1-\overline{P}$$

式中:H 为杂种优势值;$\overline{F}_1$ 为杂种一代的平均值(即杂交试验中杂种组的平均值);$\overline{P}$ 为亲本

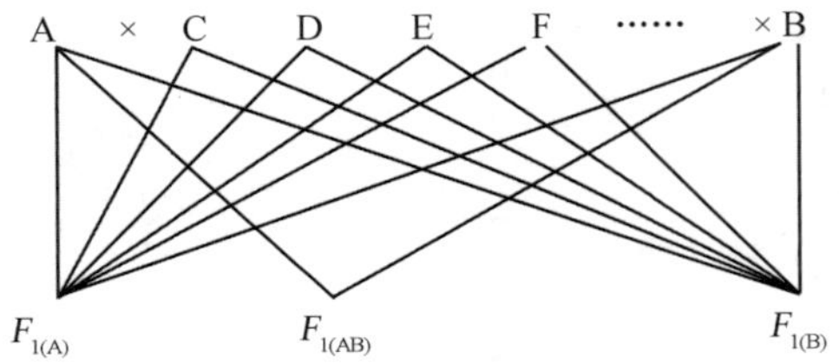

图 5-1　两种配合力概念示意

$F_{1(A)}$——A 种群与 B、C、D、E、F……各种群杂交产生的一代杂种的平均值；
$F_{1(B)}$——B 种群与 A、C、D、E、F……各种群杂交产生的一代杂种的平均值；
$F_{1(AB)}$——A、B 两种群的一代杂种的平均值。

种群的平均值(即杂交试验中各亲本种群纯繁组的平均值)。

为了各性状间便于比较,杂种优势常以相对值表示,即化成杂种优势率的形式:

$$\text{杂种优势率}:H=\frac{\overline{F}_1-\overline{P}}{\overline{P}}\times 100\%$$

例:一次杂交试验结果如表 5-1 所示,计算断乳窝重的杂种优势率。

表 5-1　约×金杂交试验结果

组别	窝数	平均每窝产仔数	平均断乳窝重/kg
约克夏猪×金华猪	12	10.00	129.00
约克夏猪×约克夏猪	17	8.20	122.50
金华猪×金华猪	17	10.41	106.75

解:

$$H=\frac{129-\frac{1}{2}(122.5+106.75)}{\frac{1}{2}(122.5+106.75)}\times 100\%$$

$$=\frac{129-114.63}{114.63}\times 100\%=12.5\%$$

多品种或多品系杂交试验时,亲本平均值应按各亲本在杂种中所占的血缘比例进行加权平均。

例:某三品种杂交试验结果如表 5-2 所示,计算日增重的杂种优势率。

表 5-2　三品种杂交试验结果

组别	数量/头	始重/kg	末重/kg	平均日增/g
A×A	6	5.10	75.45	180.54
B×B	4	9.62	77.15	258.85
C×C	4	5.69	75.85	225.10
C×AB	4	9.81	76.63	278.41

解：在三品种杂交中，亲本 C 占 1/2 血缘成分，亲本 A、B 各占 1/4，所以：

$$\bar{P}=\frac{1}{4}(A+B)+\frac{1}{2}C$$

$$=\frac{1}{4}(180.54+258.85)+\frac{1}{2}\times 255.10=222.40$$

则日增重的杂种优势率：

$$H=\frac{\bar{F}_1-\bar{P}}{\bar{P}}\times 100\%=\frac{278.41-222.40}{222.40}\times 100\%=25.18\%$$

(四)提高杂种优势的措施

1. 杂交亲本种群的选优提纯

"选优"就是通过选择使亲本种群原有的优良、高产基因的频率尽可能增大。"提纯"就是通过选择和近交，使得亲本种群在主要性状上纯合子的基因频率尽可能增加，个体间的差异尽可能减小。提纯的重要性并不亚于选优，因为亲本种群越纯，杂交双方基因频率之差才能越大，配合力测定的误差才能越小，杂种群体才能越整齐、规格一致，而这些都是杂种优势利用效果好坏的关键。选优与提纯，并不是两个截然分开的措施，选优就是要增加优良基因的频率，而只有优良基因的纯合子基因型频率提高了，其基因频率才能有较大的增加。所以"优"和"纯"虽然是两个不同的概念，但选优和提纯是相辅相成的，可以同时进行和同时完成的。

2. 选定最佳杂交组合

杂交用的亲本种群是否适当，关系到杂种能否得到优良、高产及非加性效应大的基因，进而决定杂交能否取得最佳效果，因此意义非常重大。而就杂交亲本种群而言，需要注意类别及初选。

杂交用的亲本应按照父本和母本分别选择，两者的选择标准不同，要求也不同。

(1)母本的选择　应选择在本地区数量多、适应性强、繁殖力高、母性好、泌乳能力强的品种或品系作母本。因为母本需要的数量大，种畜来源问题很重要，适应性强的容易在本地区基层推广，特别是一些繁殖力低的畜种，如牛、羊等，更需要以当地品种作母本。

(2)父本的选择　应选择生长速度快、饲料利用率高、胴体品质好的品种或品系作为父本。具有这些特性的一般都是经过精心培育的品种，如长白猪、大白猪、夏洛来牛、西门塔尔牛、科尼什鸡等，或者精心选育的专门化品系。这些性状的遗传力较高，种公畜的这些优良特性容易遗传给杂种后代。

3. 建立专门化品系和杂交繁育体系

所谓专门化品系是指生产性能"专门化"的品系，是按照育种目标进行分化选择育成的，每个品系具有某方面的突出优点，不同的品系配置在完整繁育体系内不同层次的指定位置，承担着专门任务。专门化品系一般分为父系和母系，在培育专门化品系时，母系的主选性状为繁殖性状，辅以生长性状，而父系的主选性状为生长、胴体、肉质性状。利用专门化品系进行杂交，可以获得具有高度杂种优势的杂种，从而大大提高家畜的生产力。生产实践证明，开展专门化品系杂交，取得了良好的经济效果，极大地促进了畜牧业的发展。如美国 5 家最大的猪育种公司主要培育配套杂交用的专门化父系和母系，提供给商品猪生产者，这些公司生产了全国商品生产用公猪的15%～20%；英国的4个主要猪育种公司也推出自己的若干"杂优猪"生产模式，各代次种猪主要销往国外。培育专门化品系生产"杂优猪"已成为当今猪育种工作的新趋势。

三、产生杂种优势的杂交方法

(一)单杂交

单杂交又称二元杂交，即两个种群杂交一次，一代杂种无论公母畜，都不作为种用继续配种繁殖，而是全部用作商品(图5-2)。

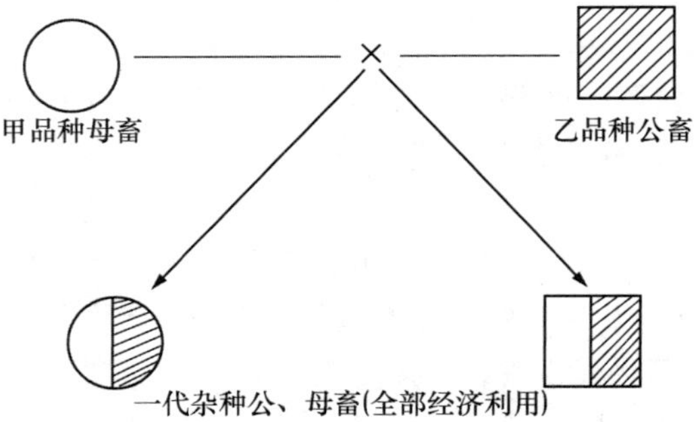

图 5-2　二元杂交模式图

这种杂交方式最简单，特别是在选择杂交组合方面比较简单，只需做一次配合力测定。但在杂交组织工作上却并不太简单，因为始终需要有纯种家畜来补充。为此，一个从事这种工作的牧场，除了进行杂交以外，还要同时做纯繁工作，以补充杂交用的母本。如果父本也由本场繁殖，还需要有一个父本种群的纯繁群，否则就得经常从外场采购公畜或利用配种站的公畜。母本种群的纯繁，并不一定需要另搞一个群，可以利用杂交用的母畜群进行纯繁，只要配备一些同种群的种公畜就行了。选择杂交效果好的母畜，利用其几个产次进行纯繁，这样可能对提高配合力还有一定好处。

单杂交方式简单易行，并有良好的实际效果，可在杂交生产的起始阶段广泛使用，如新淮猪育种初期就采用了单杂交方式。但最大缺点是，不能充分利用繁殖性能方面的杂种优势，因为用以繁殖的母畜都是纯种，而繁殖性能一般遗传力较低，杂种优势比较明显，不利用这方面杂种优势是很可惜的，所以有条件的地方应尽量开展三元杂交。

(二)三元杂交

即先用两个种群杂交，产生在繁殖性能方面具有显著杂种优势的母畜，再用第三种群作父本与之杂交，以生产经济用畜群(图5-3)。

这种杂交方式主要用于肥猪生产。世界许多国家都采用杜洛克猪、长白猪和大约克夏猪三元杂交生产商品猪。一般说来，三元杂交的总杂种优势要超过单杂交，因为杂种母猪产仔多、哺乳能力强，这些优势直接影响仔猪的生长发育，因而仔猪初生窝重和断乳窝重都大，加上

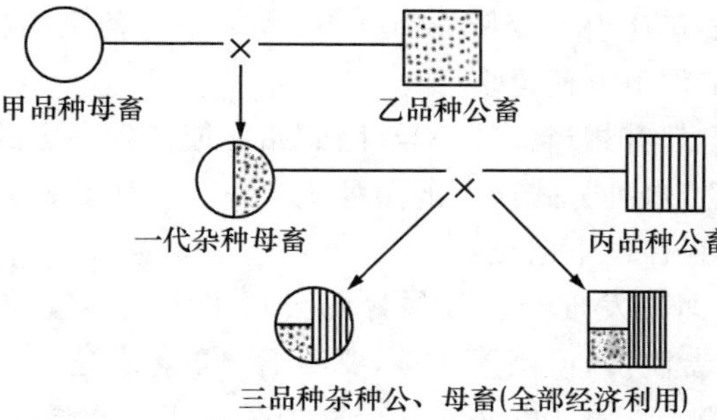

图 5-3 三元杂交

第二次杂交使仔猪本身又获得生活力与生长势方面的杂种优势,两者加在一起,总的杂种优势当然要比仅仅仔猪为杂种的单杂交更为显著。而且来自杂种母猪的优势,一般比直接来自杂种仔猪的更大,因为繁殖性能的遗传力比生长势的遗传力低,而前者的杂种优势一般比后者大。

三元杂交在组织工作上,要比单杂交更为复杂,因为它需要有三个种群的纯种猪源,而且需要两次配合力测定:一次是杂种母猪的两亲本间的以繁殖性能为重点的配合力测定,另一次是第三个种群与杂种母猪间以肥育性能为重点的配合力测定。

(三)轮回杂交

用两个或两个以上品种轮流杂交,各代杂种母畜,除留一部分再与另一品种杂交外,其余杂种母畜和全部杂种公畜都作经济利用,称为轮回杂交。可分为两品种轮回杂交和三品种轮回杂交(图 5-4、图 5-5)。

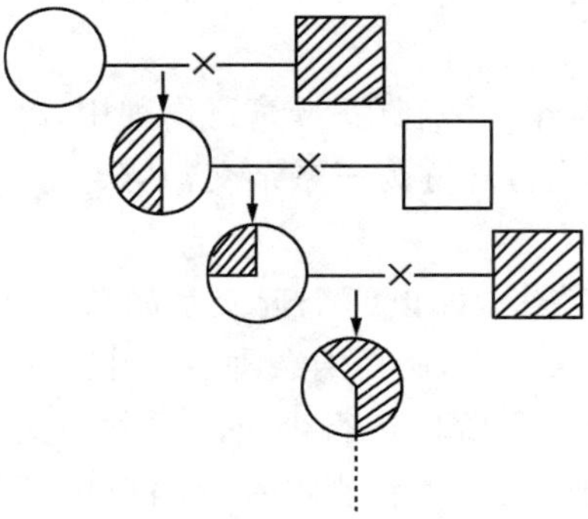

图 5-4 二元轮回杂交

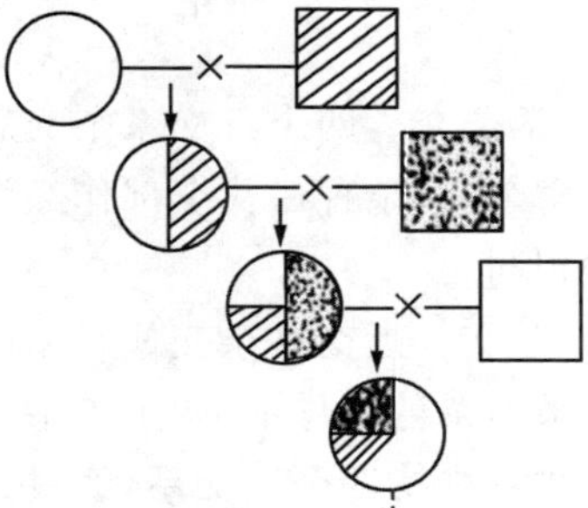

图 5-5 三元轮回杂交

这种杂交方式的优点是:

(1)除第一次杂交外,母畜始终都是杂种,有利于利用繁殖性能的杂种优势。

(2)对于单胎家畜,繁殖用母畜需要较多,杂种母畜也需用于繁殖,采用这种杂交方式最合适。因为简单杂交不利用杂种母畜繁殖,三元杂交也需要经常用纯种杂交以产生新的杂种母畜,对于繁殖力低的家畜,特别是大家畜都不适宜。

(3)这种杂交方式只要每代引入少量纯种公畜，或利用配种站的种公畜，不需要本场自己维持几个纯繁群，在组织工作上方便得多。

(4)由于每代交配双方都有相当大的差异，因此始终能产生一定的杂种优势。只要杂交用的纯种较纯，种群选择合适，这种方式产生的杂种优势不一定比其他方式差。

但是这种杂交方式也存在以下缺点：

(1)每代要变换公畜，即使发现杂交效果好的公畜也不能继续使用。而且每次购入的公畜，使用一个配种期后，或者淘汰，或闲置几年，要等下次再轮到这个品种或品系杂交时才能再使用，这样就造成很大浪费。克服的办法是几个畜场联合使用公畜，每个种群的公畜在一个畜场使用以后，转移到另一个畜场，这样几个畜场循环使用，可提高公畜的利用率。

(2)进行配合力测定时，特别是在第一轮回杂交期间，相应的配合力测定必须做到每代杂交之前，但是这时相应的杂种母畜还没有产生。为了进行配合力测定，又必须在一种类型的杂种母畜大量产生以前，先生产少数供测定用的该类型杂种母畜，这就比较麻烦。但完成第一个轮回杂交以后，只要方案不变，以后各轮回杂交就不一定都做配合力测定。

(四)配套系杂交

所谓配套系杂交，就是按照育种目标进行分化选择，培育一些品系，然后进行品系间杂交，杂种后代作为经济利用。配套系杂交生产的杂种后代一般称为杂优畜，以区别于一般品种间杂交的杂种畜；配套系杂交包括两大类，即近交系杂交和专门化品系杂交。

1. 近交系杂交

建立近交系的目的是进行杂交生产，利用系间杂种优势，提高家畜生产力和经济效益。近交系是通过近亲繁殖而建立的品系，并在以后世代中保持一定的近交系数，使系内的基因型纯合化。近交系杂交的基本模式通常有：单交、三系杂交、双杂交、顶交和底交等几种。

(1)单交　又称两系杂交，是指两个近交系杂交一次，一代杂种不论公母，全部作经济利用。

(2)三系杂交　两个近交系杂交后，一代杂种公畜作经济利用，母畜留作种用，继续与另一近交系公畜杂交，杂种后代全部作经济利用。这种杂交方式称为三系杂交，其杂交方式与三元杂交方式相同。

(3)双杂交　近交系杂交最典型的杂交方式是双杂交，即以两个近交系的杂种作父本，另两个近交系的杂种作母本，两个单杂交种间再进行一次杂交，所得的杂种后代作经济利用。这种杂交方式需维持四个近交系，经过近交、单交、双交三个阶段进行生产。这种杂交方式最初用于生产杂交玉米，在畜牧业中应用较早的是养禽业，近几十年来已在养猪业中开始推广应用，对于世代间隔长的大家畜如牛、马等，由于建系比较困难，一般都不采用。

鸡的双杂交一般都是用于近交系之间。先用高度近交建立近交系，再用轻度近交保存近交系，同时进行各近交系间的配合力测定，选择适宜作父本的和适宜作母本的单杂交鸡，然后再进行各父本与母本间的配合力测定，选择最理想的杂交组合。选定杂交组合后分两级生产杂交鸡，第一级是生产父本和母本的单杂交种鸡，第二级是生产双杂交商品鸡，具体过程如图 5-6 所示。

2. 专门化品系间杂交

培育专门化品系的目的是进行品系间配套杂交，以获得生产性能高而均匀的商品畜，即

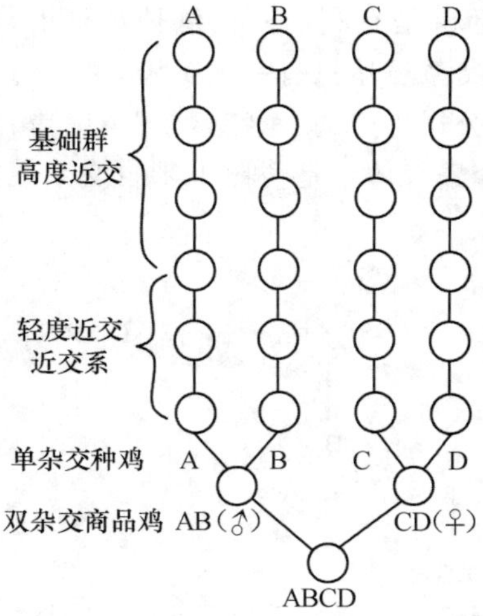

图 5-6 鸡近交系双杂交模式

“杂优畜”。专门化品系通过育种过程培育成功后，还要有一个制种过程才能生产出理想型的商品代畜禽。制种工作的前提是对育成的品系进行配合力测定，即开展品系间众多杂交组合的筛选，以确定最优组合的配套繁育计划。专门化品系配套繁育的基本模式有二系配套、三系配套和四系配套。此外，有时还能见到五系配套的鸡种。

(1)二系配套繁育 用于杂交的专门化品系有父本、母本之分，每个专门化品系由两个以上品种杂交育成，因而通常称为合成系，由于这些品系各自按某些性状的特定方向育成的，相互间无亲缘关系，从而能产生较大的杂种优势。二系配套的基本模式如图 5-7 所示。二系配套时，祖代是最高的制种层次，饲养核心群进行纯系繁育，需维持两个专门化品系，父母代只饲养单性别畜群(A♂ 和 B♀)，不能进行纯系繁育。

二系配套体系是比较原始的形式，从纯系育种群到商品代的距离短，因而遗传进展传递快。不足之处是不能在父母代利用杂种优势来提高繁殖性能，而且扩繁层次少，故供种量少，从育种公司的经济利润上讲是不利的。因此，大型育种公司基本已不提供两系杂交的配套组合。

(2)三系配套繁育 这种形式从本质上讲是最普遍的，见图 5-8。三系配套时父母代母本是二元杂种，所以其繁殖性能可获得一定杂种优势，再与父系杂交仍可在商品代产生杂种优

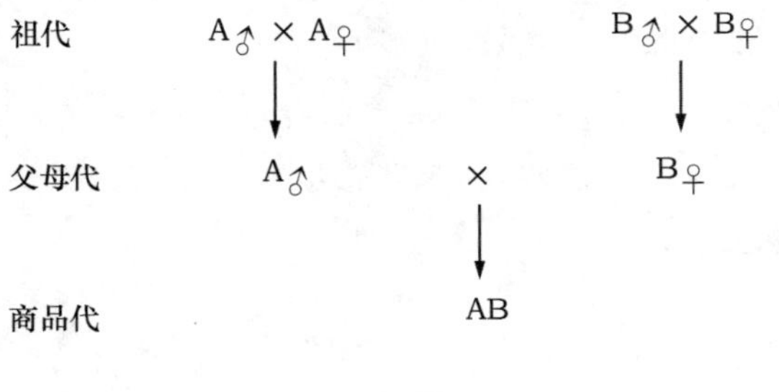

图 5-7 二系配套二级繁育体系

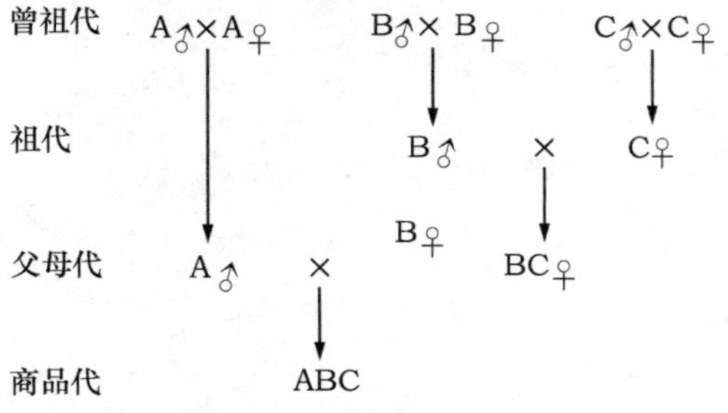

图 5-8 三系配套三级繁育体系

势，因此从提高商品代生产性能上讲是有利的。在供种数量上，母本经祖代和父母代二级扩繁，所以供种量可大幅度增加，而父系虽然只有一级扩繁，由于公畜需要量本来就少，所以完全可满足需要。如英国“Cotswold”公司生产的“考特索尔”杂优猪。

(3)四系配套繁育　四系配套繁育体系是仿照玉米自交系双杂交的模式建立的，如图 5-9 所示。

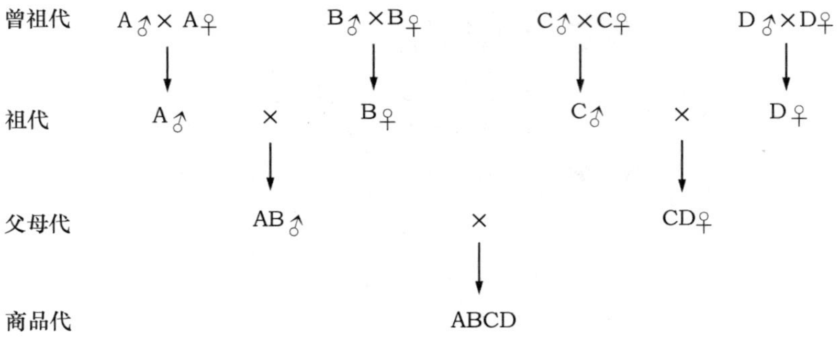

图 5-9　四系配套三级繁育体系

从图 5-9 可以看出，四系配套时父系和母系的曾祖代核心群进行纯繁，而祖代、父母代都只饲养单性别畜群，不能进行纯系繁育。

从鸡育种中积累的资料看，四系杂种的生产性能不但没有明显超过三系配套和三系配套的杂种，而且在多数情况下不如后者或基本相近。实际上，有不少育种公司的鸡种是按四系配套宣传和报价，而以二系配套的形式供种的。从养猪业的发展来看，从 20 世纪 80 年代以来，四系配套逐步被三系配套，或“假四真三”配套替代，原因是三系配套相对四系配套而言，减少了一个纯系和一个单交系，简化了制种过程，可节约许多费用，便于推广应用。

【学习要求】

识记：选种、生长、发育、选配、系谱测定、性能测定、同质选配、近交。

理解：配合力测定及其对于杂种优势利用的意义。

应用：实地考察实训猪场的三元杂交资料，了解杂交效果。

模块六
畜禽繁殖

项目十四　畜禽繁殖生理

【学习目标】

● 熟悉激素和生殖激素的概念、分类和功能；了解生殖激素对畜禽生殖活动的调控作用；能使用生殖激素控制畜禽的繁殖活动并能治疗相关的繁殖疾病。

【学习内容】

任务1　生殖激素概述

一、生殖激素的概念

激素(hormone)音译为“荷尔蒙”。是由动物机体产生、经体液循环或空气传播等途径作用于靶器官或靶细胞、具有调节机体生理机能的一系列微量生物活性物质。其中与动物性器官、性细胞、性行为等的发生和发育以及发情、排卵、妊娠、分娩和泌乳等生殖活动有直接关系的激素，统称为生殖激素。通常，生殖激素由动物内分泌腺体(无管腺)产生，故又称为生殖内分泌激素。

动物的生殖活动是一个复杂的过程，包括雌性动物卵子的发生、卵泡的发育、卵子的排出以及发情的周期性变化；雄性动物精子的发生及交配活动；生殖细胞在生殖管道内的运行，胚胎的附植及其在子宫内的发育；分娩及泌乳活动等。所有这些生理机能都受内分泌激素的调控，生殖激素作用的紊乱，常常是造成动物不育的重要原因。

二、生殖激素的分类

1. 根据来源和功能

(1)神经激素　神经激素由下丘脑的神经细胞合成和分泌，具有控制垂体有关激素的释放和引起子宫收缩等作用。

(2)垂体促性腺激素　垂体促性腺激素由垂体前叶分泌,直接关系到配子的产生与成熟,可刺激性腺产生类固醇激素。

(3)胎盘促性腺激素　胎盘分泌多种激素,其中孕马血清促性腺激素和人绒毛膜促性腺激素的作用与垂体促性腺激素类似。

(4)性腺激素　性腺激素由睾丸和卵巢分泌,对两性行为、第二性征和生殖器官的发育和维持,妊娠维持,以及生殖周期的调节起重要作用。

此外,前列腺素 $F_{2\alpha}$ 对动物繁殖也起着重要的调节作用;"外激素"是动物不同个体间的"化学通信物质",在动物繁殖活动中有重要的意义。因此,也将它们列为生殖激素。

2. 根据化学性质

(1)含氮激素　含氮激素包括蛋白质、多肽、氨基酸衍生物和胺类等,垂体分泌的所有生殖激素和下丘脑分泌的大部分生殖激素都属此类。此外,胎盘和性腺以及生殖器官外的其他组织器官也可分泌蛋白质类和多肽类激素。

(2)类固醇激素　类固醇激素主要由性腺和肾上腺分泌,对动物的性行为和生殖激素的分泌有直接或间接作用。

(3)脂肪酸激素　脂肪酸激素主要由子宫、前列腺、精囊腺(前列腺素)和某些外分泌腺体(外激素)所分泌。

三、生殖激素的作用特点

(1)生殖激素只能加快或减慢细胞内的代谢过程,而不发动细胞内的新反应。

(2)生殖激素在血液中消失很快,但常常有持续性和累积性作用。例如,将孕酮注射到家畜体内,在 10～20 min 内就有 90%从血液中消失。但其作用要在若干小时甚至数天内才能显示出来。

(3)微量的生殖激素就可以引起明显的生理变化。生理状态下,动物体内生殖激素的含量极低,但所引起的生理变化十分明显。例如,将 1 pg(10^{-12}g)雌二醇直接作用到阴道黏膜或子宫内膜上,就可以引起明显的变化。

(4)生殖激素的作用具有一定的选择性。各种生殖激素均有其一定的靶器官或靶细胞,如促性腺激素作用于性腺(睾丸和卵巢),雌激素作用于乳腺管道,而孕激素作用于乳腺腺泡等,它们均具有明显的选择性。

(5)生殖激素间具有协同和抗衡作用。例如,母畜的排卵现象就是促卵泡素和促黄体素协同作用的结果。又如,雌激素能引起子宫兴奋、蠕动增加,而孕酮可以抵消这种兴奋作用,减少孕酮或增加雌激素都可能引起妊娠家畜流产,这说明两者之间存在着抗衡作用。

任务2 生殖激素的功能与应用

一、神经激素

(一)促性腺激素释放激素

1. 来源与特性

促性腺激素释放激素(GnRH)又名促黄体素释放激素(LH-RH 或 LRH),由分布于下丘脑内侧视前区、下丘脑前部、弓状核、视交叉上核的神经内分泌小细胞分泌,能促进垂体前叶分泌促黄体素(LH)和促卵泡素(FSH)。所有哺乳动物分泌的 GnRH 均为由 9 种不同氨基酸组成的直链式十肽,并具有相同的分子结构和生物学效应。

2. 生理功能

(1)对雄性动物有促进精子发生和增强性欲的作用。

(2)对雌性动物有诱导发情、排卵,提高配种受胎率的功能。

3. 应用

(1)用于治疗雄性动物性欲减弱、精液品质下降。

(2)用于治疗雌性动物卵巢静止和卵泡囊肿等症。

(二)催产素

1. 来源与特性

催产素(OXT)是由下丘脑视上核和室旁核分泌合成的含有一个二硫键的由 9 个氨基酸组成的多肽激素,贮存于垂体后叶,当动物机体受到刺激时释放。在卵巢、子宫等部位也能产生少量的催产素。

2. 生理功能

(1)可刺激哺乳动物乳腺导管肌上皮细胞收缩,导致排乳。在生理条件下,催产素的释放是引起排乳反射的重要环节。

(2)可强烈地刺激子宫平滑肌收缩,促进分娩完成。

(3)可刺激子宫分泌前列腺素($PGF_{2\alpha}$),引起黄体溶解而诱导发情。

(4)能使输卵管收缩频率增加,有利于两性配子的运行。

此外,催产素还具有加压素的作用,即具有抗利尿和使血压升高的功能。

3. 应用

(1)催产素常用于促进分娩,治疗胎衣不下、子宫脱出、子宫出血,以及子宫内容物(如恶露、子宫积脓或干尸化胎儿)的排出等。

(2)可用于人工流产或阻止胚胎附植。

(3)分娩后母畜排乳发生问题时,可注射催产素促进排乳。

(4)在精液中加入催产素,可促进子宫收缩,有利于精子运行到受精部位,提高受精率。

二、垂体促性腺激素

垂体前叶分泌的促性腺激素主要包括促卵泡素、促黄体素和促乳素。

(一)促卵泡素

1. 来源与特性

促卵泡素(FSH)又名卵泡刺激素,由垂体前叶嗜碱性细胞分泌,是一种糖蛋白激素,能溶于水,分子质量约为 30 000 u,半衰期约为 5 h。

2. 生理功能

(1)对雄性动物　促卵泡素可促进精细管发育,使睾丸增大。促进生精上皮发育,刺激精原细胞增殖,在睾酮的协同下促进精子的形成。

(2)对雌性动物　促卵泡素可促进有腔卵泡生长和发育。FSH 能提高卵泡壁细胞的摄氧量,增加蛋白合成,促进卵泡内膜细胞分化,促进卵泡颗粒细胞增生和卵泡液的分泌。能够协同促黄体素,促使卵泡内膜细胞分泌雌激素,激发卵泡的最后成熟,诱发排卵并使颗粒细胞变成黄体细胞。

3. 应用

(1)提早动物的性成熟　对接近性成熟的雌性动物,将 FSH 和孕激素配合使用,可使小母畜初情期和性成熟提前。

(2)诱发泌乳乏情的母畜发情　对产后 4 周的泌乳母猪及产后 60 d 以后的母牛,应用 FSH 可提高发情率和排卵率,缩短其产犊间隔。

(3)超数排卵　为了获得大量的卵子和胚胎,应用 FSH 可使卵泡大量发育和成熟排卵,牛、羊应用 FSH 和 LH,平均排卵数可达 10 枚。

(4)治疗卵巢疾病　FSH 对卵巢机能不全或静止、卵泡发育停滞或交替发育及多卵泡发育均有较好疗效。若与 LH 合用,效果更好。

(5)治疗公畜精液品质不良　当公畜精子密度或精子活率低时,应用 FSH 和 LH 可提高精液品质。

(二)促黄体素

1. 来源与特性

促黄体素(LH)由垂体前叶的另一种嗜碱性细胞分泌,是糖蛋白激素,能溶于水,分子质量约为 30 000 u。在提取和纯化过程中比 FSH 稳定。

2. 生理功能

(1)对雄性动物　促黄体素可刺激睾丸间质细胞合成并分泌睾酮,这对副性腺的发育和精子的最后成熟起决定性作用。

(2)对雌性动物　促黄体素可促使卵巢血流加速;在促卵泡素作用的基础上引起卵泡排卵和促进排卵后生成黄体。

3. 应用

(1)LH常用于诱导排卵、治疗黄体发育不全和卵巢囊肿等。一般先用FSH或PMSG促进卵泡生长发育，然后注射LH或HCG促进排卵。

(2)主要用于治疗排卵障碍、母畜发情期过短、屡配不孕、雄性动物性欲不强、精液和精子量少等症。

(3)FSH和LH这两种激素制剂还可用于诱发非繁殖季节的母畜发情和排卵。

(4)同期发情的处理中，配合使用这两种激素，可提高群体母畜发情和排卵的同期率。

(三)促乳素

1. 来源与特性

促乳素(PRL)又名催乳素，由垂体前叶嗜酸性细胞分泌，经垂体前叶门脉系统进入血液循环。哺乳动物妊娠和泌乳期间PRL的分泌显著增多。

2. 生理功能

(1)促进乳腺的机能：促乳素与雌激素共同作用于乳腺管系统；与孕激素共同作用于乳腺泡系统；与皮质类固醇激素一起激发和维持泌乳活动；能促进鸽子嗉囊的发育和分泌哺喂雏鸽的嗉囊乳。

(2)使黄体分泌孕酮。

(3)增强雌性动物的母性行为：如禽类的就巢性和鸟类的反哺行为等。

3. 应用

促乳素在畜牧生产中的应用非常有限，目前还没有商品制剂。

三、胎盘促性腺激素

(一)孕马血清促性腺激素

1. 来源与特性

孕马血清促性腺激素(PMSG)主要存在于孕马的血清中，它是由怀孕马、驴或斑马子宫内膜的“杯状”组织所分泌。PMSG是一种糖蛋白激素，分子质量为53 000 u。PMSG的分子不稳定，高温和酸、碱条件以及蛋白分解酶均可使其失活。此外，冷冻干燥和反复冻融也可降低其生物活性。

2. 生理功能

(1)用于母畜的催情。不论卵巢上有无卵泡，均能产生效果。并能应用于各种家畜。

(2)在胚胎移植中用于供体母畜的超数排卵。

(3)有促进排卵和黄体形成的作用。

(4)促进雄性动物精细管发育、性细胞分化和精子生成。

3. 应用

(1)可用于诱导发情、超数排卵。

(2)治疗雌性动物乏情、安静发情或不排卵。

(3)提高母羊的双羔率。

(4)治疗雄性动物睾丸机能衰退,提高精液品质。

(二)人绒毛膜促性腺激素

1. 来源与特性

人绒毛膜促性腺激素(HCG)是人类和灵长类动物胎盘分泌的一种激素。大量存在于孕妇尿中,血液中亦有。HCG 为糖蛋白激素,分子质量为 36 700 u,结构与 LH 极其相似。在受孕第 8 天的灵长类动物尿中即可检出 HCG。

2. 生理功能

(1)对雌性动物具有促进卵泡成熟、排卵和形成黄体并分泌孕酮的作用。

(2)对雄性动物具有刺激精子生成、睾丸间质细胞发育并分泌雄激素的功能。

(3)具有免疫抑制作用,可防止母体对滋养层的攻击,使附植的胎儿免受排斥。

3. 应用

在临床上,HCG 通常用来代替价格较昂贵的 LH。

(1)促进卵泡成熟和排卵　由于 HCG 具有 LH 的生理作用,所以有促进卵泡成熟、排卵的效果,应用于母畜的排卵延迟。

(2)用于同期发情　在同期发情处理中,HCG 可以提高母畜发情同期率,增加排卵的一致性。

(3)治疗繁殖疾病　HCG 可以治疗母畜排卵迟缓、不排卵以及卵泡囊肿等疾病。

四、性腺激素

(一)雄激素

1. 来源与特性

雄激素主要由睾丸间质细胞所分泌。肾上腺皮质部、卵巢、胎盘也能分泌少量雄激素。雄激素主要为睾酮、雄酮、雄烯二酮,其中最主要的形式为睾酮。

2. 生理功能

(1)刺激精子发生,延长附睾中精子的寿命。

(2)促进雄性副性器官(如前列腺、精囊腺、尿道球腺、输精管、阴茎和阴囊等)的发育和分泌机能。

(3)促进雄性第二性征的表现,如骨骼粗大、肌肉发达、外表雄壮等。

(4)促进公畜的性行为和性欲表现。

(5)雄激素量过多时通过负反馈作用,抑制垂体分泌过多的促性腺激素,以保持体内激素的平衡状态。

3. 应用

人工合成的雄激素类似物主要有甲基睾酮和丙酸睾酮,其生物学效价远比睾酮高,并可以通过消化道淋巴系统直接被吸收。在临床上主要用于治疗雄性动物性欲不强和性功能减退等。但单独使用不如睾酮与雌二醇联合处理效果好。合成的雄激素制剂注射给母牛或去势牛,可使之作为试情牛。

(二)雌激素

1. 来源与特性

雌激素主要来源于卵巢,在卵泡发育过程中,由卵泡内膜和颗粒细胞分泌。卵巢分泌的雌激素主要是雌二醇和雌酮。此外,肾上腺皮质、胎盘和雄性动物的睾丸也可分泌少量雌激素。雌激素是一类化学结构类似,分子中含 18 个碳原子的类固醇激素。

2. 生理功能

(1)在发情期促使母畜表现发情和生殖道发生一系列生理变化。如初情期前雌激素可促进并维持母畜生殖道的发育,产生并维持雌性动物的第二性征;促使阴道上皮增生和角质化,以利交配;促使子宫颈管道松弛,并使黏液变稀,以利交配时精子通过;促使子宫内膜及肌层增长;刺激子宫肌层收缩,以利精子运行;促进输卵管增长和刺激其肌层活动,以利精子和卵子运行。

(2)促进母畜第二性征的发育。

(3)妊娠期可促进乳腺管状系统发育,并对分娩启动具有一定作用;分娩期与催产素协同作用,刺激子宫平滑肌收缩,以利于分娩;泌乳期与促乳素协同作用,促进乳腺发育和乳汁分泌。

(4)促使长骨骺部骨化,抑制长骨生长。

(5)大量的雌激素可使公畜睾丸萎缩,副性器官退化,最后造成不育,称为“化学去势”。

3. 应用

(1)雌激素生产上常用于促进产后胎衣或干尸化胎儿排出。

(2)用于诱导发情。

(3)与孕激素配合可用于牛、羊的人工诱导泌乳。

(4)用于公畜的“化学去势”。

(5)生产中常用的“三合激素”主要成分为苯甲酸雌二醇,另含少量的黄体酮和丙酸睾酮,常用于治疗母畜不发情。

(三)孕激素

1. 来源与特性

孕激素是一类分子中含有 21 个碳原子的类固醇物质,它既是雄激素和雌激素生物合成的前体,又是具有独立生理功能的性腺类固醇激素。天然的孕激素有孕酮、孕烯醇酮、孕烷二醇、去氧皮质酮等,孕酮为最主要的孕激素,主要由卵巢中黄体细胞分泌。

2. 生理功能

在自然情况下孕酮和雌激素共同作用于母畜的生殖活动,通过协同和抗衡作用进行着复杂的调节作用。若单独使用孕酮,可见以下特异效应。

(1)促进子宫黏膜加厚,子宫腺体增大,分泌功能增强,有利于胚泡附植。

(2)抑制子宫的自发性活动,降低子宫肌层的兴奋作用,促进胎盘发育,维持正常妊娠。

(3)促使子宫颈和阴道收缩,子宫颈黏液变稠,以防异物侵入,有利于保胎。

(4)大量孕酮对雌激素有抗衡作用,可抑制发情活动;少量则与雌激素有协同作用,可促进发情表现。

3. 应用

孕激素在生产上主要应用于控制发情、防止功能性流产等。用于诱导发情和同期发情时，孕激素必须连续提供 7 d 以上，一般采用皮下埋植或用阴道栓给药的方法，终止提供孕激素后，雌性动物即可发情排卵。用于治疗功能性流产时，使用剂量不宜过大，且不能突然终止使用。

(四)松弛素

1. 来源与特性

松弛素主要来源于哺乳母畜妊娠期间的黄体，此外卵泡内膜、子宫内膜、胎盘、乳腺、前列腺都可产生。

2. 生理功能

松弛素的主要作用是在妊娠期影响结缔组织，使耻骨间韧带扩张，抑制子宫肌的自发性收缩，从而防止未成熟的胎儿流产。此外，在雌激素的作用下，松弛素还可促进乳腺发育。

3. 应用

由于松弛素能使子宫肌纤维松弛、宫颈扩张，所以在生产上可用于子宫镇痛、预防流产和早产以及诱导分娩等。

五、其他激素

(一)前列腺素

前列腺素(PG)种类很多，不同类型的 PG 具有不同的生理功能。在动物繁殖上以 PGF 和 PGE 两种类型比较重要，这两类中又以 $PGF_{2\alpha}$ 最为突出，其主要生理功能有：

(1)溶解黄体　$PGF_{2\alpha}$ 对牛、羊、猪等动物卵巢上的黄体具有溶解作用，因此又称为子宫溶黄体素。

(2)促进排卵　$PGF_{2\alpha}$ 可触发卵泡壁降解酶的合成，同时也由于刺激卵泡外膜组织平滑肌纤维收缩增加了卵泡内压力，导致卵泡破裂和卵子排出。

(3)促进分娩　$PGF_{2\alpha}$ 可促进催产素的分泌，对子宫肌有强烈的收缩作用。

前列腺素可促进或影响其他激素的释放，引起卵巢的黄体退化，促进子宫、输卵管平滑肌收缩，加速精子的运送及排出等。因此，在生产实践中，可用于调节母畜的发情周期，缩短正常黄体存在的时间，用于诱发排卵、同期发情、人工流产或引产，治疗持久黄体、黄体囊肿、子宫积脓等。

(二)性外激素

外激素是由动物体释放至体外，并可引起同类动物行为和生理反应的一类生物活性物质。可刺激异性交配，并影响同性别动物的生殖活动或生殖周期的与性活动有关的外激素统称为性外激素。性外激素主要应用于以下几个方面：

(1)用于母猪催情。给断奶后第 2 和第 4 天的母猪鼻子上喷洒合成外激素两次，能促进其卵巢机能的恢复；青年母猪给以公猪刺激，则能使初情期提前到来。

(2)用于母猪的试情。母猪对公猪的性外激素反应非常明显。例如,利用雄烯酮等合成的公猪性外激素,发情母猪则表现“静立反应”,发情母猪的检出率在90%以上,而且受胎率和产仔率均有明显提高。

(3)使用性外激素可加速公畜采精训练。

(4)其他性外激素可以促进牛、羊的性成熟,提高母牛的发情率和受胎率。性外激素还可用于猪群的母性行为和识别行为,为小猪寄养提供了方便。

任务3 发情生理

一、动物性机能发育

(一)初情期

初情期是指雄性个体初次释放出具有受精能力的精子,并表现出完整性行为序列的年龄,对于雌性动物则指初次发情和排卵的时期。初情期虽然有性行为及成熟精子排出,但不能配种。此时繁殖力低,未达到正常繁殖水平。

(二)性成熟

性成熟指青年动物经过初情期后,身体和生殖器官进一步发育,生殖机能达到完善,具备正常生育能力的年龄。性成熟是生殖能力达到成熟的标志。即动物性生理机能完全成熟,具有正常的生殖能力,但多数家畜身体发育尚未达到成熟。

(三)体成熟

体成熟指动物基本上达到成年体重的时期,即指动物各种器官发育完善,机能正常的年龄。性机能的成熟早于体成熟。

(四)适配年龄

适配年龄即适宜配种的年龄。在实际生产实践当中,考虑到动物自身发育和提高繁殖率的要求,一般开始配种时的体重为成年体重的70%左右。雌性动物在初配适龄后配种受胎,身体仍未发育成熟,只有在产下2～3胎以后,经过发育,才能达到体成熟。

动物初情期、性成熟与体成熟的月龄见表6-1。

(五)性行为

性行为指动物在两性接触中表现出来的特殊行为,是由动物体内激素和体外特殊因素(外激素、感官神经刺激等)共同作用而引起的特殊反应。

表 6-1 动物初情期、性成熟与体成熟的月龄

家畜种类	初情期/月龄	性成熟期/月龄	配种适龄/岁	繁殖机能停止期/岁
黄牛	8～12	10～14	1.5～2	13～15
奶牛	6～12	12～14	1.3～1.5	13～15
水牛	12～15	18～24	2.5～3	13～15
猪	3～6	5～8	8～12 月龄	6～8
绵羊	4～5	6～10	1～1.5	8～11
山羊	4～6	6～10	1～1.5	11～13
马	12～15	15～18	2.5～3	18～20
驴	8～12	12～15	2～3	15～17

动物在交配或采精过程中所表现的完整性行为包括：性激动、求偶、勃起、爬跨、交配、射精、射精结束等连续的行为过程。按照一定顺序连续发生，又称为性行为链、性行为序列。雄性动物正常的性行为序列是顺利完成交配和采精的必要条件。公畜在性激动和短促的求偶行为之后，阴茎很快勃起并迅速将前肢跨到母畜背上。如果母畜静立接受爬跨，公畜则将下颌部紧贴母畜背部，发动腹肌特别是腹直肌的突然收缩，使勃起的阴茎很快插入母畜阴道，完成交配过程。

二、雌性动物的发情

(一)发情的概念

雌性动物生长发育到一定年龄，每隔一定的时间，在垂体促性腺激素的作用下，卵巢上卵泡发育并分泌雌激素，引起生殖器官和性行为的一系列变化，并产生性欲，这种周期性的性活动现象称为雌性动物的发情。卵巢中卵泡的生长发育、成熟和雌激素的产生是发情的本质，而外部生殖器官和性行为的变化是发情的外部现象。

(二)发情周期

1. 发情周期的概念

雌性动物在初情期以后，卵巢上卵泡与黄体交替发育，并伴随着生殖器官及整个有机体发生一系列周期性生理变化，其外部特征为每隔一定时间就会表现发情，这种变化周而复始(非发情季节和怀孕期除外)，直到性机能停止活动为止，这种周期性的发情活动称之为发情周期或性周期。

一次发情开始到下一次发情开始所间隔的时间为一个发情周期。各种动物发情周期的时间因动物种类、品种、个体不同而有所差异，一般牛、猪、山羊、马平均为 21 d，绵羊为 16～17 d。

2. 发情周期的调节

雌性动物的发情周期，实质上是卵泡期和黄体期的交替，这种交替受外界环境的影响以及神经系统和生殖激素的调节。雌性动物通过自身的嗅觉、视觉、听觉、触觉等接受性刺激，经不同途径作用于神经系统，影响下丘脑 GnRH 的合成和释放，并刺激垂体前叶促性腺激素的产生和释

放，作用于卵巢，产生性腺激素，从而调节雌性动物的发情。其调节过程概括如下(图 6-1)：

雌性动物生长至初情期时，在外界环境因素影响下，下丘脑的某些神经细胞分泌促性腺激素释放激素(GnRH)，GnRH 经垂体门脉循环到达垂体前叶，调节促性腺激素的分泌。垂体前叶分泌的 FSH 经血液循环运送到卵巢，刺激卵泡生长发育，同时垂体前叶分泌的 LH 也进入血液与 FSH 协同作用，促进卵泡进一步生长并分泌雌激素，刺激生殖道发育。雌激素与 FSH 发生协同作用，从而使 FSH 和 LH 受体增加，使卵巢对这两种促性腺激素的结合性更大，因而更增加了卵泡的生长和雌激素的分泌量，并在少量孕酮的作用下，使生殖道发生各种生理变化，引起雌性动物的发情。当雌激素分泌到一定数量时，作用于下丘脑和垂体前叶，抑制 FSH 的分泌，同时刺激 LH 释放。LH 脉冲式释放频率增加而致出现排卵前 LH 峰，引起成熟的卵泡排卵。排卵后，卵泡颗粒层细胞在少量 LH 的作用下形成黄体。此外，当雌激素分泌量升高时，降低了下丘脑促乳素抑制激素的释放，而引起垂体前叶促乳素释放量增加，促乳素与 LH 协同，促进和维持黄体分泌孕酮。当孕酮分泌达到一定量时，对下丘脑和垂体产生负反馈作用，抑制垂体前叶 FSH 的分泌，以至卵泡不再发育，使雌性动物不再表现发情。同时，孕酮也作用于子宫，使之发生有利于胚胎附植的生理变化。

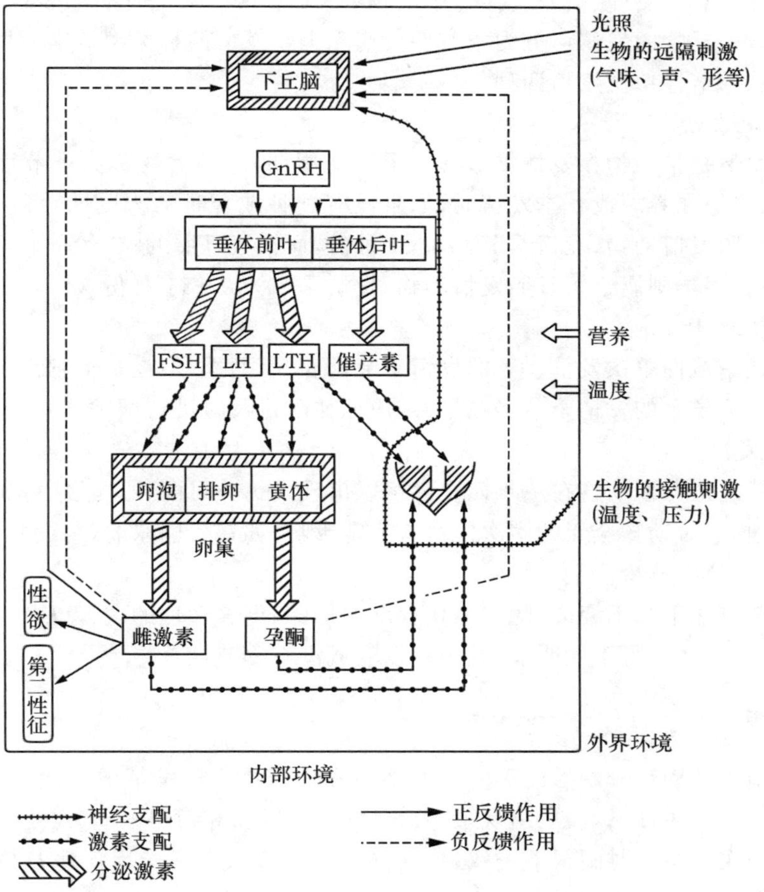

图 6-1 动物发情周期的调节机制示意

如果排出的卵子已受精，囊胚刺激子宫内膜形成胎盘，使溶解黄体的 $PGF_{2\alpha}$ 产生受抑制，此时黄体则继续存在下去成为妊娠黄体。若排出的卵子未受精，则黄体维持一段时间后，在子宫内膜产生的 $PGF_{2\alpha}$ 的作用下，黄体逐渐萎缩退化，于是，孕酮分泌量急剧下降，下丘脑和垂体也逐渐脱离孕酮的抑制，垂体前叶又释放 FSH，使卵巢上新的卵泡又开始生长发育。与此同时，子宫内膜的腺体开始退化，生殖道转变为发情前的状态。但由于垂体前叶的 FSH 释放浓度不高，新的卵泡尚未充分发育，致使雌激素分泌量也较少，使雌性动物不表现明显的发情征状。随着黄体完全退化，垂体前叶释放的促性腺激素浓度逐渐增多，卵巢上新的卵泡生长迅速，下一次发情又开始。因此，雌性动物的发情就这样周而复始地进行着。

（三）发情持续期

发情持续期是指雌性动物从发情开始到发情结束所持续的时间，相当于发情周期中的发情期。各种动物的发情持续期为：牛 1～2 d，羊 1～1.5 d，猪 2～3 d，马 4～7 d。由于季节、饲养管理状况、年龄及个体条件的不同，雌性动物的发情持续期的长短也有所差异。

（四）发情季节

有些动物如马、绵羊、骆驼、犬及一些野生动物，一年中只在一定时期才表现出发情，这一时期称为发情季节。动物的发情可分为季节性发情和全年发情两种类型。季节性发情又分为季节性多次发情和季节性单次发情两种。

1. 季节性多次发情

季节性多次发情是指动物在发情季节有多个发情周期，这类动物称为季节性多次发情动物。如马（驴）、绵羊等在春季或秋季发情时，如果没有配种或配种后未受胎，可出现多个发情周期。马属于长日照发情动物，发情季节在 3～7 月份，而在短日照的秋、冬季节卵巢处于静止状态，不表现发情。绵羊则属于短日照发情动物，发情季节为 9～11 月份。

2. 季节性单次发情

许多动物都是季节性单次发情。犬的发情季节为春、秋两季，但在每个发情季节内一般只有一个发情周期。毛皮兽的发情季节多在早春，应抓住时机及时进行配种。

3. 全年多次发情

全年多次发情是指雌性动物在一年四季都可以出现发情并可配种，牛、猪等属此类型。但在高纬度和高寒地区，对动物全年的多次发情有一定影响，如在我国东北，牛的发情在 5～8 月份较为集中，其他季节则较少。

动物的发情季节并不是不变的，随着驯化程度的加深，饲养管理的改善以及环境条件的影响，其季节性的限制也会变得不太明显，甚至可以变成没有季节性。

（五）产后发情

产后发情是指雌性动物分娩后的第一次发情。各种动物产后发情的时间不同，在良好的饲养管理和适宜的气候条件下，产后出现第一次发情的时间就相对早一些，反之就会推迟。

母牛产后第一次发情的时间很不一致，受气候、饲养管理、有无产后疾病及挤乳次数的影响。奶牛一般可在产后 25～30 d 发情。为保证奶牛一个标准的泌乳期，在产后 35～50 d 发情配种较适宜。

母羊大多在产后2～3个月发情。不哺乳的绵羊可在产后20 d左右出现发情，但征状不明显，绵羊产后第一次发情一般都在下一个发情季节。

母猪一般在分娩后3～6 d之内出现发情，但不排卵。一般在仔猪断乳后1周之内出现第一次正常发情配种。

（六）异常发情

雌性动物异常发情多见于初情期后、性成熟前，性机能尚未发育完全的一段时间内。性成熟以后如果饲养管理不当或环境条件发生异常等，也会导致异常发情的出现。常见的异常发情主要有安静发情、短促发情、断续发情和孕后发情。

【学习要求】

识记：激素、生殖激素、初情期、发情、发情周期、发情持续期。

理解：生殖激素对发情周期的调节。

应用：养殖场常用的生殖激素及其使用效果。

项目十五　畜禽繁殖技术

【学习目标】

● 了解各种家畜发情、妊娠和分娩的特点；学会常见动物的发情鉴定技术、人工授精技术、妊娠诊断技术及接产技术。

【学习内容】

任务1　发情鉴定

发情鉴定是一项非常重要而又易被忽视的技术环节。通过发情鉴定，可以判断动物是否发情、发情是否正常、发情处于哪一阶段，从而预测排卵时间，确定配种适期。

一、发情鉴定的基本方法

生产中常用的发情鉴定有外部观察法、试情法、阴道检查法和直肠检查法等。

（一）外部观察法

外部观察法是各种动物发情鉴定最常用的一种方法，主要观察动物的外部表现和精神状态，从而判断其是否发情和发情程度。雌性动物发情时，通常表现为：食欲下降甚至拒食，兴奋不安，鸣叫，外阴部肿胀、潮红、湿润，有的流出黏液，频频排尿，对周围的环境和雄性动物的反应敏感。不同的动物往往也有各自的特征，为了获得准确的鉴定效果，应建立对畜群或个体的监控系统和定时观察制度，以便准确认定个体发情起始时间，掌握其发情进程。

（二）试情法

试情法是根据雌性动物在性欲及性行为上对雄性动物的反应，判断其是否发情和发情程度的方法。雌性动物发情时，通常表现为愿意接近雄性，弓腰举尾，后肢开张并作交配姿势，接受公畜爬跨，频频排尿，有求偶行为等；而不发情或发情结束后则表现为远离雄性，当强行牵引接近时，往往会出现躲避甚至踢、咬等抗拒行为。

此法常结合外部观察法使用，因操作简便、行为明显、容易掌握，适用于各种动物，在生产实践中得到广泛应用。

(三)阴道检查法

阴道检查法是将消毒灭菌的阴道开张器(开膣器)或阴道扩张筒插入并扩张阴道，借助光源观察阴道黏膜颜色、充血程度、子宫颈松弛状态、子宫颈外口的颜色、充血肿胀程度和开口大小、分泌液体的颜色、黏稠度、量的多少以及有无黏液流出等来判断发情的方法。此法适用于牛、马、驴等大家畜。

检查时，阴道开张器要洗净消毒，以防感染，插入时要小心谨慎，以免损伤阴道黏膜和撕裂阴唇。此法不能准确地判断动物的排卵时间，因此，目前只作为一种辅助性检查方法。

(四)直肠检查法

直肠检查法是将涂润滑剂的手臂伸入保定好的母畜直肠内，隔着肠壁用手指触摸卵巢及卵泡，判断卵泡发育情况，如卵巢的大小、形状、质地、卵泡发育的部位、大小、弹性、卵泡壁的厚薄以及卵泡是否破裂，有无黄体等。此法主要适用于牛、马等大家畜，因这种方法直接、可靠，在生产上应用广泛。

(五)生物和理化鉴定

1. 生殖激素检测法

生殖激素检测法是应用激素测定技术，通过对雌性动物体液(如血浆、血清、乳汁、尿液等)中生殖激素(如雌激素、孕酮等)水平的测定，依据发情周期中生殖激素的变化规律，判断发情情况。这种发情鉴定方法虽然科学，但限于所用器材设备和标准药品制剂较贵，目前生产中尚难以普及应用。

2. 仿生法

仿生法是模拟公畜的声音(放录音)和气味(天然或人工合成的气雾制剂)刺激母畜的听觉和嗅觉器官，观察其受到刺激后的反应，判断母畜是否发情。

3. 电测法

电测法是应用电阻表测定雌性动物阴道黏液的电阻值来进行发情鉴定，以便确定最适宜的输精时间。一般在发情期电阻值降低，而在发情周期其他阶段则会升高。

4. 生殖道黏液 pH 测定法

在雌性动物发情周期中，生殖道黏液 pH 呈现一定的变化规律，一般在发情盛期为中性或偏碱性，黄体期则偏酸性。对于发情周期表现正常的动物，测定 pH 有一定的参考价值。

二、各种动物发情鉴定要点

(一)牛的发情鉴定

由于母牛发情时外部表现比较明显，有规律性，且牛的发情持续期较短，所以在生产中以外部观察法为主，有时结合直肠检查法进行发情鉴定。

1. 外部观察法

将母牛放入运动场或在畜舍内观察，早晚各 1 次。主要通过观察母牛的爬跨情况、外阴部的肿胀程度及黏液的状态，进行综合分析判断。

(1)发情初期　发情初期发情母牛表现为食欲下降，兴奋不安，四处走动，个别牛甚至会停止反刍。如与牛群隔离，常常发出大声哞叫；放牧或在大群饲养的运动场，可见追逐并爬跨其他牛的现象，但不接受其他牛的爬跨。外阴部稍肿胀，阴道黏膜潮红肿胀，子宫颈口微开，有少量透明的稀薄黏液流出，几小时后进入发情盛期。

(2)发情盛期　发情盛期母牛食欲明显下降甚至拒食，精神更加兴奋不安，大声哞叫，四处走动，食欲减退、反刍减少或停止，产乳量下降；常举起尾根，后肢开张，作排尿状，此时接受其他牛的爬跨并站立不动。外阴部肿胀明显，阴道黏膜更加潮红，子宫颈开口较大，流出的黏液呈牵缕样或玻璃棒状。

(3)发情末期　发情末期母牛兴奋性明显减弱，稍有食欲，黏液量少，黏液牵缕性差，呈乳白色而浓稠，流出的黏液常黏在阴唇下部或臀部周围。处女母牛从阴门流出的黏液常混有少量血液，呈淡红色。试情公牛基本不再尾随和爬跨母牛。对其他母牛也避而远之。

2. 直肠检查法

为了确定配种适期，除了进行试情及外部观察外，有必要进行直肠检查。

(1)母牛直肠检查的操作方法　用湿润或涂有肥皂的手臂伸进直肠，排出宿粪后，手指并拢，手心向下，轻轻下压并左右抚摸，在骨盆底上方摸到坚硬的子宫颈，然后沿子宫颈向前移动，便可摸到子宫体、子宫角间沟和子宫角。再向前伸至角间沟分叉处，将手移动到一侧子宫角处，手指向前并向下，在子宫角弯曲处即可摸到卵巢。此时可用手指肚轻轻地触摸卵巢卵泡发育情况，如卵巢大小、形状、卵泡波动及紧张程度、弹性和卵泡壁厚薄，卵泡是否破裂，有无黄体等。触摸完一侧后，按同样的手法移至另一侧卵巢上检查。

(2)母牛卵泡发育各期特点　母牛在间情期，一侧卵巢较大，能触到一个枕状的黄体突出于卵巢的一端，当母牛进入发情期以后，则能触到有一个黄豆大的卵泡存在，这个卵泡由小到大，由硬到软，由无波动到有波动。牛的卵泡发育可以分为 4 期，各期的特点如下。

第一期：卵泡出现期。卵泡稍增大，直径为 0.5～0.75 cm，直肠触诊为一硬性隆起，波动不明显。此期母牛一般开始有发情表现。

第二期：卵泡发育期。卵泡发育到直径 1～1.5 cm(黄牛 1.3 cm)，呈小球状，波动明显。此期持续 10～12 h。在此期后半段，发情表现已开始减轻，甚至消失。

第三期：卵泡成熟期。卵泡不再继续增大，卵泡壁变薄，紧张度增强，直肠触诊时有“一触即破”的感觉，似熟葡萄。此期持续 6～8 h。

第四期：排卵期。卵泡破裂，卵泡液流出，卵巢上留下一个小的凹陷。排卵多发生在性欲消失后 10～15 h。母牛夜间排卵较白天多，右边卵巢排卵较左边多。

(二)羊的发情鉴定

母羊的发情期短，外部表现不太明显，特别是绵羊，又无法进行直肠检查，因此母羊的发情鉴定以试情为主，结合外部观察。

试情法多数是采用带试情布或结扎输精管的公羊进行群体试情，一般将试情公羊按一定比例(1∶40)每日一次或早晚各一次定时放入母羊群中进行试情。母羊发情时，往往被试情公羊尾随追逐，有时也主动靠近公羊。只有当接受爬跨不动的母羊，视为发情母羊，可将其隔离出来并打上标记，以备配种。试情公羊的腹部也可以采用标记装备或胸部固定吸附有颜料的海绵块，这样，如母羊发情时，公羊爬跨其上，便将颜料印在母羊臀部上，以便识别。

发情母羊的行为表现不明显，很少爬跨其他母羊。母羊发情时，其外阴部也发生肿胀，但不十分明显，只有少量黏液分泌，有的甚至见不到黏液而稍有湿润。此外，在母羊的发情鉴定中也可采取阴道检查，用开膣器打开阴道，可见少量黏液，子宫颈潮红，湿润但不开口，后期子宫颈口呈粉红色，颈口开张。如果用开膣器扩张阴道，有干涩感觉，说明不宜配种。

山羊的发情征状比较明显，阴唇肿胀充血、摇尾、高声咩鸣、爬跨其他母羊，接近公羊时，嗅闻其会阴及阴囊部，或静立等待公羊爬跨，并回视公羊。

(三)猪的发情鉴定

母猪是常年多次发情的动物，发情持续期平均为 2～3 d。母猪发情时，外阴部和行为变化明显，因此，母猪的发情鉴定既可用外部观察法，也可用试情法。

母猪发情时，表现食欲减退，兴奋不安，常在圈内乱跑，流涎磨牙，嘶叫，往往拱圈门，不时爬墙张望甚至跳圈去寻找公猪。但发情开始后阴户肿胀，黏膜由粉红色逐渐到鲜红。到发情盛期过后，阴户、阴蒂肿胀度下降，黏膜颜色由鲜红向紫红或暗红过渡。发情结束后，肿胀度完全消退，黏膜颜色恢复至苍白。发情开始后一定时期，表现出明显的求偶行为。用试情公猪试情，母猪亲近公猪，安静接受公猪爬跨；空怀母猪群养时，发情母猪常爬跨其他母猪，当被爬跨时，发情母猪会静立不动接受其他发情母猪的爬跨。也可人为按压有发情征状的母猪，到发情盛期时，母猪静立不动，尾翘向一侧，两后肢撑开作交配态，称“静立反射”。目前，在大型的种猪场也有根据母猪发情时活动量的变化，采用微处理器控制的红外监测系统用于母猪发情期的识别，有助于快速准确地确认发情母猪。

任务 2 人工授精

人工授精是用人工方法采集公畜精液，经过精液品质检查、稀释、保存等处理以后，再用器械送入发情母畜的生殖道内，使之受精的技术。人工授精通常分为以下步骤：采精，精液品质检查，精液稀释，分装、保存和运输，输精。

一、采精

采精就是通过一定条件的刺激，激发公畜的交配行为，然后人工收集公畜精液的过程。采精是人工授精的重要环节，认真做好采精前的准备，正确掌握采精技术，合理安排采精频率，是保证采得量多、质优精液的重要条件。

(一)采精前的准备

1. 采精场地的准备

采精最好在专用的室内采精场进行，以确保采精不受外界气候的影响。采精场应宽敞、平坦、安静、防滑，便于冲洗清洁。

2. 台畜的准备

台畜有真假台畜之分。真台畜是指使用与公畜同种的母畜、阉畜或种公畜作台畜。真台畜应健康、体壮、大小适中、性情温顺。尤其是发情旺盛的母畜较为理想；经过训练的公畜、母畜、阉畜也可作台畜。

3. 种公畜的调教

种公畜采精前需要进行调教，以便建立巩固的条件反射。

4. 器械准备

采精所需要的器械每次使用后必须洗刷干净，但不能使用任何可导致残留的消毒剂。

5. 种公畜的准备

种公畜采精前的准备，包括体表的清洁消毒和诱情(即性准备)两个方面。

(二)采精方法

雄性动物的采精方法很多，主要有假阴道法、手握法、按摩法、电刺激法等。假阴道法是生产中最常用的采精方法，适用于各种家畜；手握法是当前公猪采精普遍应用的方法；按摩法主要用于禽类和犬类；电刺激法主要用于绵羊和野生动物的采精。

(三)采精频率

合理安排采精频率，既能最大限度地发挥公畜的利用率，也有利于公畜健康，延长使用年限。采精频率是根据公畜睾丸的生精能力，精子在附睾的贮存量、每次射出精液中的精子数及公畜体况等来确定。睾丸的生精能力除遗传因素外，与饲养管理密切相关。因此，公畜的饲养管理得当，可适当增加采精频率。

公牛每周可采精 2～3 次，每次连续采两个射精量，第二次射出的精液，品质往往比第一次好；公猪的排精量较大，采精次数不宜过多，一般每周 2～3 次，青年和老龄公猪一般每 3 d 采精 1 次。公马(驴)每周采精 2～3 次。羊配种季节较集中且生精能力强、射精量小，所以公羊在配种季节内每天采精 3 次，对精液品质无不良影响。

过频采精是当前生产中最容易发生的问题，必须加以限制。如果精液中带原生质滴的精子的比例明显上升，说明采精已经过频，应立即降低采精频率。

二、精液品质检查

精液品质检查的项目很多，原精液品质检查包括直观检查项目（射精量、色泽、气味、pH、云雾状等）和微观检查项目（精子活力、精子密度、畸形率等）。

（一）直观检查项目

1. 射精量

射精量是指公畜1次正常采精所射出的精液总量（mL）。每头公畜每次采精都要测定射精量。平均射精量是指某头公畜以往正常采精的全部射精量记录的平均值，也可用3次以上正常采精射精量的平均值来代表。

2. 色泽

动物的正常精液由于精子密度不同而呈现从淡灰白色到浓乳白色或乳黄色，精子密度越高白色越浓厚。不正常的色泽有：呈淡绿色说明混有脓液；呈淡红色说明混有血液；呈褐黄色并且稀薄说明混有尿液。清亮的精液说明几乎不含精子，系采精失败或公畜生精能力衰退所致。

3. 气味

精液一般无味或略带动物本身固有的气味。牛羊精液略有膻味，猪精液略带腥味。如果精液有腥臭味说明含有脓液，有尿臊味说明含有尿液或包皮液。

4. pH

假阴道法采精的牛、羊精液中副性腺分泌物比例较小，呈弱酸性，pH为6.4～6.9；电刺激法或按摩法采精，或多次假爬后采集的精液一般pH偏高。猪、马精液中副性腺分泌物比例较大，pH为7.2～7.9。

5. 云雾状

由于精子成群运动而形成原精液肉眼可观察到的液体翻滚现象，称之为云雾状。云雾状越明显，说明精液的精子密度越高、活力越强。牛、羊精液的精子密度大，当活力强时，可看到云雾状。当猪采精频率较低且只收集浓分精液时，也可看到云雾状。

（二）微观检查项目

1. 精子活力

精子活力是指在37～38℃下，精液中呈前进运动的精子占总精子数的比率。是评定精液品质的重要指标，通常在采精后、某个处理环节的前后、冷冻精液在预冻并解冻后、液态保存的精液输精前都要进行活力检查。保存的冷冻精液每隔一段时间都要抽检活力。

目前评价精子活力等级的方法大多采用十级“一分制”评分，在显微镜视野中估测呈直线前进运动精子占全部精子的百分率，以下列公式表示：

$$精子活力=直线前进运动精子数/总精子数\times 100\%$$

显微镜视野中呈直线前进运动精子数为100%者为1.0，90%者评定为0.9，依此类推。

2. 精子密度

精子密度也称精子浓度，是指单位体积精液中所含有的精子数目。精子密度的表示方法我国多采用亿/mL，欧美国家一般采用 10^6/mL。目前测定精子密度的方法常采用光电比色计法。

将原精液稀释成不同倍数，并用血细胞计数法计算其精子密度，从而制成已知系列各级精子密度标准管，然后使用光电比色计测定其透光度，根据透光度求出每相差1%透光度的级差精子数，编制成精子密度查数表备用。正式检测精液样品时，只需将原精液按一定比例[通常为1∶(80～100)]稀释后，用光电比色计测定其透光值，然后根据其透光值查对精子密度查数表，即可从中找出其相对应的精子密度值。

目前世界各国已较普遍应用于牛、羊精子密度的测定，已滤去胶状物的猪、马精液亦可测定。此法准确，快速，使用精液量少，同时操作简便。其原理是精子密度越高，其精液越浓，以致透光性越低，从而使用光电比色计通过反射光或透射光检验，能准确测定精液样品中的精子密度。

目前，国内一些地方采用法国IMV科技公司生产的分光光度计，操作极其简便，不用查表，系统内根据公式可直接计算出精子密度、稀释倍数等并可打印出测定的结果。

3. 精子畸形率测定

精子畸形率是指精液中形态异常精子占总精子数的百分率，畸形率越高，则精液的质量越差。畸形率的高低受气候、营养、遗传、健康等因素的影响。

畸形精子的检查方法为，先取一滴精液样品，滴在洁净载玻片一端，迅速推制抹片(若精子密度大，可先用生理盐水稀释处理)。自然干燥后染色，其染色溶液可先用吉姆萨液、苏木精伊红液，也可用红或蓝墨水等，染色3～5 min后水洗。待自然干燥后，置于显微镜下以600倍观察，查出的精子总数不得少于200个，最后计算其中畸形精子数占查数全部精子总数的百分率。

畸形精子种类很多，分头、颈、尾部等类型的畸形。

头部畸形包括头部瘦小、细长、缺损、双头等。颈部畸形包括膨大、纤细、带有原生质滴、双颈等。尾部中段畸形包括膨大、纤细、弯曲、曲折、带有原生质滴等。尾部主段畸形包括弯曲、曲折、缺损、带有原生质滴等(图6-2)。

各种动物的正常精液精子畸形率标准如下：牛≤18%，水牛≤15%，羊≤14%，猪≤18%。

4. 精子顶体异常率

精子顶体是否正常与精子受精能力密切相关。顶体异常有顶体膨胀、缺损、部分脱落、全部脱落等。顶体异常的出现可能与精子发生过程和副性腺分泌物异常有关。新鲜精液体外保存时间过长，或遭受低温打击，精子的顶体异常率会显著增加。常用精子顶体异常率检查常用吉姆萨染色法。将精液制成抹片，干燥后，在固定液(甲醇)中固定3～5 min，水洗后，用吉姆萨缓冲液染色1.5～2 h，水洗、干燥后用树脂封装，置于1 000倍以上显微镜油镜或相差显微镜下观察若干个视野200个以上精子，算出顶体异常率。

三、精液稀释

精液稀释就是按一定比例向精液中加入适合精子体外存活和保持受精能力的生理溶液，并混合均匀的过程。

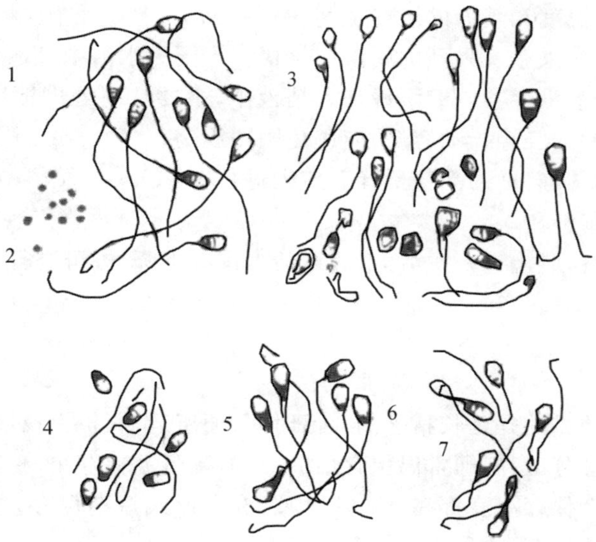

图 6-2　正常精子与畸形精子

1. 正常精子　2. 游离的原生质滴　3. 各种畸形精子　4. 精子头部脱落　5. 精子近端附有原生质滴　6. 精子远端附有原生质滴　7. 精子尾部扭曲

(一)精液稀释的目的

精液稀释的主要目的为扩大精液容量,从而增加输精头数,提高公畜利用率;延长精子的存活和保持受精能力的时间,便于精液的运输,使优良种公畜精液得以充分利用。

(二)精液稀释液的成分及作用

精液稀释液的成分因配方、保存方法、动物种类的不同而有所不同。从成分和功能上可以分为以下几类。

(1)稀释剂　主要用于扩大精液容量。此类稀释液要求与精液有相同或相近的渗透压。一般单纯用于扩大精液量的稀释液多为等渗的葡萄糖、果糖、蔗糖、枸橼酸钠溶液等。

(2)营养剂　主要是提供营养,以补充精子所消耗的能量。常用的营养物质有葡萄糖、果糖、奶类和卵黄。

(3)保护剂　主要对精子起保护作用,以免各种不良理化因素和生物因素对精子造成危害。稀释液的保护作用是多方面的,稀释本身就能降低精液中有害物质的浓度,起到保护作用。主要包括缓冲物质、防冷休克物质、防冻保护物质、抗菌物质、非电解质或弱电解质。

(4)其他添加剂　用于配制稀释液的添加剂,如酶、激素、维生素类等。主要用于改善精子外在环境的理化特性,以及促进母畜生殖道的生理机能,以利于提高受精机会,促进受精卵的发育。

(三)精液稀释的方法

原精液检查活力后,立即进行密度测定取样,在没有确定精子密度的情况下,先进行 1∶1 稀释,等密度测定结果出来后,再将剩余的稀释液加入精液中,完成稀释。

稀释时，稀释液的温度和精液的温度应尽可能一致，一般先将配制好的稀释液放在30～33℃的水浴中，然后再去采精。采到的精液应尽快放入同一水浴中，以免温度继续下降。

稀释时，应将稀释液沿容器内壁缓慢加入精液中，不要从高处倒下以免形成冲击，混合可用无菌玻璃棒轻轻搅动或轻轻摇动容器，应避免剧烈震荡。

一般10倍以上的稀释，称为高倍稀释。应先进行1：(1～4)稀释，0.5 h后再进行第二次稀释。同样要求等温稀释。

稀释后5 min左右，应检查一次活力，确认活力没有下降，方可进行分装。

四、精液保存

精液稀释和保存的目的是延长精子的存活时间，便于运输，扩大精液的使用范围。精液保存的方法按保存的温度分三种，即常温保存(15～25℃)、低温保存（0～5℃）和超低温保存(－196～－79℃)。前两者保存温度都在0℃以上，以液态形式短期保存，故称液态保存，后者以超低温冻结形式作长期保存，故称冷冻保存。

(一)常温保存

常温保存温度在15～25℃，温度有较大的变动幅度，亦称变温保存或室温保存。常温保存所需设备简单，便于普及推广，特别适宜于猪精液的保存。猪精液稀释后分装在输精瓶或输精袋中，集中在泡沫塑料箱中缓慢降温至20℃左右(室温)，再放入17℃的恒温冰箱中保存。由于猪的精子对低温的耐受力差，故必须保证保存过程中温度不会低于14℃。马、绵羊精液稀释并分装后，放入12℃的恒温冰箱中保存。

(二)低温保存

低温保存的温度为0～5℃，除猪精液外，各种家畜的精液都适合低温保存。稀释液放入30～33℃的水浴中，将原精液转移到在水浴中预热过的容器中，然后放入同一个水浴中，经过精液品质检查，即可将稀释液按比例加入精液中并混合均匀，将精液分装在1个一次性试管或一次性离心管中，加盖密封后，用纱布包裹6～8层，再装入塑料袋中，放入2～5℃的恒温冰箱缓慢降温，用1～2 h完成降温过程。

(三) 精液冷冻保存

牛的精液现主要采用冷冻保存。精液冷冻保存技术的一般程序为：精液品质检查、精液稀释、分装、降温与平衡、冻结、解冻与检查和保存与运输。

(1)精液品质检查　将新鲜精液置于37～38℃的环境中，迅速准确地检查每头动物的精液品质。

(2)精液冷冻保存稀释液　目前应用最广泛的稀释液有两类：一类是卵黄-Tris稀释液，其主要成分是Tris、柠檬酸、果糖、甘油和卵黄，使用的抗生素多为青霉素、链霉素或庆大霉素；另一类是卵黄-乳糖稀释液，其主要成分是卵黄、乳糖、甘油和抗生素类。就研究结果看，卵黄-Tris稀释液优于卵黄-乳糖稀释液。常用配方如下：Tris 2.422 g、果糖1.0 g、柠檬酸1.36 g、卵黄20 mL、甘油8 mL、双蒸馏水100 mL、青霉素10万IU、链霉素10万IU。

(3)精液稀释 稀释方法有两种：一次稀释法，按照精液稀释的要求，将含有甘油的稀释液按一定比例一次加入精液内。二次稀释法，为了减少甘油对精子的有害作用，在第一次稀释时不加甘油。即精液在等温条件下用不含甘油的稀释液做第一次稀释，稀释后的精液缓慢降温至4～5℃；在2～5℃下再用含甘油的稀释液做第二次稀释。

(4)降温和平衡 稀释后精液必须由室温经1～2 h缓慢降温至3～5℃，然后在此温度下进行平衡。精液用含有甘油的稀释液稀释后，需在3～5℃环境下放置一段时间，使甘油充分渗透进入精子体内，产生抗冻保护作用。甘油稀释液对精液作用的时间称为平衡过程。通常的平衡时间以2～4 h为宜。

(5)精液分装 冷冻精液的分装采用颗粒、细管和安瓿三种方法，多采用0.25 mL的耐冻、无毒的聚氯乙烯复合塑料细管分装，而且用自动细管冻精分装装置一次完成灌注、标记。如法国凯苏公司生产的细管精液分装机，以及北京生产的细管精液分装机等。细管上应明确标明品种、个体编号、精液生产日期及生产单位等。

(6)精液冻结 在液氮面上1～2 cm处放置一个铜纱网或其他冻精器材，将平衡后的细管平铺在铜纱网上，停留3～5 min冻结，最后将合格的冻精移入液氮内储存。

(7)解冻与检查 解冻是应用冷冻精液的一个重要环节。冷冻精液的解冻通常使用38～40℃的温水，时间为10 s。

解冻后的精液质量检查指标有：精子活力、精子密度、精子畸形率及顶体完整率和存活时间等。其中精子活力要求任何动物的冷冻精液均应在0.3以上。

(8)冷冻精液的保存与运输 经过检查合格的冷冻精液，才能进行包装、标记(品种、畜号、冻精日期、批号、精子活力、数量等)，最后放入液氮中长期保存。

五、输精

输精是把一定量的合格精液，适时而准确地输入到发情母畜生殖道内的一定部位，使母畜妊娠的操作技术。输精是人工授精的最后一个环节，把握准确的输精时机，保证良好的卫生条件，将足够的有效精子输入到母畜生殖道的适当部位，是保证人工授精受胎率和产仔数的关键。整个操作过程均应做到慢插、适深、轻注、缓出。

(一)输精前的准备

1. 输精场地的准备

包括精液处理室和输精室，要求屋顶、墙壁清洁，地面平整，光线充足，方便操作。

2. 输精器材的准备

输精用的各种器材使用前必须彻底清洗、消毒，用灭菌稀释液冲洗。玻璃和金属输精器可在高温干燥箱内消毒或蒸煮消毒；阴道开膣器或其他金属器材等用具，可高温干燥消毒，也可浸泡在消毒液内或酒精火焰消毒。输精管以每头动物一支为宜。需重复使用时，必须先用湿棉球由尖端向后擦拭干净外壁，再用酒精棉球涂擦消毒，其管腔内先用灭菌生理盐水冲洗干净，后用灭菌稀释液冲洗后方可使用。切忌用酒精棉球涂擦后立即使用。

3. 动物的准备

经发情鉴定确定可以输精的动物保定后，将尾巴拉向一侧，对阴门、会阴部进行清洗消毒，即先用清水洗净，再用消毒液涂擦消毒，后用生理盐水冲洗，最后用灭菌布擦干。

4. 输精人员的准备

输精人员身着工作服，两手消毒后，戴上输精专用手套操作。

(二)输精的基本要求

1. 输精量及有效精子数

输精量须视母畜的年龄和生理状况而有所变动。对体形大、经产、产后配种和子宫松弛的母畜，应适当增加输精量。液态保存精液的输精量一般比冷冻精液的输精量多。要保证母畜有较高的受胎率，输入足量的有效精子数是十分重要的。

2. 输精时间

母畜输精后是否受胎，掌握合适的输精时间至关重要。确定输精时间要根据母畜的排卵时间、精子在生殖道内运行时间、卵子运行时间、精子获能时间、精子保持受精能力时间等综合分析。

(1)牛的输精时间　经产母牛发情持续期平均为 18 h，输精应尽早进行。牛的输精可安排两次，发现发情后 12～20 h 进行第一次输精，隔 8～12 h 进行第二次输精。生产上一般采取早晨发情，当日晚输精一次，次日早第二次输精；如下午或晚上发情，次日早第一次输精，次日晚第二次输精。为节省精液，提高受胎率，在母牛发情近结束时输精一次即可。

(2)猪的输精时间　母猪发情外部表现特别明显，外阴长时间红肿，通过外部观察难以确定准确的输精时间。一般母猪在发情后 20～30 h 内输精两次或发情盛期过后仍出现“压背反射”时输精。

(3)羊的输精时间　根据试情制度来决定输精适期。每天试情一次，在发情当天及半天后各输精一次；每天两次试情时，发现母羊发情后隔半日进行第一次输精，再隔半日进行第二次输精。

(4)马(驴)的输精时间　根据母马(驴)的卵泡发育情况，一般采取“三期酌配，四期必输，排后灵活追补”的原则来确定输精时间。根据母马(驴)的发情时间推算，在母马(驴)发情后的 2～3 d 开始输精，连日或隔日进行，输精不超过 3 次。

(三)输精技术

1. 母牛输精

母牛的输精方法有开膣器法和直肠把握子宫颈法两种。

(1)开膣器输精法　用开膣器扩开母牛阴道，借助光源，找到子宫颈口，将吸有精液的输精器插入子宫颈 1～2 个皱褶处(2～3 cm)，慢慢注入精液。此法能直接观察到输精器伸入子宫颈口的情况，容易掌握。但操作时，往往引起母畜骚动不安，努责弓背，而且输精部位浅，易引起精液倒流，受胎率低。另外，此法容易造成母牛阴道黏膜损伤，输精不方便。用直肠把握法难以操作时采用此法。

(2)直肠把握子宫颈输精法　一只手伸入直肠，排出宿粪，握住子宫颈后端，压开阴裂，右手持输精枪，先斜上方伸入阴道内 5～10 cm，避开尿道口，再水平插入至子宫颈口附近，两手协同配合，把输精枪伸入到子宫颈的 3～5 个皱褶处或子宫体内，慢慢注入精液。输精过程中，输精枪不要握得太紧，要随着母牛的摆动而灵活伸入。保持与子宫颈的水平状态，输精器稍用力前伸，每过一个皱褶都会有感觉，发出“咔咔”的响声。应避免盲目用力插入，防止生殖道黏膜损伤或穿孔。此法的优点是：精液输入部位深，不易倒流，受胎率高；对母牛刺激小；能防止给孕牛误配而造成人为流产；操作简单、安全可靠（图 6-3）。

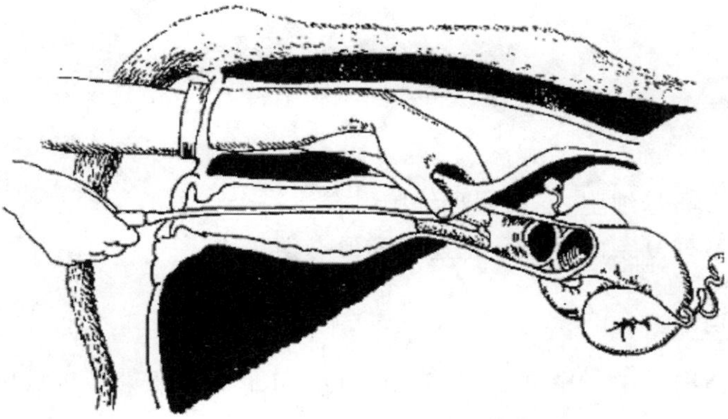

图 6-3 牛直肠把握法输精

2. 母猪输精

母猪阴道与子宫颈界限不明显，输精器较容易插入。先将输精器涂少许稀释液增加润滑度，将输精器插入阴道，先斜上方伸入避开尿道口，然后再以水平方向前进，边旋转输精器边插入，经抽送 2～3 次，直至不能前进为止。当判断输精器已进入子宫内，向外拉出一点，接上吸有精液的注射器，缓慢注入精液。精液温度不能低于 25℃，否则会刺激子宫收缩而造成精液倒流。输精完毕后，缓缓抽出输精器，并用手捏压母猪的腰部，使猪安静片刻。

3. 母羊输精

绵羊、山羊均采用开膣器输精法。借助光源，寻找到子宫颈外口，将输精器插入子宫颈 1～2 cm，慢慢注入精液。为了工作方便，提高效率，在输精架后挖一凹坑或安装可升降的输精台架。有些地区，采用由助手抓住羊后肢，使其倒立保定，也较方便。目前使用腹腔内窥镜进行子宫角输精，可以大大提高受胎率。

4. 母马（驴）输精

母马（驴）的输精器由一条长 60 cm 左右，内径 2 cm 的白色胶管和一个注射器组成。首先在操作台上把吸有精液的注射器装在输精管上，左手握住注射器与胶管的接合处，防止脱落。右手握胶管尖端，使尖端隐于手掌间，慢慢伸入阴道内。手指触到子宫颈后，用食指和中指扩大颈口，将胶管导入子宫颈内 10～15 cm，抬起注射器，使精液自然流入或轻轻压入，然后从胶管上拔下注射器，再抽一段空气重新装在胶管上并推入，使胶管内的精液全部排尽。输精完毕后，缓慢抽出胶管，用手指轻轻按压子宫颈口，以刺激子宫颈收缩，防止精液倒流。

任务3　妊娠诊断

一、受精

受精是精子进入卵母细胞，并与卵母细胞融合成一个合子的生理过程。在这一过程中，精子和卵子经历了一系列复杂的生理生化过程和形态学变化。

（一）配子的运行

配子的运行是指精子由射精部位（或输精部位）和卵子由卵巢排出后到达受精部位（输卵管壶腹部）的过程。

1. 精子的运行

精子在雌性生殖道内的运行主要通过子宫颈、子宫和输卵管三个部分，最后到达受精部位。

（1）精子进入子宫颈　母畜的子宫颈为精子运行中的第一道栅栏。子宫颈黏膜具有许多皱褶，形成腺窝。射精后，一部分精子借自身运动和黏液的流动进入子宫，另一部分则随黏液的流动进入腺窝形成精子库，暂时贮存起来。库内的活精子会相继随子宫颈的收缩活动被拥入子宫或进入下一个腺窝，而死精子可能因纤毛上皮的逆蠕动被推向阴道排出，或被白细胞吞噬而清除。精子通过子宫颈第一次筛选，既保证了运动和受精能力强的精子进入子宫，同时也防止过多的精子进入子宫。

（2）精子在子宫内的运行　穿过子宫颈的精子进入子宫（体、角）主要是靠子宫肌的收缩，在这里有大量精子进入子宫内膜腺，形成精子在子宫内的贮存。精子从这个贮存中不断释放，并在子宫肌和子宫液的流动以及精子自身运动等作用下通过子宫和宫管连接部，进入输卵管。在这一过程中，一些死精子和活动能力差的精子被白细胞所吞噬，精子又一次得到筛选。精子自子宫角尖端进入输卵管时，宫管连接部成为精子向受精部位运行的第二道栅栏。

（3）精子在输卵管中的运行　精子进入输卵管后，靠输卵管的收缩、黏膜皱襞及输卵管系膜的复合收缩以及管壁上皮纤毛摆动引起的液流运动继续前行。到达输卵管壶峡连接部时，精子因峡部括约肌的有力收缩被暂时阻挡，防止过多的精子进入输卵管壶腹。所以，输卵管壶峡连接部是精子运行的第三道栅栏。在一定程度上防止卵子发生多精子受精。各种动物能够到达输卵管壶腹部的精子一般不超过 1 000 个。最后，在受精部位完成正常受精的只有一个（或几个）精子。

2. 卵子的运行

（1）卵子运行的方式　卵子自身无运动能力，排出的卵子常被黏稠的放射冠细胞包围，附着于排卵点上。卵子借输卵管伞黏膜上的纤毛颤动沿伞部纵行皱褶通过伞部进入输卵管及壶腹部。卵子通过壶腹部的时间很快，但在壶峡连接部可停留 2 d 左右，当该部的括约肌放松时，在输卵管的蠕动收缩影响下，卵子在短时间内通过整个峡部而进入子宫。

(2)卵子维持受精能力的时间 卵子维持受精能力的时间比精子要短,家畜卵子在输卵管保持受精能力的时间大多为24 h以内,其受精能力消失有一个过程。卵子在壶腹部才有正常的受精能力,未遇到精子或未受精的卵子,会沿输卵管继续下行,随之老化而逐渐丧失受精能力,进入子宫的未受精卵子,在几天之内就破裂崩解而被吸收,或被白细胞吞噬。

(二)受精前的准备

受精前,哺乳动物的精子和卵子都要经历一个进一步成熟的阶段,才能顺利完成受精过程,并为受精卵的发育奠定基础。

1. 精子获能

哺乳动物的精子在受精前,必须在雌性生殖道内经历一段时间以后,在形态和生理生化特性上发生某些变化,才具有受精能力的现象称为精子获能。

精子获能主要是在子宫和输卵管内进行。而不同动物的精子在雌性生殖道内开始和完成获能过程的部位不同。现已发现,精子获能不仅在同种动物的雌性生殖道内完成,也可在体外人工合成的培养液中完成。

2. 卵子在受精前的准备

卵子在到达输卵管壶腹部时,与壶腹部的液体混合后,卵子才能受精。卵子在运行到输卵管受精部位的过程中,可能发生了某种类似精子获能的生理变化而获得与精子结合的能力。

(三)受精过程

精子在到达受精部位之前依靠输卵管的蠕动运行。一旦到达受精部位后,则主要依靠其本身的趋向性运动来接近卵母细胞。同时卵母细胞也能释放一种氨基多糖类物质,诱发精子的顶体反应,并与精子释放的相关酶类发生反应。

1. 精子溶解放射冠

当获能的精子与卵子相遇时,精子就发生顶体反应。顶体反应是精子通过放射冠和透明带不可缺少的过程,这个过程包括顶体膜的质膜和顶体外层膜融合形成许多小泡,原来封存于顶体中的透明质酸酶、放射冠穿透酶从小泡间的空隙释放出来溶解放射冠的胶样基质,为精子进入卵子打开了通路。

2. 精子穿过透明带

精子在接触透明带时,头端质膜与顶体外层膜均已脱落,精子头部前端含有顶体素,能溶解透明带,再加上由于顶体脱落所露出的精子核膜穿孔器的机械作用,使精子穿过透明带。当精子穿过透明带而接触卵黄膜时,卵黄膜下面的皮质颗粒包膜逐渐与卵黄膜融合,而把皮质颗粒内容物以胞吐方式排出卵黄间隙中,并且迅速传播至透明带内,引起透明带性质的改变,使后来的精子不能进入透明带内,透明带的这种变化称为透明带反应。这种反应能够防止其余精子再穿入透明带,也将正在穿入的精子封闭于透明带中。

3. 精子进入卵黄

精子穿过透明带接触到卵黄膜表面,引起卵细胞质发生反应,方能和卵子表面相附着。当一个精子进入卵黄后,卵黄表面对其他精子的接触不发生反应,拒绝新的精子进入卵黄,卵黄膜的这种变化称为卵黄封锁作用或称多精子入卵阻滞。

4. 原核形成

精子进入卵黄后引起卵黄收缩并排出液体进入卵黄周隙。此时精子头部膨大,尾部脱落,精子核形成核仁,周围形成核膜,整个形状似体细胞核—雄原核。大多数动物的卵子在精子进入卵黄后,卵子进入第二次成熟分裂,排出第二极体,卵子出现核膜和核仁,形成雌原核。

5. 配子配合

两个原核同时发育在数小时内体积可达原来的20倍。当两核发育到一定阶段时,两核互相靠近,彼此接触,体积缩小,开始融合,核仁、核膜消失,原核形态也不复存在,两组性染色体合并,进入第一次卵裂前期。至此,受精结束。

二、妊娠

妊娠期是从受精结束(一般由最后一次配种日期开始计算)到分娩为止。包括胚胎期和胎儿期。

(一)妊娠母畜的主要生理变化

妊娠之后,发育中的胎儿、胎盘和黄体的形成及其所产生的激素都对母体产生极大的影响,因而,母体在形态上和生理上产生了很多变化,这些变化可以在妊娠诊断时作为参考。

1. 母体全身的变化

妊娠后,母畜一般变得温顺、安静、嗜睡,行动小心谨慎,易出汗。随着胎儿生长,母体新陈代谢变得旺盛,食欲增加,消化能力提高,营养状况改善,体重增加,被毛光润。但妊娠后期,胎儿迅速生长发育,母畜腹部膨大,胎儿对营养物质需求量增多,特别是对钙、磷等矿物元素需求增加,往往会造成母畜出现消瘦、后肢跛行、易发生骨折、牙齿磨损快、产后瘫痪等表现。

2. 生殖器官的变化

(1)卵巢　受精后,母体卵巢上的周期黄体转化为妊娠黄体继续存在,分泌孕酮,维持妊娠。妊娠早期,卵巢偶有卵泡发育,致使孕后发情,但多数不排卵而退化,闭锁。

(2)子宫　妊娠期间,随着胎儿的发育,子宫体积增大。子宫黏膜增生,子宫肌组织也在生长。子宫通过增生、生长和扩展的方式以适应胎儿生长的需要。同时子宫肌层保持着相对静止和平衡的状态,以防胎儿的过早排出。

(3)子宫颈　子宫颈上皮的单细胞腺分泌黏稠的黏液封闭子宫颈管形成子宫栓。牛的子宫颈分泌物较多,妊娠期间有子宫栓更新现象,马、驴的子宫栓较少。子宫栓在分娩前液化排出。

(4)阴道和阴门　妊娠初期,阴门收缩紧闭,阴道干涩;妊娠后期,阴道黏膜苍白,阴唇收缩;妊娠末期,阴唇、阴道水肿,柔软有利于胎儿产出。

(二)妊娠诊断的方法

母畜配种后应尽早地确定其是否妊娠,这对于保胎、减少空怀、提高产量和繁殖率非常重要。在母畜配种或输精后,为及时掌握母畜是否妊娠,妊娠的时间及胎儿和生殖器官的异常情况,采用临床检查和实验室检验方法进行诊断,称之为妊娠诊断。

早期妊娠诊断,极为重要。经过早期妊娠诊断,可以确定已妊娠的母畜,从而尽早加强饲养管理，做好保胎工作，而对未妊娠的母畜，则找出原因，及时采取措施进行配种。另外，在妊娠诊断中还可以发现某些生殖器官疾病，以便及时治疗。

1. 外部观察法

外部观察法是通过观察母畜的外部征状进行妊娠诊断的方法，此法适用于各种母畜。其缺点是不易做出早期妊娠诊断，对少数生理异常的母畜易出现误诊，因此常作为妊娠诊断的辅助方法。

母畜妊娠后，发情周期停止，食欲增强，膘情好转，被毛润泽，性情温顺，行动谨慎安稳。妊娠初期，外阴部干燥收缩、紧闭，有皱纹，至后期呈水肿状。妊娠中、后期，可见腹围增大，且向一侧突出（牛、羊为右侧，马为左侧，猪为下腹部）。在饱食或饮水后，可见胎动。乳房胀大，四肢下部或腹下出现浮肿现象，排粪、排尿次数增多。在产前 1～2 周，从乳房中能挤出清亮乳汁。

2. 腹部触诊法

腹部触诊法是用手触摸母畜的腹部，感觉腹内有无胎儿或胎动来进行妊娠诊断，此法多应用于猪和羊。腹部触诊法只适用于妊娠中后期。

(1)猪的触诊　先用手抓痒法使猪侧卧，然后用一只手在最后两乳头的上腹壁下压，并前后滑动，如能触摸到若干个大小相似的硬块（胎儿），即为妊娠。

(2)羊的触诊　检查者面向羊的尾部，用双腿夹持母羊颈部进行保定，然后将两手从左右两侧兜住羊的下腹部并前后滑动触摸，如能摸到胎儿硬块或黄豆大小的胎盘子叶，即为妊娠。

3. 阴道检查法

阴道检查法是用开膣器打开母畜的阴道，根据阴道黏膜和子宫颈口的状况进行妊娠诊断的方法。此法的缺点是当母畜患有持久黄体、子宫颈炎或阴道炎时，易造成误诊。阴道检查往往不能做出早期妊娠诊断，如果操作不慎还会导致孕畜流产，应作为一种辅助妊娠诊断法。母畜妊娠后，阴道黏膜苍白，表面干燥、无光泽、干涩，插入开膣器时阻力较大。子宫颈口关闭，有子宫栓存在。随着胎儿的发育，子宫重量的增加，子宫颈往往向一侧偏斜。

4. 直肠检查法

直肠检查法是用手隔着直肠壁触摸卵巢、子宫、子宫动脉的状况及子宫内有无胎儿存在等来进行妊娠诊断的方法，适合于大家畜。其优点是诊断的准确率高，在整个妊娠期均可应用。诊断时应先触摸子宫颈、子宫分岔、子宫角，然后再检查子宫中动脉及卵巢。在触诊胎泡或胎儿时，动作要轻缓，以免造成流产。一般从子宫角、子宫中动脉的变化已确诊妊娠时，就不再摸卵巢，避免不慎破坏了妊娠黄体，引起流产。

5. 超声波探测法

超声波诊断是利用超声波的物理特性和动物体组织结构声学特点密切结合的一种物理学的检查方法。超声多普勒测定法是利用超声波碰到正在运动的物体时，以略微改变的频率返到探头，发生多普勒效应。主要用于探查猪和羊的胎动、胎儿心搏动及子宫动脉的血流动；幅度调整型探测（A 型超声诊断）法是将超声波载入母牛体内，将胎囊中液体的反射波转变为电脉冲，进而再将电脉冲转变成以声响和灯光显示的报警信号，提示被检牛已孕；B 型超声波法，是利用超声波将孕区回声强弱转化为图像信号进行妊娠诊断的。孕囊由于羊水形成的低回声区在屏幕上显示一个暗区，由此判断母畜是否妊娠。

任务4 接产护理

一、分娩预兆与分娩过程

分娩是母体经过一定时期的妊娠，胎儿发育成熟，在激素、神经和机械等多种因素的协同和配合作用下，将胎儿、胎盘和羊水排出体外的自发性生理活动；随着胎儿发育成熟和分娩期的临近，母畜生理机能、行为特征和体温都会发生变化，这些变化就是分娩预兆。以此可估测和判断分娩的时间。

（一）分娩预兆

（1）乳房变化　分娩前迅速发育，腺体充实，有些底部水肿，可挤出少量清亮胶状液体或乳汁，乳头增大变粗。

（2）外阴部变化　临近分娩前数天，阴唇柔软、肿胀、增大，黏膜潮红、稀薄滑润，子宫颈松弛。

（3）骨盆变化　骨盆及荐坐韧带松弛，荐骨活动性增大，尾根及臀部肌肉塌陷，骨盆血流量增多。

（4）行为变化　临产前母畜通常表现为精神抑郁，徘徊不安，呼吸加快，发出低沉的呻吟，食欲下降，甚至拒食，粪便变稀，排尿次数增加，排泄量减少。

（二）分娩过程

分娩是母畜借助子宫和腹肌的收缩，把胎儿及其附属膜（胎衣）排出来的过程。分娩过程可分为三个阶段：开口期、胎儿产出期和胎衣排出期。

（1）开口期　也称第一产程，从子宫出现阵缩开始，至子宫颈完全开张到与阴道无明显界限为止。在此期，母畜只有阵缩，没有努责。

初产孕畜表现为食欲不振、轻度不安、时起时卧、徘徊运动、尾根翘起、常作排尿姿势，呼吸脉搏加快，经产孕畜一般表现不安。持续时间：牛 0.5～24 h、绵羊 3～7 h、猪 2～12 h。

（2）胎儿产出期　也称第二产程，是从子宫颈充分开大，胎囊及胎儿的前置部分楔入阴道（牛、羊），或子宫颈已能开张，胎囊及胎儿楔入盆腔（马、驴），母畜开始努责，到胎儿排出或完全排出（双胎或多胎）为止。母畜表现为兴奋不安，拱腰举尾，时起时卧，回顾腹部，呻吟并有出汗，前肢刨地，最后多数母畜侧卧不起，呼吸和脉搏加快。在此期间，阵缩与努责共同发挥作用。先是胎儿通过完全开张的子宫颈，渐渐进入骨盆腔，随后增强的子宫收缩力促使胎儿迅速排出。

由于牛的骨盆结构特殊，牛的产出期时间较长，为 0.5～4 h；绵羊的产出期约为 1.5 h；山羊需 3 h；马为 10～30 min；猪产出 2 个胎儿的间隔时间通常是 5～20 min，产出所用时间依胎儿多少而有不同，需 2～6 h。

(3)胎衣排出期　也称第三产程,是从胎儿产出到胎膜完全排出体外的阶段。当胎儿排出后母畜即安静下来,在子宫继续阵缩及轻度努责作用下,使胎膜逐渐从子宫内排出体外。

由于各种家畜胎盘构造类型不同,所以胎膜排出的持续时间差异较大。牛在胎儿产出后2～8 h排出胎衣,羊需1～4 h,马需20～60 min,猪在胎儿全部娩出后10～60 min。

二、助产与难产处理

(一)助产前的准备

(1)提前对产房进行卫生消毒。

(2)根据母畜配种记录和分娩征兆,把母畜在分娩前1～2周转入产房进行饲养管理。

(3)产房应安静,宽敞明亮,清洁干燥,冬暖夏凉,通风良好。

(4)在母畜进入前应清扫消毒,铺垫清洁柔软的干草。

(5)产前准备好常用的药品和有关器械,有条件还应备有常用的诊疗及手术助产器械。

(6)母畜分娩通常多在夜间,所以要昼夜安排好值班人员。

(二)正常分娩的助产

母畜正常分娩时,一般不需人为帮助。要充分利用动物自身的力量。此时,助产人员的主要任务是监视分娩状况,发现异常及时处理,并护理好新生仔畜。

(1)当母畜临近分娩时,应清洗消毒外阴部及周围,牛、马的尾根部用纱布缠好。

(2)分娩开始时,可将手臂伸入产道内,探明胎向、胎位、胎势是否正常,如有异常,可进行矫正处理。

(3)当胎儿头部已露出阴门外,胎膜尚未破裂时,应及时撕破使胎儿鼻端露出,以防胎儿窒息。

(4)羊水流尽,但胎儿尚不能产出,母畜产力又不足时,可拉住胎儿两前肢及头部,随着母畜努责,沿骨盆轴方向拉出胎儿,倒生时更应如此。

(5)大家畜胎儿体宽部分通过阴门时,应用手保护阴门,防止会阴破裂。

(6)母畜站立分娩时,应去接住胎儿。

(7)牛、羊胎儿腹部通过阴门时,应用手握住脐带根部随胎儿一同拉出,以免脐带断在脐孔内。

(8)仔畜产出后,应用清洁毛巾擦去口、鼻腔的黏液,及时断脐,并用碘酊浸涂脐带断端,然后将仔畜放置于护仔栏内。

(9)当母畜分娩出胎儿后,要注意胎膜的排出,并及时移走,防止母畜吃掉。

(10)做好母畜处理。防止休克,疲劳;注意母畜后躯卫生和恶露排出;注意食欲、体温情况。

(三)难产救助及其预防

1. 难产的分类

由于发生难产的原因不同,常见的难产可分为产力性难产、产道性难产和胎儿性难产三大类。

(1)产力性难产　阵缩努责微弱;阵缩、破水过早及子宫疝气。

(2)产道性难产　子宫位置不正;子宫颈、阴道及骨盆狭窄;产道肿瘤。

(3)胎儿性难产　胎儿过大、过多;胎儿姿势不正(头、前后肢不正);胎儿位置不正(侧位、下位);胎儿方向不正(竖向、横向)。

在上述三种难产中,胎儿性难产最为常见。在临床上,往往难产的出现并不是单一原因引起的,如子宫颈狭窄伴以胎儿姿势反常;前肢和头部姿势可能同时发生不正等。在各种家畜中,由于牛的骨盆比较狭窄,骨盆轴不像马那么直而短,分娩时不利于胎儿通过,所以牛发生难产要比马、羊多见。

2. 难产的救助原则

(1)助产时,尽量避免产道的感染和损伤,注意器械的使用和消毒。

(2)母畜保定时,尽量将胎儿的异常部分向上,以利操作。

(3)为便于推回或拉出胎儿,尤其是产道干燥,应向产道内灌注润滑剂。

(4)矫正胎儿反常姿势,应尽量将胎儿推回到子宫内,前置部分最好拴上产科绳。

(5)拉出胎儿时,应随母畜的努责而用力。

(6)要尽量保证母仔安全,必要时可舍仔保母。

3. 难产预防

(1)不要让母畜过早配种受孕,要在其发育到一定体重和年龄后再进行配种。

(2)动物妊娠期间,要进行合理饲养,增加营养物质的供给。

(3)妊娠母畜要有适当的运动或轻度使役。

(4)做好母畜临产前的诊断。

三、新生仔畜和产后母畜的护理

(一)新生仔畜的护理

1. 注意观察脐带

脐带断端一般于生后 1 周左右干缩脱落,仔猪生后 24 h 即干燥。此期注意观察,勿使仔畜间互相舔吮,防止感染发炎,如脐血管闭锁不全,有血液滴出,或脐尿管闭锁不全,有尿液流出,应进行结扎。

2. 保温

新生仔畜体温调节能力差,体内能源物质储备少,对极端温度反应敏感。尤其在冬季,应密切注意防寒保温,确保产房适宜温度。

3. 早吃初乳,吃足初乳

初乳不仅含有丰富的营养(大量的维生素 A,有利于防止下痢;大量的蛋白质无须经过消化,可直接被吸收)及较多的镁盐(软化和促进胎粪排出),而且含有大量抗体,可提高仔畜免疫力。

4. 预防疾病

由于遗传、免疫、营养、环境等因素以及分娩的影响,新生仔畜常在生后不久发生疾病,如脐带闭合不全、胎粪阻塞、白肌病、溶血病、仔猪低血糖、先天性震颤等。因此,应积极采取预防措施:一是做好配种时的种畜选择;二是加强妊娠期间的饲养管理;三是注意环境卫生。对于发病者针对其特征及时进行抢救。

(二)母畜产后生殖机能的恢复

从胎盘排出至母体生殖器官恢复到正常空怀的阶段称为产后期。产后期是子宫内膜的再生、子宫复原和重新进入发情周期的关键时期。

1. 子宫内膜的再生

分娩后,子宫黏膜表层发生变性、脱落,原属母体胎盘部分的子宫黏膜被再生的黏膜代替。在再生过程中,变性的母体胎盘、白细胞、部分血液、残留胎水及子宫腺分泌物等被排出,最初为红褐色,以后变为黄褐色,最后为无色透明,这种液体称为恶露。恶露排出的时间:马 2～3 d,牛 10～12 d,绵羊 5～6 d,山羊 14 d 左右,猪 2～3 d。恶露持续时间过长,说明子宫内有病理变化。牛子宫阜表面上皮,在产后 12～14 d 通过周围组织的增殖开始再生,一般在产后 30 d 内才全部完成。

2. 子宫复原

指胎儿、胎盘排出后,子宫恢复到空怀时的大小。子宫复原时间:牛 30～45 d,绵羊 24 d,猪 28 d。

(三)产后母畜的护理

在分娩和产后期中,母畜整个机体,特别生殖器官发生剧烈的复化,机体抵抗力降低,产出胎儿,子宫开张时,产道黏膜表皮可能造成损伤,产后子宫内又积存大量的恶露,即为微生物的侵入创造了条件,同时,分娩过程中,母畜机体失水较多。因此,对产后期的母畜应加以妥善安排。

(1)产后要供给母畜足够的温水和麸皮汤等。

(2)保持母畜外阴部的清洁,要用消毒溶液清洗外阴部、尾部及后躯。

(3)供给优质、易消化的饲料,但不宜过多,否则易引起消化道及乳腺疾病。饲料可逐渐变为正常。

(4)青饲料不宜过多(奶牛例外),以免乳量分泌过多,引起乳腺炎或仔畜拉稀。

(5)垫上清洁的草并勤换。

(6)役畜产后半个月内停止使役。

(7)母畜产后出现的一些病理现象,应及时妥善处理。

(四)胎衣不下及其处理

胎衣不下是指母畜在产出胎儿后,胎衣在第三产程的生理时限内未能排出。

1. 牛的胎衣不下

牛产后排出胎衣的正常时间 12 h,如超过此时间,则表示异常。

(1)病因　主要与产后子宫收缩无力、怀孕期间胎盘发生炎症及胎盘结构有关。

(2)症状　胎衣不下分为部分不下及全部不下两种。①胎衣全部不下,胎儿胎盘的大部分仍与母体胎盘连接,仅见一部分已分离的胎衣悬吊于阴门之外。牛脱露出的部分主要为尿膜绒毛膜，呈土红色，表面上有许多大小不等的胎儿子叶。②胎衣部分不下，即胎衣大部分已经排出，只有一部分或个别胎儿胎盘（牛、羊）残留在子宫内，从外部不易发现。在牛，诊断的主要根据是恶露排出的时间延长，有臭味，其中含有腐烂胎衣碎片。

（3）治疗　治疗胎衣不下有药物疗法和手术疗法两大类。

①药物疗法。牛产后经过 12 h，如胎衣仍不排出，即应根据情况选用下列方法进行治疗：一是当出现体温升高，产道有外伤或坏死时，应用抗生素做全身治疗；二是肌肉或皮下注射催产素促进子宫收缩；三是在子宫内注入 5%～10%盐水 1 000～1 500 mL，可促使胎儿胎盘缩小，与母体胎盘分离；四是分娩后 1 周内的牛，禁止导管灌注（易造成阴道穹窿和子宫壁穿孔）。应向子宫内投放四环素或其他抗生素，起到防止腐败、延缓溶解的作用，等待胎衣自行排出。

②手术疗法。即剥离胎衣。胎衣不下的病牛药物治疗无效时，可在子宫颈管尚未缩小到手不能通过以前（产后 2～3 d），进行剥离。剥离胎衣应遵循的原则是，容易剥离就坚持剥，否则不可强行剥离，以免损伤子宫，引起感染；而且胎衣不能完全剥净时，其后果与不剥无异。体温升高的病畜，说明子宫已有炎症，不可进行剥离，以免炎症扩散，加重病情。对这样的病例可继续采用药物疗法。

（4）术后处理　胎衣剥离完毕后，用虹吸管将子宫内的腐败液体排出，并向子宫内投放抗菌防腐药物，每天或隔天 1 次，持续 1～3 d。如有子宫炎症，应同时治疗。

（5）预防　怀孕母畜要饲喂含钙及维生素丰富的饲料；舍饲牛要适当增加活动时间，产前 1 周减少精料；分娩后让母畜自己舔干仔畜身上的黏液，尽可能灌服羊水，并尽早让仔畜吮乳或挤乳。分娩后立即注射葡萄糖酸钙溶液或饮益母草及当归煎剂或水浸液，亦有防止胎衣不下的效用。如有条件，分娩后注射催产素 50 IU，可降低胎衣不下的发病率。

2. 猪的胎衣不下

猪的胎衣通常在全部仔猪产出以后不久排出，如经 3 h 后，胎衣未排出，称为胎衣不下。

（1）病因　常由于饲养管理不当，如运动不足、缺少维生素及矿物质等引起，其他如流产、难产、子宫炎等也可引起。

（2）症状　母猪全部产出仔猪后，胎衣全部或部分滞留在子宫内，也有部分脱出阴门外的，母猪常卧地不起，不断努责，精神不振，食欲减少或消失，但喜饮水。阴户内流出暗红色带臭味的液体，常引起败血症而死亡。

（3）治疗　母猪胎衣不下时，多数情况无法用手工剥离，使用催产素效果不明显。如产后 2 h 不排出胎衣，可向子宫内灌注 10%盐水 500 mL，促使胎衣缩小排出。子宫内注入土霉素油混悬液，可预防滞留胎衣腐败分解，对已出现全身症状者采用抗感染的全身疗法和对症治疗。

（4）预防　在母猪妊娠期，应注意饲料中的矿物质和蛋白质的含量，勿使缺少。同时将妊娠母猪饲养于较宽敞的猪舍，每天给予适当运动，母猪膘情以保持中等为宜，以便母猪在分娩时子宫和腹肌均有一定的收缩力，不易发生胎衣滞留。

【学习要求】

识记：人工授精、精子活力、精子密度、受精、精子获能、妊娠、分娩。

理解：妊娠母畜的生理变化；精子获能及受精过程。

应用：能对各种家畜用正确的方法进行发情鉴定、人工授精、妊娠诊断及接产护理。

【知识链接】

1. NY/T 1335—2007 牛人工授精技术规程。

2. DB52/T 544—2008 猪人工授精技术操作规程。

3. GB/T 25172—2010 猪常温精液生产与保存技术规范。

参考文献

[1]刘震乙. 家畜育种学. 2 版. 北京:中国农业出版社,1981.
[2]吴晋强. 动物营养学. 合肥:安徽科学技术出版社,1987.
[3]胡坚. 动物饲养学. 长春:吉林科学技术出版社,1990.
[4]高中起,孙会. 配合饲料学. 北京:中国科学技术出版社,1992.
[5]丁角立,朱玉琴. 畜牧基础. 北京:中国农业出版社,1993.
[6]杨凤. 动物营养学家. 北京:中国农业出版社,1993.
[7]李震钟. 家畜环境卫生学附牧场设计. 北京:中国农业出版社,1993.
[8]焦骅. 家畜育种学. 北京:中国农业出版社,1995.
[9]杨金. 家畜环境卫生与畜牧场设计学. 昆明:云南大学出版社,1995.
[10]刘德芳. 配合饲料学. 北京:中国农业大学出版社,1996.
[11]李德发. 现代饲料生产. 北京:中国农业大学出版社,1996.
[12]王康宁. 畜禽配合饲料手册. 成都:四川科学技术出版社,1997.
[13]郭荣昌. 动物遗传学. 北京:经济科学出版社,1997.
[14]林文忠. 畜牧学. 北京:中国农业出版社,1997.
[15]韩友文. 饲料与饲养学. 北京:中国农业出版社,1998.
[16]刘娣. 动物遗传学. 北京:北京理工大学出版社,1999.
[17]魏国生. 动物生产概论. 北京:中央广播电视大学出版社,1999.
[18]廖新弟. 规模化猪场用水与废水处理技术. 北京:中国农业出版社,1999.
[19]李宝林. 畜牧各论. 北京:中国农业出版社,2000.
[20]王建民. 现代畜禽生产技术. 北京:中国农业出版社,2000.
[21]欧阳叙向. 家畜遗传育种. 北京:中国农业出版社,2001.
[22]张沅. 家畜育种学. 北京:中国农业出版社,2001.
[23]宁金友. 畜禽营养与饲料. 北京:中国农业出版社,2001.
[24]姚军虎. 动物营养与饲料. 北京:中国农业出版社,2001.
[25]张周. 家畜繁殖. 北京:中国农业出版社,2001.
[26]王恬. 畜牧学通论. 北京:高等教育出版社,2002.
[27]岳文斌. 畜牧学. 北京:中国农业大学出版社,2002.
[28]李建国. 畜牧学概论. 北京:中国农业出版社,2002.
[29]张劳. 动物遗传育种学. 北京:中央广播电视大学出版社,2003.
[30]耿社民,刘小林. 中国家畜品种资源纲要. 北京:中国农业出版社,2003.

[31]王成章,王恬.饲料学.北京:中国农业出版社,2003.
[32]李如治.家畜环境卫生学.3版.北京:中国农业出版社,2003.
[33]佟建明.饲料添加剂手册.北京:中国农业大学出版社,2003.
[34]刘建新.干草、秸秆、青贮饲料加工技术.北京:中国农业科学技术出版社,2003.
[35]李宁.动物遗传学.2版.北京:中国农业出版社,2003.
[36]冯春霞.家畜环境卫生.北京:中国农业出版社,2004.
[37]张忠诚.家畜繁殖学.4版.北京:中国农业出版社,2005.
[38]吴健.畜牧学概论.北京:中国农业出版社,2006.
[39]蒋思文.畜牧概论.北京:高等教育出版社,2006.
[40]耿明杰.畜禽繁殖与改良.北京:中国农业出版社,2006.
[41]李婉涛,张京和.动物遗传育种.北京:中国农业大学出版社,2007.
[42]张力,杨孝列.动物营养与饲料.北京:中国农业大学出版社,2007.
[43]杨久仙,宁金友.动物营养与饲料加工.北京:中国农业出版社,2007.
[44]刘榜.家畜育种学.北京:中国农业出版社,2008.